水体污染控制与治理丛书

白洋淀近自然湿地修复工程

张光明　李乾岗　张盼月　王洪杰　著

U0200535

科学出版社

北京

内 容 简 介

本书首次全面论述了近自然湿地修复理论、发展历程及其特征，并以藻苲淀近自然湿地为例，进一步阐述近自然湿地的修复过程和原理。内容包括：近自然湿地的概念、发展由来及要素特征；近自然湿地与人工湿地、天然湿地间的差异；白洋淀的环境质量现状；以藻苲淀近自然湿地工程为例，从内源污染清除、水生植被系统重构、湿地生物多样性构建以及工艺优选四个方面，阐述了藻苲淀近自然湿地修复工程应用特征。

本书适用于水环境改善、近自然湿地修复、湿地生态修复等方面的科研和技术人员参考研读。

图书在版编目（CIP）数据

白洋淀近自然湿地修复工程／张光明等著 . —北京：科学出版社，2024.5
（水体污染控制与治理丛书）
ISBN 978-7-03-077009-7

Ⅰ.①白⋯ Ⅱ.①张⋯ Ⅲ.①白洋淀–沼泽化地–生态恢复–生态工程–研究 Ⅳ.①P942.220.78

中国国家版本馆 CIP 数据核字（2023）第 220708 号

责任编辑：张 菊／责任校对：樊雅琼
责任印制：徐晓晨／封面设计：无极书装

科 学 出 版 社 出版
北京东黄城根北街 16 号
邮政编码：100717
http://www.sciencep.com

北京中科印刷有限公司印刷
科学出版社发行 各地新华书店经销
*
2024 年 5 月第 一 版 开本：787×1092 1/16
2024 年 5 月第一次印刷 印张：11 3/4
字数：300 000
定价：138.00 元
（如有印装质量问题，我社负责调换）

前　言

湿地是指人工构筑或天然的，具有一定水体的泥炭、沼泽地等，也包括低潮水深不超过 6m 的浅海区域，因此湿地包括河流、湖泊、沼泽地、河口等，分布十分广泛。湿地由于具备独特的生态体系，对于改善流域水质、调节区域气候、保护生物多样性具有重要的意义。近年来，随着经济社会的高速发展，湿地退化日益严重，所带来的环境问题也日益突出。据统计，世界湿地年损失率已然接近 1%。2003～2013 年我国有9.33% 的天然湿地消失了，取而代之的是大量人工湿地的出现。2013 年我国人工湿地面积约为 2003 年的三倍。但是人工湿地的大量出现无法有效遏制我国地表水环境质量的恶化，同时人工湿地的低生态附加值也无法有效保护物种多样性，而无人管理的人工湿地又造成了大量二次污染。为满足当代社会发展，既能有效地改善地表水环境质量，又能恢复湿地自然生态和景观，具有较高生态附加值且无须长期管理的近自然湿地恢复模式开始受到关注。

近自然湿地是指根据自然本底的生态特征，主要采用生态工程的技术手段，通过适度的人为干预和引导，以湿地地表水质提升为主要目标进行湿地恢复，同时实现湿地系统的生态景观恢复和自我生态稳定的一类湿地。近自然湿地事实上是近自然理念在湿地治理方面具有开创性的尝试。一直以来近自然理念被广泛运用在林业治理和河溪治理，而后才逐步有人开始尝试运用在湿地治理方面。近自然湿地强调采用生态学原理作为指导，以生态工程为主要的湿地构建方式，在达到人类对湿地功能要求的前提下，更加重视湿地景观与原生生态的一致性，更加注重协调人与自然生态环境之间的关系。

近自然湿地修复与人工湿地和传统的湿地生态修复工程在实现方式或达成目标方面都有明显的差异。通常我们依据人工干预程度的由强到弱可以将湿地区分为人工湿地（constructed wetlands）、近自然湿地（close-to-nature wetlands）和天然湿地（natural wetlands），近自然湿地被视为一种折中的类型，以稳定人类社会发展与自然生态保护之间的平衡，更加符合可持续发展的理念。近年来我国越来越重视湿地保护，近自然湿地理论与实践尚处在萌芽发展阶段，总结和分析新的湿地修复理论，不仅有助于国内的研究和实践，指导我国湿地修复工作的推进，同时也可以更好地对外反映我国湿地治理的经验。

本书综合论述了国内外近自然湿地与湿地生态修复等多方面的理论及研究，总结了作者所在研究团队成员在该领域的众多研究成果和观点，以及团队成员在藻苲淀近自然湿地修复工作中的大量实践经验，期望能为读者在未来的工作中提供新的思路，对我国湿地保护和近自然湿地修复理论的发展研究起到促进作用。

本书作者集成了科研团队的众多研究和实践观点，经历了多次碰壁和困境，倾听了诸多学者和技术人员的批评、指导与建议，回顾了近年来有关湿地修复的理论与实践工作，重新梳理并系统地进行总结反思，形成文字，以期与更多的研究者进行交流和探讨，并得到相关专家的批评与指正，此亦是本书最主要的目的。

本书共分为 6 章。首先总结了近自然湿地的理论基础，回顾了由近自然理念出现到形成近自然湿地理论的发展历程，阐述了近自然湿地修复的关键要素，并区分了近自然湿地与人工湿地和天然湿地；然后以藻苲淀近自然湿地生态修复为例，系统地阐述了近自然湿地修复过程和原理。本书从理论和实践两个方面系统分析了近自然湿地生态修复，特别区分了近自然湿地与人工湿地和传统湿地生态修复之间的差异。作者的理论与实践资历尚浅，书中疏漏之处在所难免。但期望与读者进行更多讨论与实践，以达成新的共识来指导未来的工作。

作　者

2023 年 3 月

目　录

第1章 近自然湿地理论

1.1 湿地概述

湿地生态系统与海洋生态系统、森林生态系统共称为地球三大生态系统，是影响人类发展与生态和谐的重要自然资源。根据1971年签署的《关于特别是作为水禽栖息地的国际重要湿地公约》（简称《湿地公约》），天然或人工、长久或暂时的沼泽地、泥炭地或有水体覆盖的地域，静止或流动的，淡水、半咸水或咸水水体，包括低潮时水深不超过6m的水域，皆可称为湿地。广义上的湿地主要包含四个类型，分别为沼泽湿地、湖泊湿地、河流湿地以及沿海湿地。我国幅员辽阔，湿地种类众多，扎龙湿地、鄱阳湖、东洞庭湖等湿地均被列入《湿地公约》名录（马梓文和张明祥，2015）。

近年来，随着经济社会的快速发展，农业活动和城市化的推进导致天然湿地的面积不断减少。自2009年以来，全球33%的天然湿地已经消失，每年因天然湿地丧失产生的间接损失高达近10万亿美元（Alonso et al.，2020；Liu et al.，2020）。我国在1978～2008年损失了约38%的天然湿地。即使近年来政府采取了很多保护措施，但天然湿地的年消失率仍接近1%（Meng et al.，2017）。大量湿地的丧失造成了生物多样性锐减等诸多环境问题，对我们而言最显著的是，近年来地表水环境质量日益恶化加剧了水资源短缺的问题，这已经开始严重地影响到我们日常的社会生产与生活。2016年国务院印发的《"十三五"生态环境保护规划》中提出，全国湿地面积近年来每年减少约510万亩[①]，900多种脊椎动物、3700多种高等植物生存受到威胁。生态环境部统计结果显示[②]，我国还有27.3%的重点湖泊处于富营养化的状态，松花江、辽河、淮河和海河流域均处于污染状态。

湿地的大面积损失，伴随着我国地表水环境质量的持续恶化，湿地恢复成为我国"十三五"期间的重要工作。《"十三五"生态环境保护规划》中明确指出，到2020年，我国湿地保有量不应低于8亿亩。近年间，国务院、生态环境部、国家发展和改革委员会等部门陆续下发各项通知，禁止非法占用湿地作为耕地，并在全国范围推广退耕还湿工程，恢复湿地面积；保护恢复重点湿地，恢复湿地功能，缓解湿地大范围退化的现状，以提升生态健康和地表水质。

---

① 1亩≈666.67m²。

② 生态环境部通报2021年12月和1-12月全国地表水、环境空气质量状况. https://www.mee.gov.cn/ywdt/xwfb/202201/t20220131_968703.shtml[2022-03-28].

1.2 湿 地 功 能

1.2.1 湿地生态与景观

湿地是重要的物种宝库，作为水陆交接的过渡带，湿地拥有独特的生态环境和景观，汇集了陆生生态系统和水生生态系统的特征，因此其具有丰富的物种资源。据统计，在仅占全球面积1%的淡水湿地中，却发现了迄今为止地球上40%以上的物种（Arrington and Winemiller，2006）。需要强调的是，湿地也是众多鸟类迁徙和繁殖的最主要栖息地，我国湿地中包含了10目18科56种珍稀鸟类[①]（表1-1），保护湿地对保护湿地水禽来说意义十分重大。同时，湿地能够抵御洪水、调节径流、控制侵蚀、改善区域气候，对于区域生态环境稳定具有十分重要的作用（Zou et al.，2017；Woldemariam et al.，2018；王子健等，2019）。

表 1-1 我国湿地动物种类及数量

动物类型	定义与特征	我国湿地动物种数（国家重点保护动物）
湿地鸟类	又称湿地水鸟，指生命活动全部或部分依赖于湿地，在形态和行为上与湿地相适应的鸟类；我国湿地水鸟主要以候鸟与旅鸟居多	12目32科271种（10目18科56种）
爬行类	湿地典型动物，由两栖动物进化而来的变温脊椎动物，完全适应陆生生活	3目13科122种（3目6科12种）
两栖类	两栖动物都是湿地动物，依靠水体进行繁殖的变温脊椎动物，幼体水生用鳃呼吸，经过变态后形成用肺呼吸的成体	3目11科300种（2目3科7种）
湿地鱼类	大部分为变温水生的脊椎动物；我国湿地鱼类占到我国鱼种数量的三分之一，1000余种	内陆鱼种包括：13目38科770种
浮游动物	在水中漂浮的、小型异养型无脊椎动物或脊索动物，主要摄食浮游植物	—

独特的生态系统赋予了湿地独特的自然景观，良好的景观风貌不仅能为人类活动提供休闲娱乐场所，也能更好地反映湿地环境的生态稳定性。21世纪以来，为加强对湿地的保护，我国开始大量地建设湿地公园，截至2017年底，全国共建立湿地公园1699处，其中国家湿地公园898处。大量的湿地公园在有效保护湿地景观的同时，能为人们提供娱乐休闲场所，同时让更多的人了解并参与到湿地保护的行列中来。

1.2.2 地表水环境保护

在环境改善上，湿地内水生植物丛生，覆水裸地环境交错，造就了大量的好氧、兼氧

---

① 见湿地中国官网（http://www.shidicn.com/bird.html）。

及厌氧环境，为微生物生长提供了较好的生态条件，使得湿地具备了优异的水质改善能力，一直以来被誉为"地球之肾"（Wu and Chen，2020）。湿地内的植物、微生物、水生动物及湿地环境形成了一个相互协同的体系，能够更好地将水体中的污染物质去除（马志龙，2017；Bart et al.，2018；Bao and Tian，2019）。湿地内的植物能为湿地水生动物提供食物，为微生物提供栖息环境，植物的泌氧作用能促进根系微生物的活跃，加快湿地水中污染物的生物转化，同时植物根系也能为微生物的脱氮作用提供养分及栖息环境（孙凯等，2016）。湿地内的水生动物活动能有效抑制水中藻类的过度繁殖，提高水生植物，尤其是沉水植物在湿地中的优势地位，同时湿地动物的排泄物也能成为湿地植物和微生物的优质营养来源（Ji et al.，2020）。湿地内的沉积物层是微生物的主要栖息地，为微生物厌氧反应提供主要场所，同时也是植物获取营养的主要区域。

　　湿地的水环境保护功能是湿地最重要的功能。湿地中各个组分之间的协同作用促使湿地能够改善区域水质，维护水质健康（图1-1）。近些年来，我国地表水质健康每况愈下，而由湿地破坏导致的湿地水质净化功能下降是造成这一现状的主要原因之一。

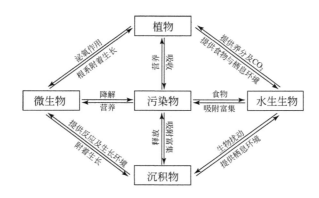

图1-1　湿地动植物及微生物与湿地环境去除污染物的协同作用

1.2.3　经济社会发展

　　湿地不仅蕴含大量的物种，具有良好的景观效果，同时可长期为人类提供肥沃的土壤和丰富的淡水资源。湿地独特的地理环境特征还孕育了各种稀有的食材和药材，促进了周边渔业及畜牧业的发展。大量的泥炭湿地还可提供数量众多的泥炭资源（Maleki et al.，2020）。湿地的自然风光也为人们提供了诸多旅游娱乐场所，从而带动了周边旅游业的发展。

1.3　近自然湿地

　　近自然湿地，顾名思义是接近自然湿地状态的一类湿地，它具备自然湿地的特点，但却并非为了实现湿地生态的完全恢复；它的目的是净化水质，且同时能够实现湿地生态的自我维持。近自然湿地是人类为兼顾经济社会发展与自然生态环境保护而发展的湿地修复模式，预示着未来湿地修复模式的新方向。

1.3.1　近自然湿地与湿地修复

　　湿地恢复，又称湿地修复，是湿地保护的一个重要部分，恢复是指复原到原来的样子，通过完全自然的或者人工辅助的一些措施，促使湿地能够恢复到退化之前的结构和功能，是保护湿地生物多样性的一种有效手段。我国自 1992 年加入《湿地公约》后，为更好遏制湿地大面积破坏造成的生态环境问题，保护珍稀鸟类栖息地，开始加大对湿地的保护力度，并逐步开始在国内进行湿地修复的尝试（马梓文和张明祥，2015；卢婷，2018）。在近 30 年的湿地修复实践中，近自然的理念开始出现并初步应用在湿地修复中，由于其具备较高的修复效率和较低的成本，并能在服务经济社会发展的同时兼具产生更好的生态效益而受到关注。近自然湿地强调自然力是湿地修复的原动力，主要依靠湿地的自然恢复过程逐步完善湿地的结构功能，但是同时强调需要适当的人为干预和引导，以提高湿地的修复效率和功能性。

　　目前近自然湿地理论与实践尚处于摸索阶段。为此本书梳理了近自然理念的发展历程及其在湿地修复方面的运用，明确了近自然湿地的概念，着重分析了近自然湿地与天然湿地和人工湿地之间的差异，简单介绍了近自然湿地实践过程中的要素特征。

1.3.2　近自然理念与近自然湿地

　　近自然理念最早出现于林业修复，其目的是实现对木材资源的可持续获得，同时缓解由林业采伐造成的森林生态破坏，是一种兼具森林生态系统保护和林业生产活动的林业经营模式。最早追溯到 18 世纪到 19 世纪初，资本主义的快速发展极大促进了社会生产力的提高，生产力的进步促使资本主义世界木材的需求量与日俱增，木材采伐量随之增加。伴随大量的木材采伐活动，过度的人类活动破坏了大面积的天然林，使得欧洲部分地区的森林生态系统遭受了较为严重的环境与生态破坏，这些问题也逐渐受到更多研究者的关注。

　　人工林是指通过人工培育措施所建成的森林生态系统，林分构成、空间格局、物种搭配等均由人工形成。人工林的培育能够在一定程度上缓解木材资源短缺问题，并且可以减少人们对于天然森林资源的过度采伐。人工林有许多特点，如其所用树苗和树种都经过人为选择与培育，这些树种遗传品质良好，适应性强，更有利于满足人们对林分的需要。在人为的控制下，它们的分布十分均匀，树龄相同，树木生长整齐，可以统一地进入郁闭状态，郁闭成林后个体分化程度相对较小，林木生长竞争比较激烈。重要的人工林树种有桉树、杉树等。但是不可否认的是，传统人工林地存在很多弊端，人工林由于更加看重木材资源的商用价值，从而就易形成单一林分为主的林业结构模式，缺乏辅助的生态保护措施。这种单一树种形成的森林生态系统抗干扰能力很弱，系统十分脆弱，外界干扰极易影响系统内树种的优势度，这就导致了人工培育林逐渐产生了很多难以解决的生态问题：大量的病虫害、林地土壤理化性质恶化、林间植被数量剧减以及森林大火难防难控等。这些生态问题带来的直接和间接后果一方面导致人工林木材产出不稳定，从而导致林业维护经营成本逐渐增加；另一方面也促使人工林地无法十分有效地遏制天然林的进一步破坏。

19世纪后期，林业生产活动造成的环境破坏的问题与经济快速发展所导致的木材资源需求进一步增长的矛盾凸显，传统人工林的弊端也成为广大学者的议题，人们开始尝试使用一种折中的林业经营模式去解决这一矛盾。1898年，德国学者Gayor率先提出了近自然林业的概念，他强调人类一切林业生产活动都应当充分尊重森林生态系统的自然演替规律，充分利用森林自然的恢复过程，在实现森林生态系统稳定的同时实现林业资源的可持续获得，以达到林业生产的可持续发展，这一概念将生态学的理念充分运用在林业管理经营当中。德国率先对这种理念进行了实践与运用，在初步验证能够获得较好的效果以后，这种理念在随后的几十年间逐步得以推广，成为德国林业的主流培育方式（邵青还，2003；许新桥，2006）。近自然林业是一种兼具森林保护与林业生产的修复和经营模式，它遵循自然规律，尽可能保全森林的结构和功能，将森林呈现接近自然的状态。它表现出几个特点，首先近自然与传统林业经营模式在目的上具有一致性，都是为了木材资源的可持续获得；其次近自然林业更加注重对森林生态环境的保护，也更加强调自然力在维护林业资源上所发挥的作用（董艳鑫，2020）。这里就体现了近自然林业相较于传统林业而言的三个特征：

（1）相较于传统林业，近自然林业更注重维护系统的自持力以降低维护经营成本；

（2）近自然林业的核心目的与传统人工林具有一致性，都是为了实现林业资源的可持续获得；

（3）近自然林业更加注重森林的自然恢复过程，在尊重森林生态系统自身规律的前提下进行林业经营。

1938年，Seifert率先将近自然理念运用到河道修复领域，以恢复河道景观，维持河道功能，恢复河道生态和形态。长期以来由于人类活动所导致的河流堤岸受到水流冲击侵蚀、水土流失等问题十分严重，传统河道修复主要采用钢筋混凝土的大工程形式，缺乏景观与生态价值，且不能长久地保护受侵蚀堤岸。Seifert认为接近自然的河道修复模式能够保护堤岸和河道形貌，在达成传统河道修复目标的基础上，具备更好的河道生态性与景观价值（高甲荣，1999；高甲荣和肖斌，1999）。1939年，Troll提出了景观生态学的观点，认为景观是一种具有明显形态和功能特征的地理实体，它既是不同物种的栖息地，更是人们赖以生存的环境，景观不仅仅具有美观的价值，还综合了经济、生态和文化等多种价值（胡婷，2016）。景观生态学抛开了单一的环境问题，综合了与环境生态景观潜在的社会经济联系，使人们更多地意识到环境问题也是经济发展问题的一部分，从而促使了更多的水环境治理研究者或工程师意识到河道或水环境治理过程中景观价值与生态价值的重要性。20世纪中期，德国很多学者开始尝试将植物作为河道修复的主要工程材料，以实现更好的景观效果，保证河道更好的可持续性。1962年，Odum提出了生态工程的概念，强调生态系统恢复应着力依靠自然力，通过较弱的人工干预措施来实现已破坏自然环境的恢复，干预过程应当充分尊重自然演替的规律，为生态修复明晰了修复方式（Ye and Li，2019）。1971年，Schlueter更加明确地解释了近自然河道治理的思路，他提出了近自然河道的主要目标首先应该是满足人类对河道利用的需求，同时保护河道应有的生态性和景观特征（Binder et al.，1983；高甲荣等，2002）。这更体现了近自然治理理念的主要原则：

（1）近自然模式的主要目的是解决人类面临的最主要的环境问题或满足发展需求，如近自然林业的主要目的是解决林业资源短缺的问题，近自然河道是为了保护河道形貌的长期稳定和美观；

（2）修复模式需要充分考虑生态性，保护生态环境、促进可持续发展，而这一点在近自然林业和近自然河道治理理念中也有充分体现；

（3）充分发挥自然力的作用，以自然恢复取代过度的人工干预，避免较高的维护和经营成本。

近自然理念的最终目的依然是服务于经济社会发展，其本质上是人类对可持续发展的需求与自然生态保护之间一种妥协的修复或治理理念，是在环境保护和社会发展之间一种折中的治理思路，这与我国始终以经济建设为中心，坚持可持续发展的理念相契合。21世纪以来，我国经济社会的高速发展与地表水环境质量持续恶化及湿地面积锐减之间的矛盾凸显，进一步催生了近自然理念在湿地修复模式中的出现。

近自然湿地是指根据湿地具体的地理、水文及当地的生态环境特征，采用生态工程等技术手段，通过较弱的人工干预和引导，因地制宜地构建新的湿地系统，或对退化的湿地系统进行修复，进而在改善地表水水质的同时，实现湿地景观恢复和生态系统稳定的一类湿地（魏伟伟等，2014；熊元武，2017；卢婷，2018）。

近自然湿地是近自然理念在湿地修复方面具有开创性的尝试。与近自然林业和近自然河道类似，近自然湿地强调采用生态学原理作为指导，以生态工程为主要的湿地构建方式，在达到人类对湿地改善水质功能要求的前提下，更接近原生湿地的生态与景观特性，更重视自然力在湿地构建与维护上的作用，也更符合我国现如今可持续发展的理念（图1-2）。

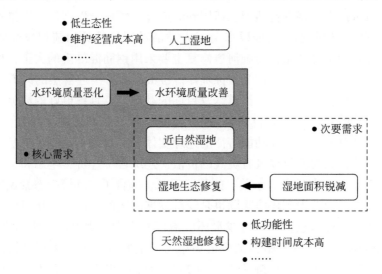

图1-2　近自然湿地模式产生与特征示意图

近自然湿地具有以下特点：

（1）强调生态学原理，注重生态与工程的相辅相成。在水生植被恢复方面，强调物种多样性原理，改变退化湿地目前的植被群落向简单单一方面演替的方向，摒弃湿地植物筛选以去污能力为首选的原则，更加注重整体性原理——动物与自然的整体性，还强调兼具物种多样性的长远性发展，以及协调与平衡原理。

（2）尊重和依照生态系统的自身发展规律，不强制性推进其发展，使其能够充分发挥自然湿地的自净能力和自我重建能力，强调自然的自我发挥功能。

（3）生态工程还要尊重乡土物种与乡土风情，要为乡土植物、动物提供必要的生存空间和发展空间，尊重土著物种生存和发展的权利。

（4）依据美学理论，兼顾湿地景观价值，开发湿地景观潜在资源，强调湿地自然美学原则。

（5）新型的生态工程需要兼具人文精神，在具有近自然的生态特征的同时，结合现代社会的科技、文化、人文等发展条件。

1.3.3　近自然湿地水质净化机制

近自然湿地是一种利用自然处理过程的工程系统，能够在可控的条件下进行生物处理和自然演替，相比人工湿地，近自然湿地在运行过程中大大减少了人为控制和干预，几乎处在一个自然的状态下，发挥湿地自我净化和自我调节能力，将生物处理与生态修复有机结合起来，达到自然状态（Cristina et al.，2015；Wu et al.，2016）。

近自然湿地的净化对象主要包括水体和底泥，同时需要兼顾湿地内生态系统的完整性。面对的主要水体具体包括受污染的河水、湖水等地表水体，面对的主要污染物包括水体有机质、氮磷营养元素以及底泥氮磷和重金属等。与人工湿地相比，近自然湿地减少了更多的基建费用、人工投入，缩短了管理周期，节约了大量的建设、维护、经营成本，在实际运用中更有利于操作和维护。近自然湿地的净化效果更大程度上取决于湿地本身的自然本底环境条件，包括湖底基质和沉积物的类型、特点及污染状况，湿地内水生植物的多样性及生长状况，冷暖季水生植物群落变化以及管理状况，湿地内源污染释放状况，微生物群落类型与数量的丰度状况以及水生植物形成的"水下森林"对污染物的截留、过滤、沉淀作用等（李相逸，2014）。

近自然湿地中的底质、水体、生物构成了一个有机系统，各方面息息相关。肥沃的基质促进水生植物的生长，水生植物根系及周围形成的好氧、兼性厌氧以及厌氧区域为微生物提供大量的栖息地，也为微生物反应提供更多更好的环境，而微生物的活动可促进体系中碳氮磷等元素的循环，促进了植物对营养元素的吸收和利用，且水生植物凋落物的腐败又可增加底质的营养元素含量，三者之间相互独立而相互依赖。

1.3.3.1　用于水质净化的水生植物

近自然湿地中用于水质改善的先锋物种及丰富物种多样性的植物类型有：挺水植物、浮水植物、沉水植物。

挺水植物是指根扎于底泥当中，茎和叶挺出水面的一类水生植物，具有生长速度快、根系发达等特点，常用来做生态护岸，以及抵挡风浪、保持水土。湿地中常见的挺水植物包括芦苇（*Phragmites australis*）、香蒲（*Typha orientalis* Presl）、灯心草（*Juncus effusus*

L.）、水芹（*Oenanthe javanica*）、野慈姑（*Sagittaria trifolia* L.）、鸢尾（*Iris tectorum* Maxim.）、菖蒲（*Acorus calamus* L.）、水葱（*Schoenoplectus tabernaemontani*）。挺水植物不仅能够改善水质，也是维护湿地景观的重要部分。通常的湿地建设过程中，美人蕉（*Canna indica* L.）、鸢尾、莲（*Nelumbo nucifera*）等都是常见的景观植物类群。

浮水植物是指叶片漂浮在水中或水面，根系不生长于底泥当中的一类植物，其具有蔓延速度快、适应环境能力强的特点，常用来净化高浓度氮磷污水。研究较多的当属浮萍（*Lemna minor* L.）、凤眼蓝（*Eichhornia crassipes*）、荇菜（*Nymphoides peltata*）、水鳖（*Hydrocharis dubia*）。

沉水植物是研究最多的一类水生植物，由于其生活在水中，全身皆可吸收水环境、底泥中的污染物，且生长旺盛，能形成"水下森林"，既可削减风浪，降低水流对水底冲刷强度，又可拦截悬浮颗粒物，阻止其二次悬浮，还可用于渔场养殖业，其中金鱼藻（*Ceratophyllum demersum* L.）、穗状狐尾藻（*Myriophyllum spicatum* L.）等是河虾、螃蟹等水产的上乘饵料。另外，沉水植物还可为底栖水生动物及微生物提供广阔的栖息环境与附着场所。沉水植物作为生产者，是水下生态系统的基础，促进了水下生态系统的恢复与平衡。研究表明，沉水植物是湿地中水质净化的主要植物类群。湿地常见的沉水植物包括金鱼藻、黑藻（*Hydrilla verticillata*）、穗状狐尾藻等。

1.3.3.2 水生植物水质净化机制

水生植物本身净化水质的机制主要是依靠植物根系、植物体对环境中营养物质及污染物的吸收，来维持自身生命活动及代谢活动（Sui et al., 2016）。另外，庞大且复杂的植物根系会附着大量的微生物种群，微生物通过其自身的代谢活动不仅消耗环境中的有机物分子，还会改变周围环境中的离子种类及电负荷，进而促进植物本身的生长，二者相辅相成（Matthias and Michael, 2015; Liu et al., 2016; Vendramelli et al., 2017）。

水生植物处理水质技术属于一种原位处理技术，植物根系直接扎根于底泥中，污染物被直接富集在植株体内；沉水植物、浮水植物及植物体与水环境直接接触，直接吸收、过滤水体中的氮、磷、有机物及泥沙等物质（Liu et al., 2016）。另外，植物是整个生态系统食物网的初始端，是将环境因子与生物因子联系起来的媒介，是带动整个物质循环、能量流动的发动机，是生态系统功能稳定的承载者，起到多方面的功能作用。依靠光合作用，植物释放溶解氧（dissolved oxygen, DO），使得动物、微生物可间接利用太阳能，产生氧气支持动物、微生物的生存。

水生植物的净化机制可以从以下方面概述。

1）截留过滤

植物体本身可以使得水体中的暗流、风浪强度减小，进而减少水体中的暗流对基底或底泥的冲刷，同时植物根系扎根于底泥，能够起到很好的生态固底的作用，能够有效地降低对底泥的自然扰动；另外，沉水植物及扎根的浮叶植物在水底形成"水下森林"，构成"森林"的主干，浮水植物丰富的根系系统构成"森林"的支网，截留或吸附到较多的悬浮颗粒（Zhang et al., 2014; Matthias and Michael, 2015）。另外，植物根系的固定作用使得固体悬浮物的再悬浮减少，从而抑制了底栖生物活动的生物扰动作用，可在很大程度上降低沉积物氮、磷的内源释放，降低水体富营养化水平，并增加水体透明度（Horppila and Nurminen，2001）。

2）吸收同化

水生植物的生长繁殖依靠水环境及底泥中的碳、氮、磷等有机营养元素以及无机盐。水生植物生长速度快、生物量大，对氮、磷等污染物的净化率相当可观。人工浮岛也正是利用这一原理进行水质净化。有研究者在人工浮岛的实验中，研究了水生植物组合在静水中的净化效果。结果表明，多种挺水植物组合对总氮的去除率最高可达90%以上，其株高增加量最高能达到约1m，并且发现，组合生长的株高增长量均大于单一种植模式下的增长量，物种搭配能够提高植物对营养的利用率，会更有利于物种共生（刘海琴等，2018；张泽西等，2018）。

但事实上，植物吸收仅是氮、磷污染物进入植物体进行同化，并没有完全脱离湿地环境，植物死亡并凋谢后，这些物质会重新进入水体，氮、磷会重新释放进入水体，成为内源污染源。将氮和磷从湿地中根本去除，则需要通过对植物进行科学的平衡收割，将多余的植物体从湿地中去除，才能使这些营养元素完全脱离湿地环境。平衡收割会影响植物的生长状况，进而直接影响湿地的水质净化能力，在水生植物生长旺盛时期，更应当注意掌握好收割频率。收割过于频繁时，将会对植物生长造成破坏，不利于湿地生态的长期稳定，还会极大地削弱植物水质净化能力；而收割间隔较大时，植物凋谢过多则会降低平衡收割带来的效益，影响出水水质。研究发现，多数挺水植物平衡收割频率为两月一次时，能够保证植物生长的生物量达到最大，其他间隔时会降低植物生长的生物量，其生物量会降低20%~30%（Verhofstad et al.，2017）。

3）重金属净化

水生植物对重金属的处理机制在于植物体的同化、过滤、积累与迁移，这往往离不开微生物的作用。不同类型的水生植物对重金属污染物的净化效果也不一样，对多数重金属的净化效果为：浮水植物>沉水植物>挺水植物。有些研究发现，对于大多数重金属来说，沉水植物对重金属的吸收富集与周围环境没有显著的相关性，并且不同的水生植物对各类型重金属的吸附效果也不尽相同。大茨藻对As和Cd的净化效果较好，金鱼藻对Co、Cr、Fe等元素的吸收较强，苦草［Vallisneria natans（Lour.）Hara］则对Pb有较高的处理效率（Xing et al.，2013）。另外，处理效果与生物量密切相关，生长快且产量高的植物，其富集效率也更高。研究表明，重金属的富集对根系发达、生长速率快的植物的生长无影响，而会显著抑制根系少且细、生长速度慢的植物，可见这一类植物并不能用于重金属的修复（Rezania et al.，2016）。富集过量的重金属也会对植物本身产生一定的毒害作用，因此一些特殊植物会产生螯合、络合、羟化、氧化及区室化作用来克服这类毒害作用（Liang et al.，2018）。

4）藻类的抑制机制

水生植物对藻类的抑制机制可分为两种，竞争作用与化感作用。

竞争作用是指生活在同一区域，水生植物以其生物量大、生长时间长、竞争优势大的特点，可以抢占藻类的生存空间及生存必要的阳光、氮、磷等，以间接地抑制其生长。水中的氮、磷含量超标是造成藻类暴发的关键因素，植物通过自身的吸收以及与微生物的协同净化效果能够有效地降低水体中的氮、磷含量，同时由于水生植物的生长及其较强的光合竞争力，能够极大地降低富营养化暴发的风险。竞争作用是植物抑制藻类活动的最主要方式。

化感作用是指水生植物会释放一种或多种化学物质，包括类固醇等，这些物质会对藻类进行直接伤害，抑制藻类的过度繁殖，可对藻类的蔓延起到一定的控制作用。并且这些物质都是易降解物质，不会对水质产生负面影响，也不会危害生态安全（Liang et al.，2018）。化感物质对藻类并非仅有抑制作用，一些研究发现当化感物质含量偏低时，会促进藻类的生长繁殖，只有当浓度较高时才会产生抑制作用，可见保护水生植物在较为健康的生物量范围，对维护湿地植物群落的稳定是十分必要的。

5）各形态氮的净化机理

水生植物对氮的净化作用包括植物体的吸附、吸收利用以及与微生物的协同作用。不同的环境条件、不同的水质条件、不同的植物类型及搭配都会影响水生植物净化系统对氮的去除效率（蒋春等，2014）。湿地植物对湿地内的氮的净化机理存在很大争议。多数研究认为，植物自身的吸收同化作用对氮的去除率仅为1%~3%，很少高于10%，有学者利用^{15}N同位素示踪法，通过生态模拟柱的实验，认为微生物进行的反硝化反应是主要的净化过程。水生植物的存在能够促进湿地微生物反硝化反应的进行，其与微生物的协同作用是促进湿地脱氮的主要方式，有学者认为氮的去除主要取决于植物与微生物的协同作用（刘丹丹等，2014）。虽然诸多的人工浮岛实验表明，植物吸收对氮去除的贡献率高达90%，但无法有效区别微生物与植物之间的贡献。湿地对氮的去除途径众说纷纭，但不可否认的是，植物和微生物之间的协同作用是存在的，植物的输氧作用、吸附截留作用为微生物活动提供了更好的条件，需要因地制宜地探索这些效果。

6）各形态磷的净化机理

水生植物净化磷的途径主要包括促进磷沉积、吸附、吸收及同化（Nawel et al.，2014）。自然水体中，基质吸附是磷的最主要去除方式。一方面，水生植物在水体中形成大范围的网络，减小水中的暗流冲击，极大地促进水中的磷酸盐吸附在颗粒物表面，进而沉积在沉积物中，并且有效抑制沉积物层颗粒及可溶磷的释放；另一方面，磷是水生植物生长必需的营养物质，水生植物生长繁殖时会从环境中吸收大量的磷，只有枯体腐烂时才会释放磷。水生植物的吸收作用被认为是固磷能力最强的方式（Nawel et al.，2014）。

磷由于没有气态形式，无法从水体或底泥中彻底去除，也不能直接从湿地中消除，可溶性磷酸盐与底泥或水体中的盐类结合生成不溶性磷酸盐，只是改变了磷的存在形式。当环境pH降低时，不溶性磷酸盐又会变成磷酸或可溶性磷酸盐进入水体。只有水生植物的收割和污泥的排放，才能将磷从湿地中去除，但也只是把磷从一个环境转移到另一个环境中。

1.3.3.3 微生物与水生植物联合净化机制

植物与土壤微生物是湿地系统发挥作用的至关重要的两种生物，具体是指沉积物中与植物相关的微生物群落。植物根系周围的土壤区域受到植物内发生的生理过程影响的圈带，称为根际。植物的根为微生物生物膜的附着提供了环境，称为根际微生物生活区。有研究认为湿地植物根际和根际土壤中微生物群落结构及功能的特异性差异是由植物种类决定的。根际和根状茎群落由植物介导的环境条件变化形成，如氧气、pH、碳氮比。大量人工湿地系统的研究强调了植物在提高湿地效率方面的重要性，这些研究都表明大部分污染物的去除归因于湿地基质内微生物发生的活动及物理、化学过程。湿地除了提供湿地基质的物理稳定性外，还可以降低温度和水流变化对土壤微生物与植物根系的不利影响，从而提高湿地的水质净化能力。研究表明，与植物根系内发生的生物过程相关的这些环境，提供了适合不同微生物群的利用环境，促进了营养物质的快速循环（Vymazal，2007）。微生物与植物之间存在高度的相关性和依赖性。植物与微生物共同参与环境中的氮素循环，微生物是含氮化合物去除的主要承担者。复杂的微生物过程可以将氨氮（NH_3-N）、硝氮（NO_2^--N、NO_3^--N）转化成 N_2，将含氮有机物分解为无机物供水生植物吸收（图1-3）。植物一方面通过释放 O_2 改变微生物的群落结构，一方面通过分泌某种物质促进微生物的代谢功能（Oksana et al.，2015；Nikolaos et al.，2016）。

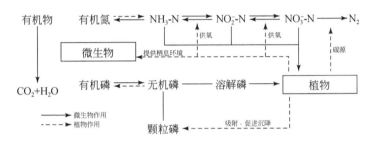

图1-3 湿地微生物与植物协同去除氮、磷示意图

研究表明，植物与其表面存在的内生菌形成共生关系。适合的植物组合及其相关的内生菌可以改善植物生长，增强对有机污染物的生物降解，在根际或内生圈中，大大加快从土壤中去除有机污染物的速度。植物从根际到整个内生圈，存在着丰富的微生物群落。这些微生物与其寄主植物处于密切接触状态，并在植物发育、生长和健康方面发挥着重要作用，同时还可处理环境中的污染物。内生菌与植物间属于共生关系，内生菌与宿主植物进行相互作用时不会造成感染或其他负面影响。同时，大量的研究表明内生菌也会促进植物的生长，促进植物的生命活动，进而提高植物对污染物的耐受度。内生菌辅助植物在土壤修复方面得到广泛的应用。

水生植物庞大的根基系统为微生物提供了合适的栖息环境，根据 O_2 的含量分为好氧区、兼性厌氧区和厌氧区，可分别促进硝化、反硝化、厌氧氨氧化反应的进行（Xu et al.，2017）。好氧、缺氧、厌氧的交替，使得植物根系周围形成多种适宜各类微生物种群栖息的微环境。生物除磷原理包括两方面：好氧、厌氧聚磷菌的超富集作用和植物及微生物的吸附作用（Ju et al.，2014）。

1.3.4 富营养化修复策略

随着人类经济社会的快速发展，富营养化问题逐渐成为当代一个重要的环境议题。通常我们认为富营养化问题是由于水体当中营养元素的增加，主要是指氮和磷，导致大量水生有害藻类的过度繁殖，其覆盖在水体表面，加速了水体耗氧速率，导致水体处于缺氧或厌氧状态，从而对生态系统中的动植物造成毁灭性的损害。因此控制氮磷对湖泊水体的输入成为控制水体富营养化的核心目的和主要手段。

以白洋淀治理为例，为防止白洋淀富营养化问题的进一步加剧，河北省于2018年发布了《大清河流域水污染物排放标准》（DB 13/2795—2018），将白洋淀所在的大清河流域划分为核心控制区、重点控制区和一般控制区三个等级，严格控制污水处理厂的氮、磷排放，并对周边村庄以及农业活动进行管理整治，以严格控制白洋淀淀区氮、磷的输入。由于工程设计范围大，为节省建设维护成本，结合白洋淀所在的大清河流域特征，本研究认为应当重点控制湖泊磷输入。富营养化问题是导致地表水环境质量恶化的主要问题，也是近自然湿地面临的主要问题之一。更深地探讨富营养化问题的由来及应对策略，对指导近自然湿地建设、节约建设维护成本等方面都有助力。

1.3.4.1 富营养化问题由来

富营养化问题是人类短期内生产力快速发展、工业化快速推进、人口剧增所带来的环境问题。人口增长促使农业耕作面积增加，对农业生产的需求也随之增加，为满足需求，化肥工业快速发展，造成了固氮工业的过度生产和磷矿石的大量开采。传统自然氮、磷循环是一个相对缓慢的过程（图1-4），而大量的氮、磷工业生产直接打破了传统自然界的氮、磷物质循环特征，促使更多的氮、磷通过以农业为主的各种途径进入地表径流当中，极大地丰富了地表水中氮、磷的含量，从而导致了富营养化问题的大量出现，以及我国广域性的地表水环境质量恶化。

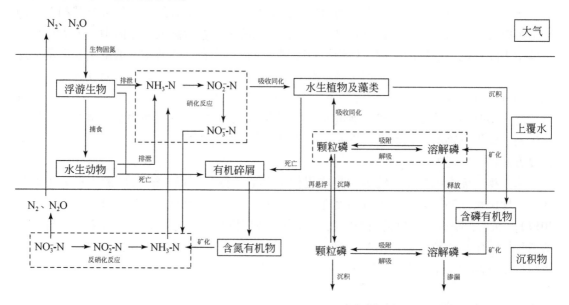

图1-4 氮磷物质循环示意图

很早以前，大量的研究者就已经开始讨论，对于富营养化问题中的氮和磷而言，对谁的控制更加重要。水体中传统生物脱氮除磷存在很多问题，包括了高耗能、去除最低限值偏高、需要深度处理、污泥的二次处理等问题，因此，如果能够探明这一问题，将更有利于确定富营养化问题的主要控制方法，甚至可以根据情况直接抛弃氮、磷两者其中一个元素的控制，从而可以极大地节省富营养化问题控制的成本。

传统的观点基于 Redfield 于 20 世纪 50 年代发表的氮磷比的观点，称为"Redfield"比率，这一比率表明海洋中浮游生物生长与水体中的氮磷比直接相关，当 N/P 高于 7∶1（质量比）可能会出现磷限制，低于 7∶1 会出现氮限制。多数研究者将这一理论延伸到富营养化控制上，认为不同区域只需要在水中保持合理的氮磷比，就能有效地控制水体富营养化的发生。例如，在中国，通过对国内数十个湖泊的统计发现，当地表水 N/P 高于 13∶1 时，该地区的富营养化风险将剧增。部分国外学者也在早前验证了氮磷比能够成为控制富营养化的关键。但是近年来，越来越多的研究者开始发现这个理论存在很多问题，他们用自己的研究批判氮磷比控制理论（孔繁翔和高光，2005）。

反对的学者们认为，氮磷比理论存在太大的主观性。首先，这一理论忽视了氮或磷单一因子产生的结果，很多研究都发现，N/P 下降可能只是由于磷含量的上升，而 N/P 仅讨论了比率大小对藻类暴发的影响，忽视了单一因子变换带来的影响。其次，这一理论忽视了氮、磷在水中的再生或生物存储利用过程，因为检测出的结果表明低 N/P 可能并非水华产生的条件，而仅仅是水华产生的结果。生物在水中对氮、磷的利用很快而且存在不确定性，检测的氮、磷含量很可能只是水华产生后造成的结果而非水华产生的条件。而且基于生物活动以及氮磷物质循环特点，水体中氮的消耗速率显著高于磷的消耗速率，传统的实验很可能忽视了实际水体中的潜在氮消耗（丰茂武等，2008）。并且在很多研究中发现，氮磷比理论需要在单一因子成为胁迫条件时才会奏效，当两者都比较充足时则不会产生响应。最后还有一些学者认为，传统的瓶装小试试验无法与大湖相提并论，直接从实验方法上就否定了这一理论（Wang and Wang，2009）。

1.3.4.2 磷元素是控制富营养化的关键

1969～2005 年，Schindler 等研究者在北美一个面积 5hm^2（0.05km^2），平均深 4.4m，最大深 10m 的湖内进行了一项长达 37 年的长期研究。这个湖是位于加拿大安大略省西北部热带地区的 227 湖。Schindler 和他的团队在这 37 年之中严格控制了这个湖的氮、磷输入量，并进行了一些生物操纵实验来确认氮、磷对淡水湖富营养化控制权重的问题（David et al.，2008）。研究结果表明，磷是导致富营养化的主要原因，甚至是唯一原因。这一研究被广泛认可，并成为当前环境领域对磷更加关注的最有力证据。随后这一研究在 2009 年的 *Science* 上也引发了很多研究者的讨论，多数学者也十分认可磷的控制更加重要的结论（Schindler and Hecky，2009；Wang and Wang，2019）。其中的主要原因有以下几点。

1）外源氮控制将会促进水体固氮蓝藻的暴发

蓝藻细菌中有一大类具有固氮能力的蓝藻，当水体中呈现氮缺乏时，没有固氮能力的蓝藻细菌自然会受到抑制，但是此时就会有大量固氮蓝藻取代原有藻类而大量繁殖。这一结论也是 Schindler 等得到的最主要的实验现象。当外源氮开始控制时，固氮蓝藻的优势度就开始增加，当完全断绝外源氮时，湖内固氮蓝藻数量甚至可以占到藻类的 50% 以上。也正因固氮蓝藻的活跃，湖泊富营养化问题并不会因为外源氮的控制而得到有效缓解。

2） 磷是藻类植物的最主要限制营养元素

诸多的生态学研究者通过对藻类（包括蓝藻）的研究发现，水生植物在湿地中生长最主要的限制性营养元素是氮，而藻类则是磷。这一差异导致磷的控制变得更加重要，而相对而言，我们甚至不需要着力去控制水体中的氮。

3） 具有更多的实际案例证明

有研究者在近年来比较了较为成功的富营养化治理经验后发现，有很多案例都是采用单一磷的控制就有效缓解了湖泊富营养化的问题，而缺乏单一外源氮的控制就能抑制富营养化的案例。一个简单的例子就是，生态学家普遍发现，为实现湿地生态修复而进行生物操纵时，外源磷的控制是实现生物操纵效果的必要前提条件，氮元素则不然。

湿地外源磷的控制的重要性经过漫长的研究已经不言而喻，对白洋淀而言，将富营养化控制的关注点放在磷控制上也是情理之中。

1.3.4.3 氮元素对富营养化也有贡献

虽然大多数研究者都认为磷元素控制很重要，但是他们并不否认氮元素在富营养化问题上的贡献。氮元素也是藻类重要的营养元素，它还会影响浮游植物对于磷元素的响应浓度。研究者们认为，应该将重点放在控制磷上，但应当因地制宜地去考虑氮元素的控制（Helen et al.，2018）。这些研究者具有以下观点。

1） 内源磷的释放是一个重要问题

对于富营养化水体，长期的富营养化会极大丰富沉积物中磷的污染物浓度，这一点与湿地去除磷的主要方式相关。研究表明，湿地中去除磷主要依靠颗粒态物质以及沉积物的吸附和化合，一些刚被水淹的地区对水中的磷吸收能力甚至可以超过90%。长期的富营养化会导致沉积物磷的富集量很高，水淹带来的缺氧环境则会极大地促进沉积物释放磷的过程。在上覆水中磷的浓度下降之后，沉积物中磷的释放速度将会加快，并且在短期内很难结束快速的释放过程。这一问题是制约单一外源磷的控制的关键因素。因此在白洋淀实际工程中，不仅仅需要去考虑重金属对沉积物带来的潜在生态风险，也应当去考虑沉积物营养盐释放带来的次生灾害。应适时地进行一定程度的清淤工作。

2） 盐度是制约固氮蓝藻的关键因素

研究表明，盐度是制约固氮蓝藻活动的关键环境因子，当水体中盐度在8%~10%时，水体中几乎不会发生固氮现象，也就是说，Schindler等的研究存在局限性，它只适用于内陆淡水湿地，而并不适用于沿海湿地和部分盐湖。

3） 仅限制外源磷或许不利于流域富营养化控制

研究者们发现，外源磷的控制固然在一定程度上限制了某一个湖泊的富营养化问题，但是问题在于，目前很多的环境问题不应当将视野局限在某一个较小的区域内，而应该着眼于更广的区域。单一湖泊的富营养化得以缓解，但是大量的含氮污染物顺流而下，下游湖泊能否也有效地控制磷的输入？若不能，大量的含氮污染物反而会降低藻类对磷的响应浓度，造成更加严重的富营养化问题。因此一定程度地控制外源氮元素输入是保护流域的措施，是一种广域性的环境保护策略和富营养化的控制策略，尽管这样会极大增加富营养化的治理成本。

4）单一磷控制也并不是对所有的淡水湿地都获得了成功

事实上，很多案例中控制单一外源磷从而控制水体富营养化也并不是都获得了成功，一个简单的例子就是我国的太湖流域治理，单一外源磷控制也存在一定的问题。

1.3.4.4 白洋淀-大清河流域富营养化治理

综上可知，白洋淀是我国华北最大的淡水湖泊，也是其流域内唯一的大型湖泊，单一外源磷的控制就能够满足水体富营养化的控制需求，同时为防止内源磷污染的出现，定点的清淤工程也显得十分必要。另外，白洋淀湿地生态系统退化严重，湿地破碎化严重，保留上游流域更多的氮元素输入也将更有利于恢复白洋淀的水生植物体系，有助于推进白洋淀淀区的水生植被体系恢复。

1.4 近自然湿地要素特征

1.4.1 水资源保障

湿地是一个以水淹为主要干扰因子的环境系统，水体覆盖是湿地环境的最主要特征，生态需水作为湿地的重要组成部分，是湿地赖以生存的前提，保证足够的湿地水量也是湿地修复的最基本条件。充足的湿地水量可以为湿地中各种动物、植物、微生物提供必要的湿地栖息环境，以维持良好的湿地生态环境（Wang et al.，2020；Cao et al.，2020）。通常，湿地水量受到当地降水、地表径流、地下水以及人类干扰等多方面因素的影响。雨水是湿地生态补水的主要来源之一，易受气候的影响。例如，在华北地区，雨季通常集中在 6～9 月，而湿地动植物的活跃期为 4～10 月。另外，目前人类活动对湿地的影响日益增加，人们为满足城市化的需求，常常在湿地上游兴建水利工程，引水修建水库，同时污染物排放增加，导致地表径流减少、地下水补充减少，进而导致进入湿地的水量明显减少，且水质较差，而降雨的补充又十分有限（Duan et al.，2019）。因此湿地水量不足既是一个必须解决的问题，也是一个需要区域联动来解决的难题。

湿地水量的补给方法需要结合该地区水资源的实际情况、湿地所在地以及结合适当的手段和时间来进行补充。上游水库适度放水调节、再生水回用等多种途径都可以成为湿地水资源的来源。

湿地是自然和人类的宝贵财富，通过自身的蓄水和调节可以维持地区水资源的稳定。当水量超过其自身的生态需水量时，储存的水资源可以通过改善水系统的连通性来补充其他河流的水量，这有利于流域水资源的再分配。在可持续发展的现代社会，生态需水是水资源配置的重要环节。通过计算适当的生态需水量，并实时结合社会或经济用水需求，可以实现水资源的科学合理配置。湿地的水资源保护功能对维护区域生态系统稳定、保障人类社会和谐发展具有重要意义。

1.4.2　湿地污染评价与清除

湿地基底是湿地系统的重要部分，是湿地中底栖生物和植物生长的重要媒介，同时也是湿地中众多物质转化的重要场所。当湿地水体受到污染时，水中的多种污染物会通过吸附、沉积等各种物化作用，积累在湿地基底，从而形成潜在的内源污染源。研究发现，湿地水体中近一半的磷通过湿地基底的吸附沉积得以去除，同时湿地基底对许多难降解物质和重金属也有富集作用。当水质改善，且外部污染源得以有效控制时，内源污染将成为湿地水质污染的主要来源，基底中的这些污染物会重新释放到水中，进而影响湿地水质和生态环境（李乾岗等，2020）。因此，进行湿地基底的污染评价与清除是近自然湿地修复的重要部分。

基底污染清除技术包括异位治理技术和原位治理技术。异位治理技术是指通过物理搬运的方法将受污染的基底表层清除，通常是指底泥疏浚，其对基底污染较为严重的地区具有较好的清除效果，同时能有效增加湿地水容量，但也存在易破坏湿地原生基底、不利于湿地生态恢复的缺点，短期内还会对水质产生一定的影响。原位治理技术是指通过一定的技术手段降低污染程度或阻断污染物上覆途径，通常包括底泥覆盖、化学及生物修复技术，更适用于轻污染湿地的治理，其对基底形貌及扰动作用更小，但也存在二次污染风险，应当依据实际情况进行方法筛选（祝天宇，2019）。

1.4.3　湿地水系连通与微地形整理

湿地水文条件与连通性对维护湿地生态稳定性具有重要意义。湿地水文条件及连通性的变化会直接影响植物群落的演替过程和湿地生物多样性，过于工程化的湿地水文和连通条件也是造成人工湿地低生态性的最主要因素。研究发现，湿地边缘处的水生动物多样性明显低于核心区域，因此当湿地连通性下降、边缘度增加，湿地中许多物种会受到威胁，这不利于湿地的生态稳定（Matthew et al., 2012）。湿地连通性的高低也能从侧面反映出湿地物质循环、能量流动和物种迁移的能力，是提高近自然湿地自我稳态的关键。

1.4.4　湿地水生生态系统构建

1.4.4.1　植物修复

植物的选择对于近自然湿地的水质净化效果至关重要。湿地中的水生植物可以通过自身的吸收和拦截作用，去除水体中的大量污染物和悬浮物，同时能抑制藻类生长，增加水体的透明度，其自身的输氧等作用也能提高湿地中微生物对污染物的降解效率。湿地中的植物种类可以简单分为挺水植物、浮水植物和沉水植物，不同植物具有不同的靶向污染物（表1-2），它们在湿地中的不同搭配会产生不同的水质净化效果。

表 1-2 常用于水质净化的植物及其主要去除污染物

植物类型	植物名	主要去除污染物种类
挺水植物	芦苇	氮、磷、COD_{Cr}、铅、铜、锌
	香蒲	氮、磷、COD_{Cr}、锌、铅
	菖蒲	COD_{Cr}、镉、铅、锰
	莲	氮、磷、COD_{Cr}
	水葱	氮、磷、COD_{Cr}、锌、铅、镉
	慈姑	氮、COD_{Cr}、铁、铬、汞
	美人蕉	氮、磷、COD_{Cr}、镉、铅、砷、汞
	灯心草	磷、镉、铅
	鸢尾	氮、磷、COD_{Cr}、锰、汞
	水芹	氮、磷、COD_{Cr}
浮水植物	睡莲	磷、酚、铅、汞
	荇菜	镉、锌、砷、汞
	水鳖	氮、磷、COD_{Cr}、铅、铜、锌
	槐叶萍	COD_{Cr}、铜、钙
	凤眼蓝	氮、磷、COD_{Cr}、铜、锌、镍
沉水植物	金鱼藻	氮、磷、COD_{Cr}、铅、铬、钴、砷
	狐尾藻	氮、磷、COD_{Cr}
	黑藻	氮、磷、COD_{Cr}
	菹草	磷、铅
	苦草	磷、COD_{Cr}、铜、铬、钴
	伊乐藻	磷
	眼子菜	COD_{Cr}

注：COD_{Cr} 为化学需氧量。

近自然湿地植物选择方面要求尽可能选取本土植物或当地优势种，这样在达到净水目标的同时也可以加快湿地植被的演替，增加湿地生态系统稳定性，提高湿地的修复效率，还能有效避免生物入侵风险。针对七星湖近自然湿地植被演替的研究发现，湿地建成五年内，由于芦苇和菖蒲是当地土著植物，其二者的生物量占比增长到90%，成为近自然湿地的主要优势种群，而引入种植的荷花、芡实和黄菖蒲种群却逐渐衰败消亡（熊元武，2017；熊元武等，2018）。

1.4.4.2 动物修复

湿地动物包括湿地兽类、鸟类、鱼类、两栖类、爬行类以及大量的无脊椎动物。湿地动物不仅是湿地生态系统物质循环和能量流动的关键环节，还有助于提高湿地的水质净化功能。湿地底栖生物对湿地净水能力影响最为显著，它们的生物扰动作用对湿地各种物质的再分配过程影响巨大。湿地动物可以通过自身吸附以及食物链传递对湿地中众多难降解物质或重金属进行吸附和富集，还可以通过自身代谢活动，改善湿地微环境，改变湿地营养物质和氧分布，促进湿地植物和微生物发挥作用，进而对湿地的水质净化功能产生影响。Kang 等（2017，2018）研究发现，底栖生物蚯蚓和贝类的活动使植物叶绿素最高提高 23.5%～29.1%，根际微生物数量增加了 25%～79%，沉积物层氧通量下降了约 1.25mg/L，并促使沉积物反硝化效率提高了 28.4%。

1.5　近自然湿地与天然湿地

　　湿地作为最独特的生态系统，蕴含了大量的宝藏。但是近年来受到我国城市化和农业活动的影响，大量的天然湿地已经消失。截至 2017 年底，中华人民共和国成立初期的 635 个湖泊湿地已经锐减到 231 个，大量的湿地都转变为耕地。自 2014 年开始，我国开始意识到大面积人类活动对湿地破坏产生的环境问题，因此在国家财政支持下在东北三省及内蒙古自治区开始实行退耕还湿的生态修复工程。2016 年我国根据《中共中央 国务院关于加快推进生态文明建设的意见》和《生态文明体制改革总体方案》要求，由国务院办公厅发布了《湿地保护修复制度方案》，这加快了我国大规模退耕还湿、湿地生态重构的步伐。湿地生态修复简言之就是通过生态工程的技术手段，再现或复原已经退化或消失的湿地生态系统，恢复原始天然湿地的各项结构和功能，以保护日益脆弱的湿地生态。

　　通常我们根据人类活动对湿地的干预强度，将湿地分为天然湿地、近自然湿地和人工湿地三种。天然湿地具有较高的生物多样性，其生态稳定性较高。人工湿地则具有较高的水质净化能力，但生态稳定性较低。随着人工干预程度的逐渐升高，湿地的水质改善功能也就越强。近自然湿地是一种兼具生态性，又具有较强水质改善功能的湿地，弱人工干预是其最显著的特点。近自然湿地与天然湿地修复的结果类似，它们都主要依靠自然力，最终形成一个可以实现自我维持的湿地生态系统，因此研究者通常将近自然湿地视为一种湿地修复模式。但是两者在目的与实现方式上都存在一些差异，近自然湿地的首要目的是缓解社会发展造成的地表水环境质量恶化的问题，更加注重湿地能否达到预期的水质净化目标，在实现方式上虽然人工干预程度偏低，但却不可或缺。天然湿地修复则是以保护湿地生态环境为主要目标，尽可能复原湿地在退化之前的结构和功能，更注重湿地修复后生态价值能否更好地恢复，在实现方式上人为干预的成分应当尽可能避免（Dai，2016；Vo et al.，2019）。

　　纯天然的湿地固然更有利于湿地原生生态环境和景观的恢复与保护，其生态价值也更高，但是其恢复过程十分漫长，通常需要几十年甚至上百年的时间，修复结果存在很大的不确定性，难以快速解决现阶段水质恶化的问题，并不适合人类社会现阶段的发展需求。相较而言，近自然湿地在人工干预下，恢复速度更快，功能性更强，更加适合现在的发展阶段。

1.6　近自然湿地与人工湿地

1.6.1　人工湿地简介

　　湿地的类型多种多样，人工湿地通常与天然湿地是相对的。天然湿地包括沼泽地、泥炭地、湖泊、河流、海滩和盐沼等，人工湿地主要有水稻田、水库、池塘等。人工湿地在全球范围内大量应用，在我国也已十分普遍。1978～2008年，我国人工湿地面积增加了一倍以上，人工湿地在湿地总面积中的占比也超过了10%（图1-5）。

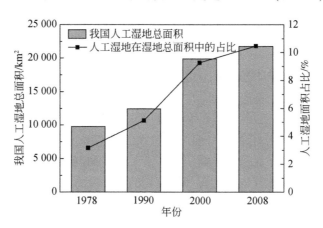

图1-5　我国人工湿地总面积及人工湿地占全国湿地面积比例图

人工湿地最早是在20世纪70年代开始发展起来的污水处理工艺中应用的。1974年，德国首次将人工湿地工程用以处理城市污水，其后在污水处理领域和水资源保护中得到了大量的应用（Thi-Dieu-Hien et al., 2019）。人工湿地作为独特的基质–植物–微生物生态系统，通过人为地将污水或污泥投配到常处于浸没状态且生长有水生植物（如芦苇、香蒲和茭草等）的土地上，沿一定方向流动的污水在耐水植物、土壤和微生物等的协同作用下得到净化。由于人工湿地具有对氮和磷及其他污染物去除效果好、投资低、运行费用省、耐冲击负荷能力强、维护管理简便和生态景观性能好等一系列优点，因此在资金不富裕但有富余可用地的村镇以及城市污水二级处理厂的深度处理中具有广阔的应用前景。

处理污水是人工湿地的首要任务。湿地系统中微生物是降解水体中污染物的主力军。好氧微生物通过呼吸作用，将污水中大部分有机物分解成为二氧化碳和水，厌氧细菌将有机物质分解成二氧化碳和甲烷，硝化细菌将铵盐硝化，反硝化细菌将硝态氮还原成氮气等。通过这一系列的作用，污水中的主要有机污染物都能得到降解同化，成为微生物细胞的一部分，其余的变成对环境无害的无机物质回归到自然界中。此外，湿地生态系统中还存在某些原生动物及后生动物，甚至一些湿地昆虫和鸟类也能参与吞食湿地系统中沉积的有机颗粒进行同化作用，将有机颗粒作为营养物质吸收，从而在某种程度上去除污水中的颗粒物。除此之外，人工湿地系统还具有维持生物多样性、调蓄水量、调节气候、降解有毒物质、保护堤岸、提供丰富动植物产品、旅游及科普宣教等功能。

1.6.2　人工湿地分类

人工湿地按照水流流过湿地的方式，可分为表流湿地和潜流湿地，其中表流湿地包含了传统表流湿地和稳定塘，潜流湿地包含了水平潜流湿地和垂直潜流湿地两类。

1.6.2.1 表流湿地

表流湿地在内部构造、生态结构和外观上都十分类似于天然湿地,但经过科学的设计、运行管理和维护,去污效果优于天然湿地,主要原因是人工湿地强化了微生物的供氧和微生物的载体功能。表流湿地又可分为传统表流湿地和稳定塘两种类型。

1)传统表流湿地

传统表流湿地的水面位于湿地基质以上,其水深一般为 0.3~0.5m。污水从进口以一定深度缓慢流过湿地表面,微生物通常生存在底泥的表面及挺水植物的根、茎表面。由于湿地常年处于水体浸泡中,因此湿地的供氧主要通过水面复氧及湿地植物通气组织供氧,表流湿地中接近水面部分为好氧区,较深部分及远离植物根区的底部通常为缺氧区。因此,此类湿地中同时存在好氧及缺氧微生物群落,该类型湿地同时具有硝化和反硝化的能力,但由于整体微生物数量较少,对各种污染物的去除能力一般,只适用于处理低污染水体,具有投资少、操作简单、运行费用低等优点。

2)稳定塘

稳定塘是一种利用天然净化能力对污水进行处理的构筑物的总称。净化过程与自然水体的自净过程相似,主要利用菌藻的共同作用处理污水中的有机污染物。通常是将土地进行适当的人工修整,建成池塘,并设置围堤和防渗层,依靠塘内生长的微生物来处理污水。稳定塘污水处理系统具有基建投资和运转费用低、维护和维修简单、便于操作、能有效去除污水中的有机物和病原体、无须污泥处理等优点。

稳定塘是传统表流人工湿地的衍生品,该类型湿地在原有表流人工湿地的基础上通过种植挺水植物、沉水植物、投放鱼虾螺贝等完善了湿地系统的生物链,提高了湿地系统的稳定性,同时增加了微生物的生存空间,另外该湿地结构及形态更加融合自然,具有良好的景观可塑性。根据稳定塘的特性,又可以将稳定塘分为好氧塘、兼性塘、厌氧塘、曝气塘、水生植物塘和组合型稳定塘6种类型。

(1)好氧塘。好氧塘主要特点是塘水的主体处于有氧状态,一般深度比较浅。塘内的生态系统比较丰富。好氧塘以太阳能为初始能量,通过在塘中种植水生植物,进行水产和水禽养殖,形成人工生态系统。在太阳能(日光辐射提供能量)作为初始能量的推动下,通过塘中多条食物链的物质迁移、转化和能量的逐级传递、转化,将入塘污水的有机污染物进行降解和转化。最后不仅去除了污染物,而且可以水生植物和水产、水禽的形式进行资源回收,净化的污水也可作为再生资源予以回收再用,使污水处理与利用结合起来,实现污水处理资源化。该塘是污水稳定塘处理系统的主要设施之一,通常是单独使用或作为厌氧塘、兼性塘的后续塘。

(2)兼性塘。兼性塘的表层水呈好氧状态;塘底为沉淀物污泥层,处于厌氧状态;塘的中间为兼性区。兼性塘深度一般在 1.0m 以上,塘水中存活着大量的兼性微生物,污水净化是由好氧、兼性、厌氧微生物协同完成的。兼性塘可与厌氧塘、曝气塘、好氧塘、水生植物塘等组合成多级系统,也可由数座兼性塘串联构成塘系统。当处理水质要求不高时,也可单独使用,但需在塘内设置导流墙。兼性塘内可采取加设生物膜载体填料、种植水生植物和机械曝气等强化措施,以提高处理效果。

（3）厌氧塘。厌氧塘水深一般在2.5m以上，最深可达4~5m，有机负荷较高，有机物降解需要的氧量超过了光合作用和大气复氧所能提供的氧量，使塘呈厌氧状态。该塘主要通过厌氧微生物来净化污染物，厌氧微生物在其中进行水解、产酸以及甲烷发酵等厌氧反应全过程。厌氧塘一般作为污水稳定塘处理系统的第一级处理工艺，也多用作高浓度有机废水的首级处理工艺，通常不单独使用。

（4）曝气塘。曝气塘水深通常在2.0m以上，一般由表面曝气机供氧，并对塘水进行搅动来强化水质。曝气塘的原理与活性污泥法中的曝气池类似，该塘的污染物处理效率较高，但运行费用也较高。在曝气条件下，藻类的生长与光合作用受到抑制。曝气塘根据该塘中污泥悬浮状态和塘中溶解氧情况，又分为好氧曝气塘和兼性曝气塘。

（5）水生植物塘。水生植物塘中可通过多种类植物搭配、增加水生植物数量和在塘中养鱼等强化措施，来构建一个丰富多样化的生态系统。该生态系统不仅有菌类、藻类和水生植物，而且有浮游动物、鱼、水禽等多种水生动物。

（6）组合型稳定塘。组合型稳定塘是将多个同类型或不同类型基本形式的稳定塘，通过并联或串联构成的污水处理系统。该稳定塘系统通常在污染物浓度相对较大，对稳定塘出水水质要求较高，以及对处理效果、效率均有较高要求的条件下使用。

1.6.2.2 潜流湿地

潜流湿地分为水平潜流湿地与垂直潜流湿地两种。

1）水平潜流湿地

水平潜流湿地因污水从湿地一端水平流过填料床而得名。它由一个或多个填料床组成，床体填充基质，床底设有防渗层，防止污染地下水。与表流人工湿地相比，水平潜流湿地通过构建滤床为微生物提供了巨大的生存空间，更加强化了微生物的净化作用。由于水平潜流湿地的水流方式（水平潜流浸泡状态，且水面处于滤料堆体内部），滤床内总体供氧不足，整个滤料堆体内的微生物属于缺氧微生物，因此该类型湿地具有很好的脱氮作用。

2）垂直潜流湿地

垂直潜流湿地通过大阻力间歇进水，让污水从湿地的表面纵向流向填料床的底部，实现滤床处于不饱和状态，氧气可通过大气扩散和植物传输的方式进入湿地系统，整个滤床堆体内呈现纯好氧状态，因此该湿地具有极强的 NH_3-N 去除能力。垂直潜流湿地的处理能力高于水平潜流湿地，占地面积较小，适用于污染程度低、中、高各种不同水质的应用，进水如采用大阻力配水，可完全不受地形限制。垂直潜流湿地的设计重点和难点是其进水配水系统，即有限的污水需要均匀地分布在大面积的滤床表面，其设计计算难度较大。

1.6.2.3 人工湿地组合系统

人工湿地组合系统是一种以发生在系统中的物理化学和微生物过程为重点的工程系统，以人工湿地为主体，其他生态或生物单元前置或后置复合而来。人工湿地能作为主体主要因为人工湿地是河流水质改善的有效技术手段，目前，已经被广泛应用于微污染河水的水质修复中。

1）多级人工湿地组合

人工湿地组合系统有多种不同的组合，其中，可以由多个表流和多个潜流湿地单元组成。例如，在东莞运河污水治理中，采取了两级潜流人工湿地+表流人工湿地工艺；大连复州河净化过程中，复州河段河水氮、磷等污染物严重超标，水质长期处于劣Ⅴ类，通过水平潜流–表流–垂直潜流湿地组合，对总磷（TP）和总氮（TN）的去除率可达23.9%和13.4%，满足水质要求。

2）生态塘与人工湿地工艺组合技术

生态塘一般不以单级或单独污水处理环节的形式出现，往往与其他处理工艺相结合，生态塘可以与人工湿地进行组合。例如，武汉市将桃花岛塘和人工湿地组合，发现 COD_{Cr} 去除率可以达到75.4%、TP去除率高达83.3%；江西南昌的人工湿地+氧化塘系统，经系统净化后出水满足鄱阳湖北部水域功能区的水质要求；武行市采用湿地–塘组合系统对某排污口湖水进行净化，发现氧化塘可以提高系统中含氧量进而提高系统的硝化能力；在对德国柏林的湿地–塘组合系统进行研究时发现，当使用大麦秸秆作为添加物时，系统的氨氮去除率达55%，硝态氮去除率达到38%。

3）人工湿地与传统水处理单元组合技术

针对高浓度污水，目前更多采用湿地与传统技术的组合。例如，在海新河治理过程中，组合处理使河水达到了地表Ⅳ类水标准，同时有效地缓和了湿地堵塞的问题；在永定河水处理过程中，砂滤+人工湿地组合系统在有效预防湿地堵塞的基础上有较好的污染物去除效果；对于污染较重的河水如黑臭水体，采用接触氧化+人工湿地组合工艺进行处理，处理后的河水可达到地表Ⅳ类水标准，如上海某一地区采用生物接触氧化+人工湿地组合工艺后有机物、氨氮和总磷的去除率分别为38.4%、34.7%和26.7%。

1.6.3　人工湿地去除污染物机理

目前对人工湿地的处理机理已经取得了基本一致的认识：利用系统中基质–水生植物–微生物的物理、化学、生物的三重协同作用，通过基质过滤、吸附、沉淀、离子交换、植物吸收和微生物分解来实现对污水的高效净化，实现污水的资源化与无害化。

1.6.3.1　有机物降解机理

有机污染物在进入湿地单元后，绝大多数难溶性有机污染物在湿地前端以悬浮物（SS）的形式通过沉淀、过滤、吸附等作用被截留在填料中。部分有机污染物逐渐被微生物降解、矿化或向底部沉积而趋于稳定，从而从污水中去除。对于有机物的去除既有填料截留、微生物降解等的单独作用，又有植物、微生物、填料在根际系统内的协同净化作用。湿地系统的各组成部分通过这种协同配合实现了对有机污染物的去除。

1.6.3.2　脱氮机理

污水中含氮物质的表现形式主要为 NH_3-N 和有机氮，人工湿地对污水中各类含氮物质的去除途径包括以下三种形式: ①污水中的 NH_3-N 可通过湿地植物以及湿地微生物同化作用, 转化为生物机体的有机组成部分, 最终通过对湿地植物定期收割的方式, 实现对污水中 NH_3-N 的有效去除; ②在污水的 pH 较高 (大于 8.0) 的情况下, 污水中的 NH_3-N 可通过自由挥发的形式从污水中溢出, 但通过自由挥发减少的 NH_3-N, 只占人工湿地 NH_3-N 去除总量的一小部分; ③人工湿地对污水中含氮有机物质的主要去除途径为湿地微生物的硝化与反硝化作用, 在好氧条件下, 污水中 NH_3-N 经过亚硝化细菌、硝化细菌的亚硝化及硝化作用, 先后转化为亚硝酸盐、硝酸盐, 随后在缺氧、有机碳存在的条件下, 经反硝化细菌的反硝化作用被还原为氮气, 从水中逸出, 释放到大气, 最终实现人工湿地对污水中 NH_3-N 的有效去除。

1.6.3.3 除磷机理

污水中含磷污染物质的表现形式主要有颗粒磷、溶解性有机磷以及无机磷酸盐三类, 人工湿地对污水中含磷污染物质的去除可通过填料床的吸附、微生物以及湿地植物的同化吸附、转化及吸收等多重作用去除:

(1) 污水中部分无机磷可通过湿地植物的吸收、同化作用, 转化成植物机体的组成成分 [如腺苷三磷酸 (ATP)、脱氧核糖核酸 (DNA)、核糖核酸 (RNA) 等], 最终通过湿地植物的定期收割得以去除, 但是通过湿地植物吸收去除的磷污染物只占人工湿地去除磷总量的一小部分;

(2) 污水中含磷污染物的主要去除途径依赖于湿地土壤的物理化学吸附作用, 含磷污染物的去除能力取决于湿地土壤的环境容量, 通常情况下, 湿地填料的物理吸附以及化学沉淀作用对污水中总磷的去除率可达 90% 以上;

(3) 微生物对污水中含磷污染物的去除过程主要包括微生物对含磷物质的同化作用以及过量积累两个过程, 微生物对污水中含磷污染物的分解释放, 能够有效促进有机磷的无机化, 同时在含磷污染物的基质吸附沉淀、植物吸收同化过程中, 也能够起到显著的促进作用。

1.6.3.4 湿地填料功能

人工湿地不同于近自然湿地和天然湿地, 其湿地的基底部分通常会根据实际的水质条件而选择不同的填料。填料对人工湿地水质净化功能的影响至关重要。一些研究发现, 人工湿地的填料对整个体系水质净化的贡献度能达到 90% 甚至更高, 这说明了湿地填料的重要性。

在人工湿地系统中, 填料是植物的载体, 是微生物的生长介质, 其能为植物和微生物提供良好的生长环境, 具有较强的机械强度、较大的孔隙率、比表面积和表面粗糙度以及良好的生物和化学稳定性。人工湿地常用填料有石灰石、火山岩、沸石、陶粒、炉渣、钢渣等, 深度一般为 0.6~1.2m。其去除污染物的主要净化机制不同, 主要可分为三种: 接触沉淀与吸附, 表面微生物 (生物膜) 的附着、吸收与分解, 沉淀物的移动、分解与减量。具体介绍如下。

1) 接触沉淀与吸附

污水中悬浮物由浮于水面的漂浮物质、沉于水底的可沉物质及悬浮于水中的悬浮物质组成。悬浮物可使水质混浊，导致水体透光性差，影响水生生物生长，大量悬浮物还会造成河道阻塞。水中所含固体物比重若比液体大，当水流速度减缓或处于静止状态时，固体物因受重力作用而沉降。水中污染物浓度降低，大部分是由于悬浮性与溶解性污染物质被吸附于水中颗粒物表面，污染物质跟随自由颗粒受重力作用而沉降至底部。一般沉淀时间越长，悬浮固体物的去除效果越佳，但若超过一定时间，则去除效果并不会显著增加，反而会使底部处于厌氧状态，导致水质的恶化。砾石与砾石之间具有连续性的空隙，当污水通过时水体中悬浮物质因接触砾石表面而产生沉淀，且砾石间空隙非常小、沉淀距离短，比起自然河川其接触沉淀的效果更加显著。河水中悬浮微粒，因受到砾石的拦截而沉淀或集中于底部的污泥沉淀区。除接触沉淀以外，湿地填料的吸附作用也能起到净化水质的效果。大量研究均发现，人工湿地填料对水中的磷及其他微量污染物都具有较好的吸附性，能有效降低水中的磷及其他微量污染物含量。

2）表面微生物（生物膜）的附着、吸收与分解

湿地填料对河水中污染物［五日生化需氧量（BOD_5）、NH_3-N、SS 等］的吸附作用主要发生于砾石面上的生物膜。生物膜由结构复杂的微生物菌落组成，产物亦非常复杂，可由自然或人工的方式加以培养，使微生物能固定在介质上，且反应属自发性。水体中微生物分布形态可区分为悬浮性（suspended）及附着性（attached）两种类型。填充砾石表面和自然河川中砾石表面一样，会因微生物自然作用生成生物膜并与水中有机物质发生附着、吸收与分解作用。有机物质最终被分解成水及碳酸化合物，故污水浓度（有机物含量）与污水停留时间、污水含氧量等因子，是在进行设计时必须考虑的因子。

3）沉淀物的移动、分解与减量

悬浮物质沉淀作用使得砾石间空隙逐渐狭小，导致水流呈现平稳状态。因此，可以通过调整流速改变沉淀物移动和分布，并改善湿地中的氧环境，促进污泥分解和减量。生长于砾石上的微生物或藻类，可氧化分解吸附在其上的污染物（BOD_5、NH_3-N、SS 等）。对于生物难分解或生物分解速率低的基质，其亦能有效去除。

1.6.4 与近自然湿地的区别

近自然湿地与人工湿地的主要目的都是通过构建湿地系统，利用湿地各部分要素的物理、化学和生物过程净化水质。但不同的是，人工湿地的建设、管理和维护都需要长期、持续的人为控制与经营，而近自然湿地则更依靠自然恢复，并最终可脱离人类干预，实现自然维持，这也使得近自然湿地相较于人工湿地在设计时更加注重湿地的生态性。从这个角度看，近自然湿地也可以被认为是一种人工湿地的改进模式。近自然湿地与天然湿地和人工湿地的具体区别见表 1-3。换言之，人工湿地更类似于一个"污水处理厂"，而近自然湿地是一个能适应当前环境特征的"湿地生态系统"。也正因如此，人工湿地能进行污水处理，对水质污染的承载力更高，而近自然湿地由于需要兼顾湿地生态系统稳定，对水质污染的承载力相对偏低，更适合用于广域性的地表水环境质量的改善（卢婷，2018）。近自然湿地为我国目前面临的地表水环境质量恶化问题提供了较好的解决思路，在改善水质的同时能够更好地保留湿地自身的生态与景观价值。

表 1-3　近自然湿地与天然湿地和人工湿地的差异

项目	天然湿地	近自然湿地	人工湿地
人工干预程度	尽可能避免人工干预	较少的、必要的人工干预和引导	人工建造、维护和管理
建设目的	湿地生态保护	地表水质改善	污水、污泥处理
建设结果	尽可能复原原生湿地生态系统	可净化水质的稳定湿地生态系统	可进行水处理的湿地系统

1.7　近自然湿地强化策略

近自然湿地中的植物和微生物在水质净化功能中起到了关键作用。研究统计表明，通常植物吸收对湿地内氮和磷的去除贡献率分别能够达到 5%~20.1% 及 4.8%~22.3%，微生物对氮的去除贡献度能够达到 89%~96%，而对磷几乎没有影响；湿地沉积物能够吸附去除 36.2%~49.7% 的磷，而对氮的效果仅为 4.5%~8.3%（Ji et al.，2020）。植物与微生物对湿地营养盐的去除具有极高的贡献值，但也正是这一因素导致湿地污染物去除存在很多的局限性。强化近自然湿地污染物去除能力，对提高近自然湿地核心功能意义十分重大。

1.7.1　主要挑战

1.7.1.1　低温条件下的湿地功能退化

近自然湿地中，植物和微生物的活性将直接影响湿地对污染物去除能力的强弱。低温会抑制湿地内植物和微生物体内的酶活性，抑制它们的各项生命活动，这将会极大地制约湿地内污染物，尤其是氮及有机物的降解过程。

微生物的硝化与反硝化过程是湿地脱氮的主要途径，动植物残体中大量的有机氮分解成为氨氮，在硝化细菌作用下，氨氮被氧化成为亚硝态氮和硝态氮，再由反硝化细菌将硝态氮还原为氧化亚氮或氮气等气态氮形式，从而从湿地中得以去除。硝化和反硝化过程都对温度有一定的要求，20~40℃ 是其反应的最适温度区间，而当温度低于 15℃ 的时候，微生物硝化与反硝化速率开始明显下降，到 5℃ 的时候，微生物活动基本停止（尹晓雪等，2020）。可见温度越低，湿地脱氮功能下降也将越明显，严重时甚至会导致湿地完全丧失脱氮能力，甚至会增加水体中的氮含量。

植物活动也受到温度的严重制约，低温会减缓植物的生长代谢过程，植物对水体中各种污染物，尤其是氮、磷的吸附、吸收作用将被极大削弱，从而极大降低植物对水体的直接净化能力。同时，植物活性受到抑制也会削弱其与微生物的协同作用。植物的输氧作用在低温下也会被极大削弱，酶活性的降低也会降低植物光合效率，降低根际对微生物有机物的供应，进一步削弱微生物的硝化与反硝化作用（嵇斌等，2019）。通常低温胁迫条件集中于纬度较高地区的冬季，多数植物在冬季还会面临凋零的问题，植物残体作为凋落物重新回到水环境中成为新的污染源，会极大提高水体中有机物及氮、磷的含量，这也是多数地区冬季湿地水质反而进一步恶化的主要原因。

低温条件也会对湿地沉积物的吸附作用产生影响。低温会促使部分颗粒物质吸附位点减少，并且会抑制部分颗粒物质的吸附过程，从而降低沉积物对水中污染物的去除效果。低温对湿地功能的抑制作用可谓是全方位的，主要原因在于低温会抑制生物的作用，因此在实际工程中，常常通过其他各类的生物强化措施来减少低温所带来的一系列问题。

1.7.1.2 缺乏反硝化电子供体

氮元素是造成湿地富营养化的重要元素，也是目前受到广泛关注和控制的污染物。湿地微生物脱氮过程是一个先氧化后还原的过程：硝化细菌首先在好氧条件下以氨氮为电子供体，将氨氮氧化为硝酸盐氮，在随后的反硝化过程中，反硝化细菌在缺氧环境下，通过外来电子，将硝酸盐氮还原为氮气或者氧化亚氮等气态形式（von Ahnen et al., 2020）。我国城镇污水排放标准中一级 A 排放标准规定 TN 排放可达 15mg/L，而我国地表水环境质量标准中规定湖、库 TN 标准则在 2mg/L 以下，这是一个极大的跨度，因此地表水体中游离的小分子有机物很难满足反硝化的需求。植物在一定程度上可以缓解由碳源缺乏造成的反硝化抑制。植物根系不仅会为微生物提供氧气，其自身根系附近也富含很多含碳易降解有机物，能够为微生物提供一部分反硝化用的电子供体。但是这并不能解决全部问题。

在人工湿地工程中，湿地由于缺乏电子供体，会极大地抑制湿地反硝化效率，这一直都是人工湿地脱氮的一大难题，为此很多研究者尝试使用人工添加碳源或采用其他基质填充以改善这种状况。

1.7.1.3 缺氧环境抑制微生物活动

缺氧环境是湿地最显著的特征，也是外界对湿地环境最大的干扰，长期的水体覆盖是导致缺氧的主要原因，湿地内部植物和微生物需要克服缺氧带来的影响。固然缺氧环境有助于湿地微生物进行反硝化，但是缺氧环境极大地抑制了硝化过程和湿地中有机物质的降解（郑欣慧，2020）。人工湿地工程中为克服湿地环境广泛的缺氧，常采用的方法是直接进行曝气，或是改变湿地水深、进水参数等以保持水体氧含量在一个相对较好的水平。

低温环境会进一步加剧缺氧对水体微生物带来的影响。冬季温度下降，会进一步降低水体的溶氧量，又或是有冰雪阻隔，水体复氧效率会进一步降低，而在一些湿地中，为维护湿地温度，会加设覆盖物。改善水体缺氧对提高湿地脱氮效率具有十分重要的意义。

1.7.2 近自然湿地功能强化

近自然湿地功能的强化可以分为两类。一方面可以直接对湿地中微生物、植物及湿地基质主要的功能类群进行强化（图 1-6）；另一方面，可以通过采用一些物理的强化措施或与其他技术联用的方式，改善湿地的环境，间接提高湿地的功能。

1.7.2.1 微生物强化

冷季适应微生物的筛选能提高冷季湿地的处理功能。人工筛选或培育出冷季条件下适

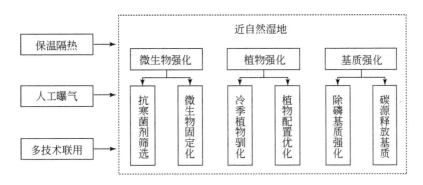

图1-6　近自然湿地强化策略示意图

应性较强的微生物类群，并制造成为菌剂，其在湿地内投加使用可极大地提高湿地微生物及污染物的降解速率。目前已经发现了很多种类的微生物均有抗寒能力。刘紫君（2018）发现的一种抗寒微生物菌株主要包含了硝化螺菌属和亚硝酸单胞菌属微生物，这些微生物能在0~7℃范围内将氨氮和总氮去除效率分别提高24.12%~27.93%和24.31%~27.31%；魏清娟（2015）筛选的菌剂在10℃以下时对湿地内氨氮的去除率可以高达85.62%。

微生物菌剂添加，其功能存在一定的时效性，一些研究中菌剂添加后起到的促进效果可以长达两个月左右，而一些菌剂只能持续十几天。长期的菌剂投加可能会在一定程度上改变湿地原生的微生物群落，破坏原有的微生物群落平衡，形成新的平衡。这种变化可能在一定程度上有助于湿地脱氮，但是并不能确认其对湿地生态环境的长期影响，这种影响很可能是负面的。为解决这些潜在的负面可能性，菌剂固定化是一个有效的方案。固定化菌剂能够极大延缓菌剂的流失速率，并且固定化的菌剂稳定性和效果都要更优，其控制也更加容易，对环境影响也更小。

1.7.2.2　植物强化

湿地植物能够吸收、富集并同化部分污染物。湿地植物能够通过输氧作用在根际区形成好氧、兼氧及厌氧的复杂环境，为湿地微生物反应提供条件，缓解水体覆盖造成的缺氧，同时为很多功能微生物提供生存环境及生长所必需的营养物质，增加微生物群落的多样性。冷季环境会极大抑制很多植物的活性，进而降低微生物功能。因此合理地搭配湿地中的冷暖季植物，形成稳定的植物群落四季演替，将十分有利于保全湿地功能，促进微生物发挥作用。

冷季植物包含很多，它们能够忍受低温，并在低温环境下生长。水芹能够忍受0℃的低温；苦草是典型的越冬沉水植物，当温度高于25℃时，其殖芽处于休眠状态，当水温低于20℃时才萌发生长；黑麦草的最适生长温度为10℃，也是一种较好的越冬植物。此外还有很多能够适应冷季的植物。将暖季植物和冷季植物进行适当搭配，当暖季植物逐步凋零时，冷季植物能够持续生长并在湿地中开始占据优势，继续维护湿地水质净化功能，再搭配合理的平衡收割将很好地保持湿地的水质健康（尉欣荣等，2020）。

植物已可以通过冷驯化和化学诱变进行强化，使植物体具有更好的冷季适应能力，增强植物在冷季的功能。冷驯化及化学诱变目前已经在农业方面较为普及，也更有望成为湿地冷季植物种培育的最优方法。冷驯化是指通过人工或自然方法对发芽的种子或幼苗进行适当的低温处理，使其细胞内抗氧化酶的活性增加，从而增强抗氧化水平，进而减轻低温胁迫引起的膜蛋白和脂质的过氧化。化学诱变即采用化学药剂（如外源脱落酸）增强植物的抗寒性，利用这些化学物质诱导植物体多种冷胁迫基因的表达，从而产生有利于植物抗寒的物质，提高植物的冷季适应性。

1.7.2.3　基质强化

湿地的基质是湿地植物和微生物的主要生长发育及生化反应场所，是它们的主要营养来源之一，同样也是湿地除磷的主要功能部分，对维护湿地稳定与功能具有十分重要的作用。因此，通常在进行湿地构建或者湿地修复的时候，首先就要充分考虑湿地基质的修复。湿地基质通常包含了很多材料，有常规的天然材料，如石块、泥土，也有具有较好吸附功能的材料，如硅藻土、沸石，还有一些工业副产物，如黄铁矿（FeS_2）、牡蛎壳等，以及一些农业废弃物，如芦苇秆、玉米秸秆等，还包括一些新型的金属化合物，如目前被广泛关注的镧-镁金属氧化物。近自然湿地修复的过程中，由于需要兼顾湿地的原生生态，因此湿地的基质材料通常以环境友好型的物质为主（表1-4）。

表1-4　常用的天然基质材料

基质材料	特征
土壤	对水体中的 P 具有吸附能力
磷灰石	含 P 天然矿石，对 P 的吸附效果较好
生物炭	农业废弃物热解产生，吸附脱 N 效果好
矾土	含铝和铁天然矿物，除 P 效果好
砾石	天然岩石，对 COD_{Cr} 去除效果好
方解石	含碳酸钙矿石，对 N 和 P 的吸附效果好
牡蛎壳	海产品副产物，对 P 的吸附效果好
泥炭	沼泽地天然产物，对 P 的吸附效果好，促进微生物反硝化
木质覆盖物	以木质素为主成分的天然材料，可提高湿地脱 N 效果
稻草	可被生物降解，有利于促进湿地脱 N
沸石	含铝、硅的天然矿物，对 $NH_3\text{-}N$ 去除效果较好

湿地基质填充材料按照功能可以将其大致分为两类：除磷基质、内源碳释放基质。除磷基质顾名思义，就是具有优良磷吸附性能的一类基质，这一类基质的主要优势在于充分发挥了湿地基质作为磷汇的作用，它们通常具有较为丰富的孔隙结构，或是其表面具有能与水中磷酸盐结合的官能团，有利于磷酸盐的各种物理或化学吸附。通常湿地的基质都具有磷吸附能力，其中一些基质的吸附能力更强，如研究发现牡蛎壳作为填充基质时，磷的去除效率能达到90%以上，天然磷矿石对磷也有很强的吸附能力，一些镧-镁氧化物能够对低浓度的磷进行吸附，使其浓度下降至 0.05mg/L 以下。

内源碳释放基质则更看重基质对湿地脱氮的作用。湿地内可降解有机物含量偏低，从而抑制了反硝化的过程，可以通过添加一些农业废弃物或其他物质对基质进行改良，其可以缓慢地释放可生物降解的有机物，从而缓解由缺乏电子供体而造成的反硝化效率偏低。常见的就是将芦苇秆、玉米秸秆或是甘蔗渣作为基质改良的材料添加到湿地的基质中去，这些物质能够在很长的时间内缓慢地释放出易降解的物质，充当湿地内反硝化的电子供体，促进湿地的反硝化。生物炭也是一种非常有效的基质改良剂，生物炭的多孔结构以及表面丰富的官能团具有非常优异的磷吸附能力，而其本身也能不断扩散出小分子有机物供给反硝化。

事实上除了湿地中这些含碳有机物，还有一个过程叫作湿地微生物的自养反硝化。自养反硝化是指无机物作为氮氧化物还原电子供体的反硝化过程。湿地中常见的自养反硝化过程包括氢、铁以及硫参与的自养反硝化过程。基于这一原理，黄铁矿、钢渣一直都是研究的重点，这些物质能够极大地促进湿地的脱氮效率（Ma et al.，2020）。黄铁矿作为基质时，铁和硫都能作为自养反硝化过程的电子供体，其主要的过程如下所示。

$$5FeS_2 + 14NO_3^- + 4H^+ \longrightarrow 5Fe^{2+} + 7N_2 + 10SO_4^{2-} + 2H_2O$$
$$2NO_3^- + 12H^+ + 10Fe^{2+} \longrightarrow 10Fe^{3+} + N_2 + 6H_2O$$

无论是哪种方式都存在一个弊端，就是不合理的控制将会对水质产生负面影响。基质改良过程中，含碳有机物释放过快将会提高水体COD_{Cr}，造成出水水质恶化，添加黄铁矿、钢渣或其他金属化合物的基质则可能会有过多的金属溶出。因此充分地考察基质改良对水质的影响是十分必要的。

1.7.2.4　物理强化措施

外界的物理强化措施也能改善湿地面临的种种问题，这些强化措施也更加直接简单。通常低温条件时，可以设置保温层，采用雪、稻草、透气膜（聚氯乙烯）、碳化的芦苇和一些有机填料覆盖在流经水体上，将温度保持在稳定范围内，防止冻结或温度过低。隔层保温有助于保持水体温度，维护湿地内的生物活动，一些研究发现碳化的芦苇以及透气膜能够使水体水温保持在10℃以上，能够极大地避免低温环境下微生物的功能下降。但是这些方法弊端也非常明显，一方面覆盖物会影响水体的自然复氧过程，降低水体氧含量，进一步加剧湿地水体氧含量过低的问题；另一方面，一些覆盖物材料是稻草一类的有机物残体，若不能及时回收也容易形成新的污染（刘文娣，2017）。

采用人工曝气能够直接有效地缓解湿地水体的低氧问题。通过对湿地水质特征的考察，可以采取很多不同的曝气策略，提高湿地的水处理能力。曝气过程应当充分考虑不同曝气策略带来的影响，过高的曝气将会抑制水体的反硝化进程、增加维护成本，并对湿地产生负面影响。

1.7.2.5　多技术联用

将湿地系统与其他技术串联使用，将会提高湿地对于一些特定污染物的去除效率。一些研究者将湿地系统与微藻系统联用，能极大地提高整体氮、磷去除效率，降低水质条件对湿地系统的冲击，并且微藻还能够回收进行资源再利用。将湿地和光催化或高级氧化技术联用能够有效去除水体中的很多微量难降解物质，更好地保障水环境的健康。

参 考 文 献

董艳鑫.2020.近自然林业理念在森林培育中的应用分析.现代园艺，(8)：148-149.

丰茂武，吴云海，冯仕训，等.2008.不同氮磷比对藻类生长的影响.生态环境，17（5）：1759-1763.

高甲荣.1999.近自然治理——以景观生态学为基础的荒溪治理工程.北京林业大学学报，(1)：86-91.

高甲荣，肖斌.1999.荒溪近自然管理的景观生态学基础——欧洲阿尔卑斯山地荒溪管理研究述评.山地学报，(3)：53-58.

高甲荣，肖斌，牛健植.2002.河溪近自然治理的基本模式与应用界限.水土保持学报，（6）：84-87，91.

胡婷.2016.平朔矿区景观指数粒度效应分析及景观多样性时空动态研究.北京：中国地质大学（北京）.

嵇斌，康佩颖，卫婷，等.2019.寒冷气候下人工湿地中氮素的去除与强化.中国给水排水，35（16）：35-40.

蒋春，蒋薇薇，周鹏，等.2014.水生植物修复富营养化水体的机制.安徽农业科学，42（35）：12614-12615，12618.

孔繁翔，高光.2005.大型浅水富营养化湖泊中蓝藻水华形成机理的思考.生态学报，(3)：589-595.

李乾岗，魏婷，张光明，等.2020.三角帆蚌对白洋淀底泥氮磷释放及微生物的影响探究.环境科学研究，33（10）：2318-2325.

李相逸.2014.七里海湿地植物群落与动物生境的景观生态化恢复研究.天津：天津大学.

刘丹丹，李正魁，叶忠香，等.2014.伊乐藻和氮循环菌技术对太湖氮素吸收和反硝化的影响.环境科学，35（10）：3764-3768.

刘海琴，邱园园，闻学政，等.2018.4种水生植物深度净化村镇生活污水厂尾水效果研究.中国生态农业学报，26（4）：616-626.

刘文娣.2017.利用微藻处理畜禽废水及其燃料电池制备研究.北京：北京化工大学.

刘紫君.2018.基于耐冷氨氧化功能菌群强化低温条件下人工湿地氨氮去除的研究.济南：山东大学.

卢婷.2018.近自然理念在五垒岛湾国家湿地公园香水河段规划设计中的应用.北京：中国林业科学研究院.

马志龙.2017.汞在三江平原鱼—鹭食物链中的生物富集.哈尔滨：东北林业大学.

马梓文，张明祥.2015.从《湿地公约》第12次缔约方大会看国际湿地保护与管理的发展趋势.湿地科学，13（5）：523-527.

邵青还.2003.对近自然林业理论的诠释和对我国林业建设的几项建议.世界林业研究，(6)：1-5.

孙凯，胡丽燕，张伟，等.2016.水稻根系泌氧对土壤微生物区系及氮素矿化影响的研究进展.生态学杂志，35（12）：3413-3420.

王子健，夏媛媛，高忠斯，等.2019.春季内蒙古图牧吉国家级自然保护区湿地核心区中的水鸟群落物种多样性.湿地科学，17（1）：74-79.

蔚欣荣，张智伟，周雨，等.2020.褪黑素对低温和干旱胁迫下多年生黑麦草幼苗生长和抗氧化系统的调节作用.草地学报，28（5）：1337-1345.

魏清娟.2015.低温脱氮菌剂的制备及其强化人工湿地脱氮效能研究.哈尔滨：哈尔滨工业大学.

魏伟伟，叶春，李春华，等.2014.太湖缓冲带近自然湿地氨氧化细菌的筛选及降解效果比较.环境污染与防治，36（7）：35-40.

熊元武.2017.近自然恢复湿地植被演替与营养盐去除的相互作用研究.北京：华北电力大学（北京）.

熊元武，田永兰，孙雪薇，等.2018.近自然湿地挺水植物对水体 DO 含量的影响.环境污染与防治，

40（1）：23-27.

许新桥. 2006. 近自然林业理论概述. 世界林业研究，（1）：10-13.

尹晓雪，徐圣君，郑效旭，等. 2020. 低温条件下人工湿地中微生物脱氮的强化措施. 湿地科学，18（4）：482-487.

张泽西，刘佳凯，张振明，等. 2018. 种植不同植物及其组合的人工浮岛对水中氮、磷的去除效果比较. 湿地科学，16（2）：273-278.

郑欣慧. 2020. 基于基质改良的人工湿地碳氧调控与污染物去除研究. 济南：山东大学.

祝天宇. 2019. 藻苲淀基底污染调查评价及底泥营养盐释放规律研究. 北京：北京林业大学.

Alonso A, Muñoz-Carpena R, Kaplan D. 2020. Coupling high-resolution field monitoring and MODIS for reconstructing wetland historical hydroperiod at a high temporal frequency. Remote Sensing of Environment, 247：111807.

Arrington D A, Winemiller K O. 2006. Habitat affinity, the seasonal flood pulse, and community assembly in the littoral zone of a Neotropical floodplain river. Journal of the North American Benthological Society, 25（1）：126-141.

Bao X M, Tian C C. 2019. Delay driven vegetation patterns of a plankton system on a network. Physica A：Statistical Mechanics and its Applications, 521：74-88.

Bart T D S, Ashley E B, Michael B S. 2018. Zooplankton-phytoplankton interactions in Green Bay, Lake Michigan：Lower food web responses to biological invasions. Journal of Great Lakes Research, 44（5）：910-923.

Binder W, Juerging P, Karl J. 1983. Naturnaher wasserbau merka male und grenzen. Garten und Landschaft, 93：91-94.

Cao T G, Yi Y J, Liu H X, et al. 2020. Integrated ecosystem services-based calculation of ecological water demand for a macrophyte-dominated shallow lake. Global Ecology and Conservation, 21：e00858.

Cristina Á, Josep M B, Isabel M, et al. 2015. Emerging organic contaminant removal in a full-scale hybrid constructed wetland system for wastewater treatment and reuse. Ecological Engineering, 80：108-116.

Dai J, Wu H P, Zhang C, et al. 2016. Responses of soil microbial biomass and bacterial community structure to closed-off management（an ecological natural restoration measures）：A case study of Dongting Lake wetland, middle China. Journal of Bioscience and Bioengineering, 122（3）：345-350.

David W S, Hecky R E, Findlay D L, et al. 2008. Eutrophication of lakes cannot be controlled by reducing nitrogen input：Results of a 37-year whole-ecosystem experiment. Proceedings of the National Academy of Sciences of the United States of America, 105（32）：11254-11258.

Duan H Y, Xu M H, Cai Y, et al. 2019. A holistic wetland ecological water replenishment scheme with consideration of seasonal effect. Sustainability, 11（3）：930.

Helen P J, Douglas R S, Lisa R N, et al. 2018. Phosphorus and nitrogen limitation and impairment of headwater streams relative to rivers in Great Britain：A national perspective on eutrophication. Science of the Total Environment, 621：849-862.

Horppila J, Nurminen L. 2001. The effect of an emergent macrophyte（*Typha angustifolia*）on sediment resuspension in a shallow north temperate lake. Freshwater Biology, 46：1447-1455.

Ji M, Hu Z, Hou C, et al. 2020. New insights for enhancing the performance of constructed wetlands at low temperatures. Bioresource Technology, 301：122722.

Ju X, Wu S, Zhang Y, et al. 2014. Intensified nitrogen and phosphorus removal in a novel electrolysis-integrated tidal flow constructed wetland system. Water Research, 59：37-45.

Kang Y, Zhang J, Xie H, et al. 2017. Enhanced nutrient removal and mechanisms study in benthic fauna added surface-flow constructed wetlands: The role of *Tubifex tubifex*. Bioresource Technology, 224: 157-165.

Kang Y, Xie H, Zhang J, et al. 2018. Intensified nutrients removal in constructed wetlands by integrated *Tubifex tubifex* and mussels: Performance and mechanisms. Ecotoxicology and Environmental Safety, 162: 446-453.

Liang Z, Tao L, Yang Z, et al. 2018. Impacts of design configuration and plants on the functionality of the microbial community of mesocosm-scale constructed wetlands treating ibuprofen. Water Research, 131: 228-238.

Liu H Q, Hu Z, Zhang J, et al. 2016. Optimizations on supply and distribution of dissolved oxygen in constructed wetlands: A review. Bioresource Technology, 214: 797-805.

Liu W, Guo Z, Jiang B, et al. 2020. Improving wetland ecosystem health in China. Ecological Indicators, 113: 106184.

Ma Y, Zheng X, Fang Y, et al. 2020. Autotrophic denitrification in constructed wetlands: Achievements and challenges. Bioresource Technology, 318: 123778.

Maleki S, Baghdadi N, Rahdari V. 2020. Which water bird groups need greater habitat conservation measures in a wetland ecosystem? Ecological Engineering, 143: 105677.

Matthew J C, Keto F G, Donald G U. 2012. Edge effects on abiotic conditions, zooplankton, macroinvertebrates, and larval fishes in Great Lakes fringing marshes. Journal of Great Lakes Research, 38 (1): 142-151.

Matthias B, Michael F. 2015. In situ observations of suspended particulate matter plumes at an offshore wind farm, southern North Sea. Geo-Marine Letters, 35 (4): 247-255.

Meng W, He M, Hu B, et al. 2017. Status of wetlands in China: A review of extent, degradation, issues and recommendations for improvement. Ocean & Coastal Management, 146: 50-59.

Nawel N, Oualid H, Nabila L. 2014. Biological removal of phosphorus from wastewater: Principles and performance. International Journal of Engineering Research in Africa, 13: 123-129.

Nikolaos V P, Myrto T, Nicolas K. 2016. Pathways regulating the removal of nitrogen in planted and unplanted subsurface flow constructed wetlands. Water Research, 102: 321-329.

Oksana C, Peter K, Uwe K, et al. 2015. Nitrogen transforming community in a horizontal subsurface-flow constructed wetland. Water Research, 74: 203-212.

Rezania S, Taib S M, Md D M F, et al. 2016. Comprehensive review on phytotechnology: Heavy metals removal by diverse aquatic plants species from wastewater. Journal of Hazardous Materials, 318: 587-599.

Schindler D W, Hecky R E. 2009. Eutrophication: More nitrogen data needed. Science, 324: 721-722.

Sui Q W, Liu C, Zhang J Y, et al. 2016. Response of nitrite accumulation and microbial community to free ammonia and dissolved oxygen treatment of high ammonium wastewater. Applied Microbiology and Biotechnology, 100: 4177-4187.

Vendramelli R A, Vijay S, Yuan Q. 2017. Mechanism of nitrogen removal in wastewater lagoon: A case study. Environmental Technology, 38: 1514-1523.

Verhofstad M J J M, Poelen M, van Kempen M M L, et al. 2017. Finding the harvesting frequency to maximize nutrient removal in a constructed wetland dominated by submerged aquatic plants. Ecological Engineering, 106: 423-430.

Vo T D H, Bui X T, Lin C, et al. 2019. A mini-review on shallow-bed constructed wetlands: A promising innovative green roof. Current Opinion in Environmental Science & Health, 12: 38-47.

von Ahnen M, Dalsgaard J. 2020. Improving denitrification in an aquaculture wetland using fish waste—A case study. Ecological Engineering, 143: 105686.

Vymazal J. 2007. Removal of nutrients in various types of constructed wetlands. Science of the Total Environment, 380: 48-65.

Wang H J, Wang H Z. 2009. Mitigation of lake eutrophication: Loosen nitrogen control and focus on phosphorus abatement. Progress in Natural Science, 19 (10): 1445-1451.

Wang H J, Wang H Z. 2019. Eutrophication: A limiting nutrient is not necessarily an abating factor. Science Bulletin, 64 (16): 1125-1128.

Wang P T, Ouyang W, Wu Z S, et al. 2020. Diffuse nitrogen pollution in a forest-dominated watershed: Source, transport and removal. Journal of Hydrology, 585: 124833.

Woldemariam W, Mekonnen T, Morrison K, et al. 2018. Assessment of wetland flora and avifauna species diversity in Kafa Zone, Southwestern Ethiopia. Journal of Asia-Pacific Biodiversity, 11: 494-502.

Wu C, Chen W. 2020. Indicator system construction and health assessment of wetland ecosystem—Taking Hongze Lake Wetland, China as an example. Ecological Indicators, 112: 106164.

Wu H M, Fan J L, Zhang J, et al. 2016. Intensified organics and nitrogen removal in the intermittent-aerated constructed wetland using a novel sludge-ceramsite as substrate. Bioresource Technology, 210: 101-107.

Xing W, Wu H, Hao B, et al. 2013. Bioaccumulation of heavy metals by submerged macrophytes: Looking for hyperaccumulators in eutrophic lakes. Environmental Science & Technology, 47: 4695-4703.

Xu Z, Xuezhen W, Hai Z, et al. 2017. Enhanced nitrogen removal of low C/N domestic wastewater using a biochar-amended aerated vertical flow constructed wetland. Bioresource Technology, 241: 269-275.

Ye C, Li C. 2019. Wetland ecological restoration using near-natural method//Köster S, Reese M, Zuo J. Urban Water Management for Future Cities: Technical and Institutional Aspects from Chinese and German Perspective. Cham: Springer International Publishing: 157-172.

Zhang X Y, Liu C, Nepal S, et al. 2014. A hybrid approach for scalable sub-tree anonymization over big data using MapReduce on cloud. Journal of Computer and System Sciences, 80: 1008-1020.

Zou Y A, Pan B H, Zhang H, et al. 2017. Impacts of microhabitat changes on wintering waterbird populations. Scientific Reports, 7: 13934.

| 第2章 | 白洋淀环境质量现状

2.1 白洋淀区域概况

白洋淀作为华北平原最大的淡水湖泊，处于雄安新区所在地（雄县、容城县、安新县）的中心区域，总面积约366km²，共有大小淀泊143个，属于海河流域大清河水系，其控制范围为大清河水系中上游地区，跨河北、山西和北京两省一市的38个市、县。其中，河北省占81.04%，山西省占11.85%，北京市占7.11%。在河北省流域面积中，保定市占85%左右。山西省入境河流有沙河、唐河，北京市入境河流有胡良河、小清河、大石河。雄安新区位于太行山东麓、冀中平原中部、南拒马河下游南岸，在大清河水系冲积扇上，属太行山麓平原向冲积平原的过渡带。雄安新区规划地处115°64′E～116°20′E，38°45′N～38°58′N，位于大清河水系中下游，从北、西、南三面接纳瀑河、唐河等河流后汇集成淀。白洋淀沟壕纵横的地形，不仅形成了独特的景观，还发挥着缓洪滞沥、改善华北小气候、保护生物多样性等诸多方面的作用，对维护华北地区生态环境平衡具有重要影响，有"华北明珠"和"华北之肾"的美誉。白洋淀地形地貌是由海而湖、由湖而陆的反复演变后形成的，史称"九河下梢"，现状主要有八条入淀河流，分别是潴龙河、孝义河、唐河、府河、漕河、瀑河、萍河、白沟引河，其中孝义河、府河、白沟引河常年有水，是白洋淀的主要补给水源。主要出淀河流包括大清河、赵王新河，经调蓄后由枣林庄枢纽控制下泄。

调查显示，2018年雄安新区三县总人口数量为112.44万人，各县人口数量分别为44.94万人、36.94万人和30.56万人。雄安新区全境人口密度约为700人/km²，若不考虑水域面积则人口密度为860人/km²，略高于冀中南平原地区平均人口密度650人/km²。大多数行政村的人口数量在3000人以下。据地方普查中心相关数据，雄安新区乡镇行政村数量详见表2-1。

表2-1 雄安新区各乡镇行政村数量统计表

区县	乡镇	行政村/个
安新县	安新镇	21
	三台镇	12
	端村镇	21
	大王镇	15
	安州镇	28
	同口镇	18
	老河头镇	27

区县	乡镇	行政村/个
安新县	刘李庄镇	17
	赵北口镇	13
	寨里乡	12
	圈头乡	11
	芦庄乡	12
	合计	207
雄县	雄州镇	45
	昝岗镇	29
	大营镇	36
	龙湾镇	21
	朱各庄镇	23
	米家务镇	20
	北沙口乡	12
	张岗乡	18
	双堂乡	19
	合计	223
容城县	容城镇	12
	南张镇	11
	小里镇	5
	大河镇	13
	晾马台镇	20
	八于乡	14
	贾光乡	14
	平王乡	14
	合计	103

注：表中数据统计时间为 2018 年。

由雄安新区三县统计局综合办公室获取当地 2017 年经济发展相关数据见表 2-2。2017 年，雄安新区三县地区生产总值约 195.23 亿元，与 2016 年相比下降 12%；公共财政预算收入 11.17 亿元，同比下降 51%。2017 年，雄县地区生产总值 82.57 亿元，与 2016 年相比下降 27.20%；公共财政预算收入 2.66 亿元，完成全年预算的 58.50%，同比下降 24.00%；规模以上工业增加值 14.11 亿元，同比下降 31.75%；城镇、农村居民人均可支配收入分别达到 30 301 元、15 780 元，同比分别增长 8.00%、8.70%。2017 年容城县地区生产总值 54.30 亿元，与 2016 年相比下降 17.00%；公共财政预算收入 1.65 亿元，同比下降 35.20%；规模以上工业增加值 10.80 亿元，同比下降 30.70%；社会消费品零售总额 49.50 亿元，同比增长 10.10%；城镇、农村居民人均可支配收入分别达到 25 136 元、

16 159 元，同比分别增长 7.90%、8.50%。2017 年安新县地区生产总值达 58.36 亿元，与 2016 年相比下降 10.64%；公共财政预算收入完成 6.86 亿元，同比增长 21.05%；规模以上工业增加值 11.49 亿元，同比下降 12.90%；服务业占 GDP 比重为 41.10%，同比增加 5.40%；社会消费品零售总额 54.10 亿元，同比增长 9.00%；城镇、农村居民人均可支配收入分别达到 26 481 元、13 436 元，同比分别增长 8.00%、9.10%。

表 2-2 2017 年雄安新区各县财政状况

区县	地区生产总值/亿元	公共财政预算收入/亿元	农民人均可支配收入/元
安新县	58.36	6.86	13 436
雄县	82.57	2.66	15 780
容城县	54.30	1.65	16 159
合计	195.23	11.17	15 125（平均）

目前，雄安新区内产业以中低端传统工业和村镇工业为主，大多分布在村镇周边。产业层次较低，主要包含金属加工类、塑料加工类、服装纺织类和农业旅游类四大类产业集群。

生态环境方面，白洋淀湿地自然保护区是国家重点保护湿地，属于内陆湿地和水域生态系统类自然保护区，主要保护对象是内陆淡水湿地生态系统，重点保护珍稀濒危野生动植物物种。白洋淀内水生生物具有物种丰富、生物多样性高、特有和珍稀濒危种多、生态价值高等特点。白洋淀是北方浅水草型湖泊的代表，是以大型水生植物过量生长为主要特征的草型富营养化湖泊，挺水植物一直是白洋淀最重要的植被种类，占淀区总面积比例为 37%~61%。白洋淀流域整体的生态系统结构完整，山–河–林–田–淀生态系统组分齐备，河–湿地水系通连、完整，河流、淀泊自然物理形态良好，生态恢复的物理条件基础较好。鸟、鱼、虾、蟹、贝、苇、莲、藕、芡等水生动植物全淀分布，食物网健全、齐整。淀区生物类型如表 2-3 所示。

表 2-3 白洋淀物种数量

类别	属数	种数
藻类	136	243
水生植物	47	71
浮游动物	86	170
底栖动物	27	35
鱼类	50	54
两栖类	2	3
爬行类	7	11
鸟类	102	203
哺乳类	12	14

注：表中数据源于 2017~2018 年本研究的调查。

2.2 白洋淀环境问题

近几十年来，随着经济社会的快速发展，白洋淀的生态环境问题日益凸显。20 世纪 80 年代以来，周边水资源消耗量开始增加，入淀水量逐渐减少，干淀现象频发，再加上多年来人为干扰日益加剧，白洋淀生态结构破坏加剧，生态功能逐步退化，生物多样性下降，水体水质日益恶化，沼泽化趋势更加明显。统计显示，20 世纪 70 年代以来，白洋淀水面面积缩减约 26.8%，白洋淀中度沼泽化区域面积达淀区总面积的约 35%，形势相当严峻。入淀水量减少及周边的干扰还会进一步促使白洋淀湖泊萎缩，导致水体的富营养化加剧。目前白洋淀面临的主要环境问题包含以下四个方面。

1）入淀水量减少

白洋淀上游主要有府河、孝义河等入淀河流，降水形成的地表径流是白洋淀的主要补水方式。自 20 世纪 60 年代起，白洋淀上游区域开始修建水库，建成大小水库 140 余座，严重影响了白洋淀的入淀水量。相关研究表明，在年降水量相似的情况下，水库建成后入淀水量仅是建成前的 1/3。水量的减少不仅对居民的正常生活生产形成了干扰，同时也影响了区域内的气候变化。20 世纪 60 年代至今，白洋淀区域内的总体降水量呈现下降态势，年降水量均值由 550mm 降至 370.7mm，降水量的减少加重了白洋淀的缺水现象。

2）湖泊萎缩

入淀水量减少的直接后果就是白洋淀湖泊整体萎缩。20 世纪 90 年代至今，白洋淀水域总面积由 366km² 下降至 305km²，水域面积最小时甚至仅剩约 200km²，减少了约 45%。白洋淀的萎缩原因如下：一是流域内水土流失严重，泥沙淤积使水域面积快速缩减。数据表明，1970～1980 年，白沟引河流域内的泥沙淤积量达到了 3.20×10⁶m³，潴龙河流域内的泥沙淤积量达到了 1.34×10⁶m³。二是周边的农业活动及城市化的扩张造成了对湖泊的过度开发。改革开放初期，为实现经济的快速发展，白洋淀整体水域面积在 1987～2007 年缩减了 19.92km²，耕地资源的增量达到 20.98km²，城镇建设用地面积也增加了 9.94km²。随着经济的进一步发展，人们对白洋淀开发程度的增强及开发规模的扩大，都使白洋淀生态系统本身结构的完整性与系统性受到严重破坏。

3）湖泊水质恶化

社会经济的快速发展使白洋淀水资源的开发率、利用率提高，在造成入淀水量减少的同时，也使得入淀污水量增加。白洋淀区域内的主要污水来源于居民生活污水、城市生产工业废水。以保定市为例，居民年度排污量为 6×10⁷～7×10⁷t。污水不仅污染河道、河口，危及河流沿岸的农业生产，更令淀区内的水体质量发生严重退化。此外，白洋淀周围分布大量村庄，村内居民的生活垃圾、污水、农业面源污染无时无刻不对淀区水质构成威胁。同时，由于白洋淀旅游业的快速发展，大量游客到访产生的污染令白洋淀的水质持续恶化。当污水量较少时，湿地系统本身的水体自净能力能保持水质稳定，但当污染物的量超出水体自净能力阈值后，区域内的水质恶化便表现出了不可逆的特点。进入 21 世纪后，白洋淀整体 TN、TP、COD_{Cr} 超标严重，南刘庄、端村等部分国、省控断面水质常年处于地表水劣 V 类水平。

4）湖泊生物多样性减少

20 世纪 50 年代前，白洋淀水域面积辽阔，水生物种丰富，生态环境的完整性较强，自然特色鲜明。进入 60 年代后，人为干扰因素的影响使白洋淀水量下降、水质恶化，水生生物多样性受到影响，清洁种群逐渐消失，耐污种群大量出现。营养盐增加导致水体出现富营养化趋势，加之水库阻断了洄游鱼类的入淀通道，使鱼类种类大量减少。以白洋淀鱼类种类变化为例，20 世纪 50 年代，白洋淀共有鱼类 11 目 17 科 50 属 54 种；1975 ～ 1976 年调查仅得到 35 种鱼类；1989 ～ 1991 年调查仅得到 24 种鱼类；2000 年后调查表明，现有鱼类种类有所恢复，达到 39 种，且多为人工养殖种类，洄游性鱼类及一些大型的经济鱼类已经消失。

水资源配置减少、水质恶化成为白洋淀生态格局变化的主要诱因，这不仅对白洋淀的生态环境造成严重破坏，也严重影响了白洋淀周边 50 万人的生活和生产，恢复白洋淀流域的生态环境健康迫在眉睫。

2.3　白洋淀水质调查

2.3.1　监测点位布设

2.3.1.1　白洋淀水系概况

白洋淀是大清河流域缓洪滞沥的大型平原洼淀，为华北平原最大的淡水湿地生态系统，主要由白洋淀本淀、烧车淀、藻苲淀、马棚淀 4 个大淀构成，其中烧车淀位于白洋淀主淀区北部，原名北大淀，属于北部淀区。白洋淀地貌景观以水体为主，水域间有苇田、台地、村庄，三者交错，淀内高程一般在 5.5 ～ 6.5m，村基高程一般在 9.5 ～ 10.5m。白洋淀总面积约 360km²，东西长 29.6km，南北宽 28.5km，容积 10.7 亿 m³（相应水位 9.34m，1985 国家高程基准），干淀水位 6.5m，汛限水位 6.5 ～ 6.8m。

白洋淀周围有堤防环绕，东有千里堤，北有新安北堤，西有障水埝和四门堤，南有淀南新堤，堤防总长 203km。白洋淀地形地貌是由海而湖、由湖而陆的反复演变形成的，水区是古白洋淀仅存的一部分，上有九河，潴龙河、孝义河、唐河、府河、漕河、萍河、杨村河、瀑河及白沟引河，下通津门的水乡泽国，史称西淀。明弘治（公元 1488 年）之前水区已淤为平地，形成九河入淀之势。人们看到淀水"汪洋浩渺，势连天际"，故改称白洋淀。现状白洋淀主要有八条入淀河流（潴龙河、孝义河、唐河、府河、漕河、瀑河、萍河、白沟引河），其中孝义河、府河、白沟引河常年有水，是白洋淀的最主要补给水源，白沟引河为 20 世纪 70 年代为防洪开挖的一条行洪河道，全长 12km，河宽 100 ～ 150m，流量 500m³/s。主要出淀河流包括大清河、赵王新河，经调蓄后由枣林庄枢纽控制下泄。

1）府河

府河发源于保定市区以西平原，有一亩泉河、侯河、百草沟三条支流，在市内人民公园西侧汇流后称府河，在市区又有向北环行的护城河在刘守庙汇入，至市外有黄花沟、环堤河、金线河相继汇入，下游经安新县建昌村入藻苲淀。府河干流长 47.1km，流域面积 643.2km²，属太行山山前冲积平原区，地势西高东低，没有明显的起伏变化。多年平均年径流量 0.64 亿 m³，最大年径流量 174 亿 m³（1956 年），同年最大流量 110m³/s。现状水质劣于 V 类，主要污染指标为 TN、NH_3-N 和 TP。

2）孝义河

孝义河是 3 条常年有水的入淀河流之一。孝义河流经五县一市，干流长 78.2km，流域面积 1260km²，年入淀水量约 8216 万 m³。孝义河河道来水以流域污水处理厂尾水为主，污水处理厂尾水占多年平均入淀水量的 83%，汛期天然径流仅占入淀水量的 15.3%。河流污染源主要来源于安国市、博野县、蠡县和高阳县 6 座污水处理厂的尾水，排放污水量约 21 万 m³/d，城镇污水处理厂排水量占孝义河年入河污水量的 96%。水质评价表明，孝义河干流的蒲口、郝关坝断面长期水质处于 V 类和劣 V 类之间，主要超标水质指标为 COD_{Cr}、NH_3-N、TN、TP 等。

2.3.1.2 白洋淀采样点位分布

河北省共计有 74 个地表水国家考核断面，其中有 10 个在白洋淀淀区，这些断面数据能够准确反映白洋淀淀区各个部分的水质状况，分别位于安州闸、南刘庄、烧车淀、王家寨、光淀张庄、枣林庄、圈头、采蒲台、端村以及郝关坝。本研究在白洋淀区域也有 10 个监测点位，具体采样坐标详见表 2-4。本研究在 2018 年 3～11 月每月上旬对以上 10 个监测点位进行连续采样分析。其中，烧车淀、王家寨、光淀张庄、枣林庄、圈头、采蒲台和端村 7 个点位因冬季结冰原因 12 月至次年 2 月无法采样。

表 2-4　白洋淀断面坐标

区域分布	断面名称	河淀	经度	纬度
藻苲淀区	南刘庄	白洋淀	115°55′22″E	38°54′15″N
	安州闸	府河	115°49′08″E	38°53′04″N
北部淀区	烧车淀	白洋淀	115°59′57″E	38°56′29″N
	光淀张庄	白洋淀	116°01′39″E	38°53′58″N
	王家寨	白洋淀	116°00′59″E	38°55′04″N
	枣林庄	白洋淀	116°04′58″E	38°54′01″N
南部淀区	圈头	白洋淀	116°01′59″E	38°51′55″N
	采蒲台	白洋淀	116°01′9″E	38°49′42″N
马棚淀淀区	端村	白洋淀	115°56′59″E	38°50′32″N
	郝关坝	孝义河	115°51′15″E	38°45′53″N

依据白洋淀水系现状，本研究将淀区主要分为四个部分，藻苲淀区、北部淀区、南部淀区和马棚淀淀区，并将 10 个国控点位划分到四个区域中。安州闸及南刘庄均属藻苲淀区，安州闸位于府河入藻苲淀的入淀口，白洋淀北部上游地区；南刘庄位于淀区西北侧，藻苲淀入主淀区的入水口，也是府河入主淀区的入水口，对评估藻苲淀区水质、府河水质

及了解白洋淀主淀区北部入淀水质具有十分重要的意义。在北部淀区，烧车淀位于主淀区东北部地区，王家寨位于主淀区中北部地区，光淀张庄位于主淀区中部偏北地区，枣林庄位于主淀区中部偏东地区。在南部淀区，圈头位于主淀区中部偏南淀区，采蒲台位于主淀区东南部。端村及郝关坝均属马棚淀淀区，其中郝关坝位于孝义河入藻苲淀的入淀口，白洋淀南部上游地区；端村位于淀区南侧，马棚淀入主淀区的入水口，也是孝义河入主淀区的入水口，对评估马棚淀淀区水质、孝义河水质及了解白洋淀主淀区南部入淀水质意义重大。

本研究分别于 2018 年 6 月和 10 月进行加密监测，在 10 个定期监测的国控点位基础上（安州闸、南刘庄、烧车淀、光淀张庄、圈头、王家寨、采蒲台、枣林庄、端村、郝关坝），增设 23 个点位，加密监测点位主要分布在村庄、景点周边。白洋淀近年来人类活动频繁，淀中村林立，传统的淀区国控、省控监测点位可能无法全面地反映淀区水质状况。增设加密点位多处于人类干扰较重区域，且点位分布均匀，有助于更好地对淀区水质状况进行评估。加密点位具体位置及其所处区域详见表 2-5。

表 2-5 白洋淀加密点位坐标

区位分布	点位名称	经度	纬度
藻苲淀区	膳马庙村北	115°45′20″E	38°52′47″N
	北际头	115°51′35″E	38°53′41″N
	西向阳	115°52′27″E	38°53′49″N
	泥李庄	115°57′52″E	38°54′30″N
	文华苑	115°58′29″E	38°54′45″N
北部淀区	留通	116°00′43″E	38°58′43″N
	主席栈道	115°56′54″E	38°57′31″N
	旅游码头	115°57′56″E	38°56′28″N
	郭里口	116°00′22″E	38°55′57″N
	大观园	115°59′30″E	38°55′33″N
	庞淀	116°01′43″E	38°54′49″N
南部淀区	捞王淀	115°59′52″E	38°52′57″N
	大淀	115°59′01″E	38°52′07″N
	大麦淀	116°01′06″E	38°51′09″N
	西大坞	116°03′04″E	38°50′27″N
	大田庄	115°59′35″E	38°50′56″N
	前塘	115°59′25″E	38°50′28″N
	后塘	116°00′02″E	38°50′02″N
	七间房	116°01′48″E	38°49′37″N

区位分布	点位名称	经度	纬度
马棚淀淀区	羊角淀	115°52′39″E	38°49′30″N
	关城	115°54′41″E	38°50′28″N
	三角淀	115°58′07″E	38°49′20″N
	弯娄淀	115°59′15″E	38°48′11″N

2.3.2 藻苲淀区水质

藻苲淀位于白洋淀府河老桥以西，主要由淀区和河口区域组成，是白洋淀湿地生态系统的重要组成，也是白洋淀水质保障和主淀区生态安全的重要屏障。随着社会经济发展，白洋淀流域用水总量不断增加以及土地利用类型发生变化，导致藻苲淀入淀水量锐减、湿地面积不断萎缩、多处干淀，湿地景观破碎化，湿地生态功能逐渐降低，淀区生物物种逐年减少。同时，四条入淀河流中漕河、瀑河、萍河基本干涸，仅府河常年有水。故本研究在藻苲淀区域重点对府河进行了水质监测。

府河发源于白洋淀上游保定市西部，自膳马庙北部进入雄安新区，流经藻苲淀南部最终汇入入淀口南刘庄。安州闸和南刘庄是位于藻苲淀的两个重要的国控断面，分别位于藻苲淀上游和下游地区，能够很好地反映府河藻苲淀段的水质状况。本研究在 2018 年对两个断面的水质及其间府河沿程点位进行了逐月监测，并对水质状况进行了评价。

2.3.2.1 安州闸断面水质

安州闸位于藻苲淀西南地区，府河在藻苲淀河道段上游区，由于位于河道，安州闸常年有水，是监测府河入淀水质的关键点位。府河安州闸断面水质监测结果详见图 2-1，主要监测指标依据河北省地表水考核相关要求选取，主要包括 COD_{Cr}、COD_{Mn}、氨氮和总磷。其中，安州闸水质年度考核目标为地表 V 类水标准，对应指标浓度分别为 ≤40mg/L、≤15mg/L、≤2.0mg/L 和 0.4mg/L。

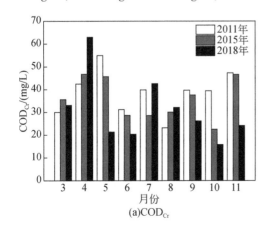

(a)COD_{Cr}

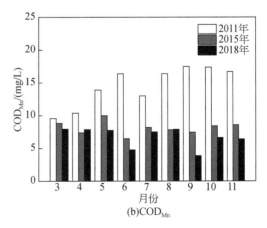

(b)COD_{Mn}

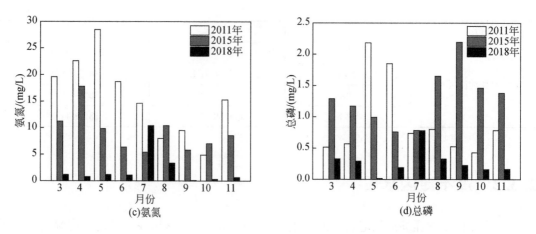

图2-1 2011年、2015年及2018年安州闸断面COD_{Cr}、COD_{Mn}、氨氮和总磷对比

　　总体而言，2018年安州闸的水质较2015年和2011年都有明显的改善。2018年监测结果中，COD_{Cr}除4月达63.0mg/L，超出考核目标0.58倍以外，其他时间均达到Ⅴ类水标准。府河来水主要为上游保定市污水处理厂尾水，其可生化性较差，水体中所含有机物大多为难降解成分，整体比较稳定。监测结果中，COD_{Mn}2011年6月、8~11月均未达标，2018年有明显改善，全年均达到了地表Ⅳ类水标准（10 mg/L）；2018年，夏季7月、8月氨氮分别超标4.2倍和0.68倍；总磷除以上两月外，均达到了地表Ⅴ类水考核标准。春季COD_{Cr}、总磷等指标升高与河岸北侧农业种植业相关，河岸北侧农田在春季时会出现大量农田退水排入府河的现象（图2-2），严重影响安州闸水质达标。

图2-2 府河沿岸农田退水情况

2.3.2.2 南刘庄断面水质

　　南刘庄是府河及藻苲淀水进入主淀区的入淀口，对判断白洋淀北部淀区主要污染源，以及藻苲淀和北部淀区治理十分重要。南刘庄年度考核目标为地表Ⅴ类水标准，即COD_{Cr}≤

40mg/L、COD_{Mn}≤15mg/L、氨氮≤2.0mg/L，其中总磷执行湖、库考核标准，对应浓度为≤0.2mg/L。入淀口南刘庄断面水质监测结果详见图2-3。整体而言，南刘庄2018年水质较2015年及2011年有极大改善，各项指标基本都达到了水质考核目标。2018年调查结果显示，COD_{Cr}浓度水平除4月达到42.5mg/L超标以外，其他均稳定达到地表V类水标准。COD_{Mn}稳定达到地表Ⅳ类水标准。

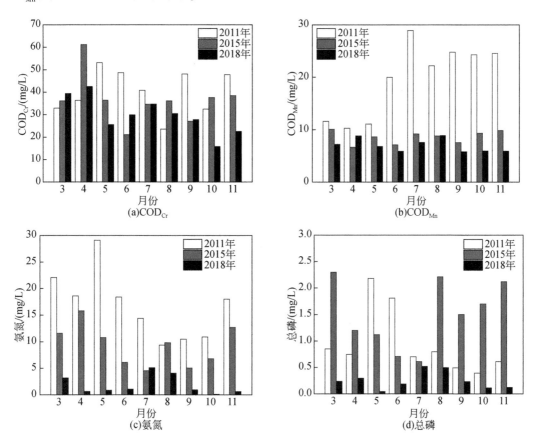

图2-3 2011年、2015年及2018年南刘庄断面COD_{Cr}、COD_{Mn}、氨氮和总磷对比

2018年南刘庄断面氨氮浓度水平较2011年和2015年有明显改善。从月际变化看，2018年3月、7月和8月南刘庄断面氨氮浓度水平超过地表V类水标准，分别为3.17mg/L、5.10mg/L和4.09mg/L，超标0.59倍、1.55倍和1.05倍。总磷浓度水平7月和8月超过地表V类水标准，分别为0.518mg/L和0.494mg/L，超标1.59倍和1.47倍。夏季7月和8月南刘庄受水温与水体溶氧的影响，氮、磷浓度水平出现升高趋势，其他月份均呈现下降趋势。

2.3.2.3 加密点位水质

以府河入雄安新区境内的膳马庙村北为起点，采样点位包括膳马庙村北、安州闸、北际头、西向阳、南刘庄、泥李庄、文华苑，监测结果见图2-4。整体而言，除氨氮以外，

2018 年安州闸–南刘庄沿线 COD_{Cr}、COD_{Mn}、氨氮和总磷基本均达到了地表 IV 类水标准，10 月水质比 6 月普遍较好。10 月安州闸–南刘庄区域水质受上游水库生态补水的影响，监测指标浓度整体处于较低水平，从 6 月加密监测数据看，府河自膳马庙村北进入雄安新区后，一直到安州闸断面 COD_{Cr} 变化较小。北际头 COD_{Cr} 在 6 月出现明显升高，可能来自安州闸至北际头其他外源污染，根据排污口现场调查，在安州闸和北际头之间的桥南村、桥北村处共排查出 42 处排污口且都为沿岸居民生活污水，说明府河沿线村庄生活污水排放对府河水质有较大影响。

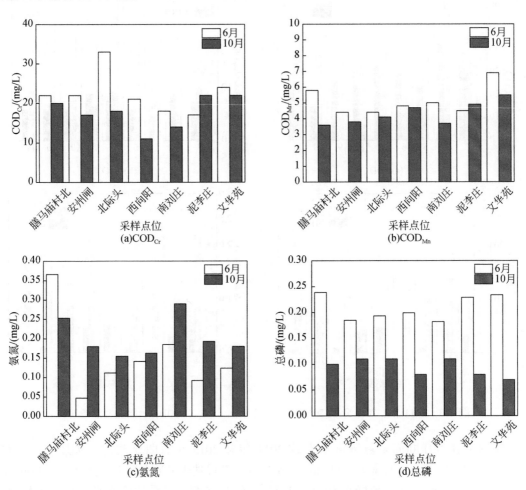

图 2-4　膳马庙村北–文华苑区域加密监测结果

6 月安州闸至北际头段氨氮水平上升，与 COD_{Cr} 变化趋势一致。从总磷变化趋势看，各加密采样点 6 月总磷浓度普遍高于 10 月，主要原因应该是温度改变影响了沉积物与水体之间的磷交换。

2.3.2.4　小结

2018 年，藻苲淀区水质相较于 2011 年及 2015 年有了极大改善，除南刘庄的总磷超标较为严重外，其余多数点位达到了预定的考核目标。水质改善一方面得益于区域污染源的控制，另一方面与上游补水相关，水资源的补充配置降低了相关污染物的浓度。

2.3.3 北部淀区水质

白洋淀北部淀区监测断面主要包括烧车淀、王家寨、光淀张庄和枣林庄。其中，烧车淀是白洋淀第二大淀，是白洋淀的主要旅游景区，王家寨和光淀张庄的旅游、畜禽养殖业较为发达，枣林庄位于白洋淀北部出水口，周边种植有大面积芦苇等水生植物。

2.3.3.1 烧车淀水质

总体而言，2018 年烧车淀水质除 COD_{Cr} 以外较 2011 年有显著改善，与 2015 年相比无明显变化。烧车淀水质监测结果详见图 2-5。2018 年调查结果中，烧车淀 COD_{Cr} 在 4~8 月分别为 42.5mg/L、32.2mg/L、39.4mg/L、44.1mg/L、33.1mg/L，均未达到地表Ⅳ类水标准。COD_{Mn} 在 11 月仅为 3.28mg/L，水质改善明显。氨氮整体达到了地表Ⅲ类水标准，5 月、7~9 月、11 月低于 0.5mg/L，达到了地表Ⅱ类水的标准。总磷全年低于 0.1mg/L，达到了地表（湖库）Ⅳ类水的标准，其中 5 月最低，仅为 0.02mg/L。

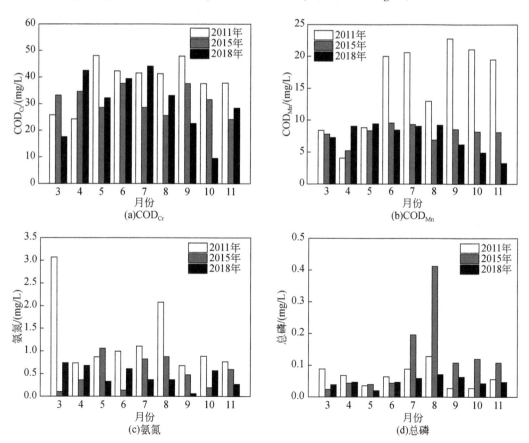

图 2-5 烧车淀水质监测结果

而 2018 年 COD_{Mn} 较 2011 年则有明显改善，稳定保持在地表Ⅳ类水标准。

2.3.3.2 王家寨水质

总体而言，2018 年王家寨水质较之前有明显改善。王家寨水质监测结果详见图 2-6。2018 年调查结果中，王家寨 COD_{Cr} 除了 9～11 月之外，全部超出了地表Ⅳ类水的标准，3～7 月分别为 33.1mg/L、39.4mg/L、31.8mg/L、37.8mg/L、37.8mg/L。COD_{Mn} 除了 5 月达 10.1mg/L 以外，其余均稳定达到了地表Ⅳ类水标准。氨氮 2018 年全年稳定达到了地表Ⅳ类水标准，其中 10 月最低，仅为 0.08mg/L，8 月最高，达 1.16mg/L。总磷在 7 月、8 月超过了地表Ⅳ类（湖、库）水标准，分别为 0.141mg/L 和 0.278mg/L。

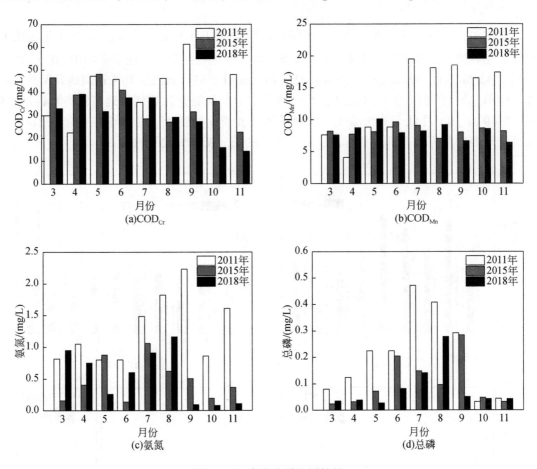

图 2-6　王家寨水质监测结果

王家寨总磷变化表现出春秋低夏季高的变化趋势，自 6 月开始，王家寨总磷浓度水平不断上升，到 8 月达到最高值，随后逐渐降低，主要原因可能是温度改变影响了内源磷的释放。王家寨周边鸭养殖产业较为发达，从污染源调查分析可知，鸭养殖产业会产生大量的氮、磷污染物，随污水和降雨径流进入王家寨周边水体，在底泥中沉积下来，受温度影响，王家寨夏季底泥发生磷酸盐释放现象，导致水体总磷浓度较其他月份明显升高。

2.3.3.3 光淀张庄水质

总体而言，2018 年光淀张庄 COD_{Cr} 浓度超标普遍，氮、磷浓度则均能达标，整体水平较 2011 年有明显改善，与 2015 年相差不大。光淀张庄水质监测结果详见图 2-7。2018 年光淀张庄 COD_{Cr} 春夏较差秋季较好，4 月和 5 月 COD_{Cr} 为 41.30mg/L 和 40.35mg/L，水质为劣 Ⅴ 类，夏季 7 月和 8 月 COD_{Cr} 为 38.40mg/L 和 38.60mg/L，水质为 Ⅴ 类，秋季 11 月光淀张庄 COD_{Cr} 为 31.00mg/L，水质为 Ⅴ 类，超标月份超标 0.03～0.38 倍。

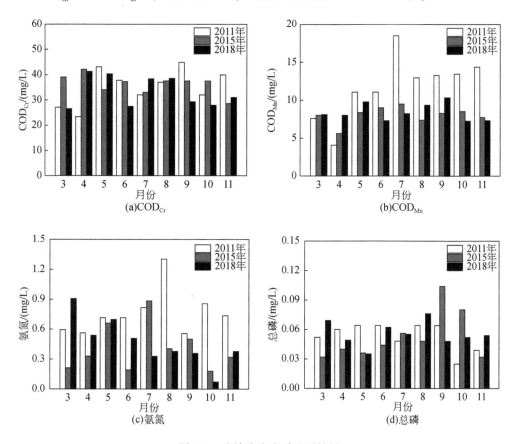

图 2-7　光淀张庄水质监测结果

2018 年调查结果中，光淀张庄 COD_{Mn} 与 2011 年相比有明显改善，6 月为全年最低，浓度为 7.30mg/L，9 月为全年最高，浓度为 10.36mg/L。其他月份则稳定达到地表Ⅳ类水标准。10 月氨氮水平最低，浓度为 0.070mg/L，3 月氨氮水平最高，浓度为 0.913mg/L，全年稳定达到地表Ⅲ类水标准。总磷浓度稳定保持在地表Ⅳ类水标准，5 月总磷水平最低，仅为 0.035mg/L，8 月总磷水平最高，浓度为 0.076mg/L。

2.3.3.4 枣林庄水质

2018 年枣林庄 COD_{Cr} 部分超标，氮、磷达标较好，整体情况较 2011 年和 2015 年有一定程度改善。枣林庄水质监测结果详见图 2-8。2018 年，枣林庄 COD_{Cr} 与 2011 年和 2015 年相比无明显改善，甚至 4 月和 7 月较往年有明显升高，春季 4 月和 5 月 COD_{Cr} 分别为 59.85mg/L 和 39.65mg/L，夏季 7 月和 8 月分别为 44.15mg/L 和 33.10mg/L，秋季 9 月和 11 月分别为 34.2mg/L 和 32.85mg/L，超标月份超标 0.10~0.99 倍，2018 年枣林庄 COD_{Cr} 基本未达到地表Ⅳ类水考核要求。

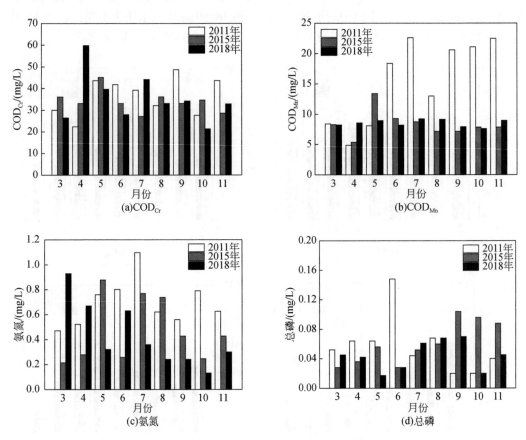

图 2-8　枣林庄水质监测结果

2018 年调查结果中，枣林庄 COD_{Mn} 稳定保持在地表Ⅳ类水标准，2018 年，10 月浓度最低，为 7.61mg/L，7 月最高，为 9.20mg/L。氨氮水平较 2011 年和 2015 年在夏秋两季有明显改善，整体稳定保持在地表Ⅳ类水标准，10 月氨氮最低，为 0.165mg/L，3 月最高，为 0.910mg/L，枣林庄氨氮变化的整体趋势与光淀张庄氨氮浓度变化趋势相近。枣林庄作为白洋淀北部出淀口，与光淀张庄相邻，枣林庄水质变化受光淀张庄水质影响较为严重。从光淀张庄至枣林庄，氨氮总体浓度呈下降趋势，受到枣林庄周边村庄和种植业的影响，枣林庄氨氮浓度水平在部分月份略高于光淀张庄，但总体变化规律与光淀张庄保持一致。2018 年枣林庄总磷水平较 2011 年和 2015 年略有改善，整体达到地表Ⅳ类水标准。从浓度水平看，5 月总磷浓度最低，为 0.017mg/L，9 月总磷浓度最高，为 0.070mg/L。

2.3.3.5 加密点位水质

对北部淀区进行加密监测，以留通为起点，依次为主席栈道、旅游码头、烧车淀、郭里口、大观园、王家寨、庞淀、光淀张庄和枣林庄，具体监测结果如图 2-9 所示。其中，留通位于烧车淀东北，主席栈道、旅游码头位于烧车淀西北，留通与主席栈道、旅游码头水质之间不存在沿程对比的关系。从 COD_{Cr} 变化看，6 月留通至烧车淀，COD_{Cr} 整体呈下降趋势，主席栈道与旅游码头 COD_{Cr} 超过地表Ⅳ类水标准主要受周边旅游和餐饮行业的影响，主席栈道–旅游码头–烧车淀–郭里口 COD_{Cr} 沿程呈下降趋势，说明在这一段烧车淀水体自净能力良好且无其他污染源进入水体。从王家寨到枣林庄，COD_{Cr} 沿程呈现上升趋势。同时，氨氮变化也表现出与 COD_{Cr} 变化相同的趋势，主要受刘庄子村、李庄子村等周边村庄生活污染及村边围堤围埝内种植与养殖的影响。COD_{Mn} 整体保持稳定，留通与主席栈道因处于淀边位置，受生活生产影响，COD_{Mn} 略高。

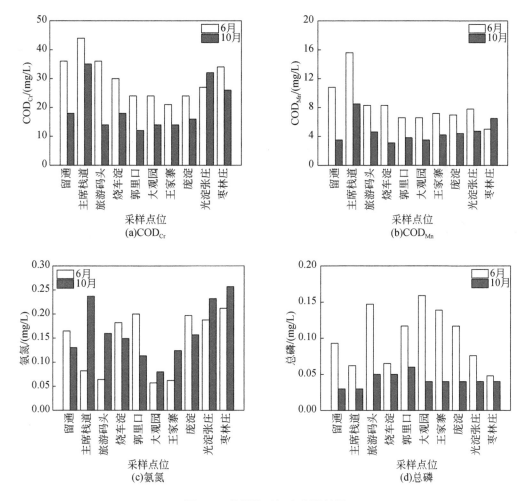

图 2-9　北部淀区加密监测结果

北部淀区旅游码头、郭里口、大观园、王家寨、庞淀总磷都超出地表Ⅳ类水标准，其中夏季的旅游码头处旅游旺季，船舶较多且水深较浅，水力扰动较为显著促进了磷的内源释放，大观园总磷超标主要受荷花种植业的影响，郭里口、王家寨、庞淀总磷超标则主要是以农村生活污染为主。

2.3.3.6　小结

北部淀区 2018 年调查水质较 2011 年有一定程度改善，较 2015 年则没有显著变化。北部淀区多数 COD_{Cr} 和总磷超标较为严重，其中总磷主要受到季节性影响较为明显，夏季（7～9 月）总磷浓度整体相对偏高，该地区可能总磷内源污染较为严重。

2.3.4　南部淀区水质

2.3.4.1　圈头水质逐月变化规律

2018 年，圈头水质较 2011 年改善明显，较 2015 年则无明显改善。圈头水质监测结果详见图 2-10。2018 年圈头 COD_{Cr} 整体未达到地表Ⅳ类水标准，春季 4 月和 5 月 COD_{Cr} 分别

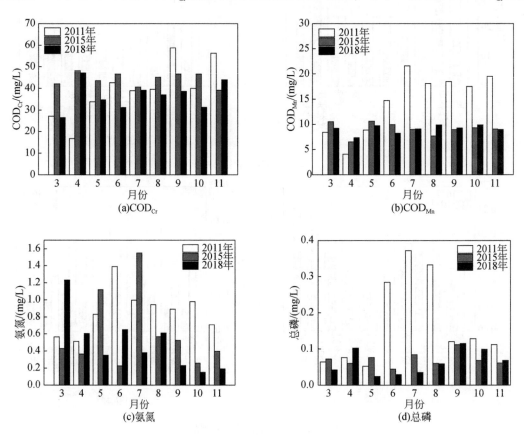

图 2-10　圈头水质监测结果

为 47.15mg/L 和 34.70mg/L,夏季 6 月、7 月和 8 月 COD_{Cr} 分别为 31.15mg/L、39.10mg/L 和 37.00mg/L,秋季 9 月、10 月和 11 月 COD_{Cr} 分别为 38.60mg/L、31.20mg/L 和 43.95mg/L,全年超标月份超标 0.04~0.57 倍。

2018 年 COD_{Mn} 与 2011 年相比,在夏秋两季有明显改善,与 2015 年相比无明显改善。圈头 COD_{Mn} 4 月最低,为 7.34mg/L,10 月最高,为 9.87mg/L。整体来看,秋季 COD_{Mn} 较春夏略高,达到地表Ⅴ类水标准。2018 年,圈头断面氨氮水平较 2011 年和 2015 年有明显改善,整体保持在地表Ⅳ类水标准。其中 10 月氨氮水平最低,为 0.150mg/L,3 月氨氮最高,为 1.231mg/L。圈头氨氮自 3 月开始持续降低,夏季氨氮水平略有波动,秋季氨氮浓度继续降低并保持稳定。总磷浓度水平较 2011 年有明显改善,与 2015 年相比未有明显变化。总磷 4 月为 0.102mg/L,9 月为 0.115mg/L。

2.3.4.2 采蒲台水质

2018 年,采蒲台水质较 2011 年有改善,但与 2015 年相比水质有一定下降。采蒲台水质监测结果详见图 2-11。2018 年采蒲台 COD_{Cr} 整体为Ⅴ类,COD_{Mn} 整体达到地表Ⅳ类水标准。采蒲台春季 3 月、4 月和 5 月 COD_{Cr} 分别为 34.7mg/L、48.8mg/L 和 30.6mg/L,夏季 7 月和 8 月 COD_{Cr} 为 42.5mg/L 和 44.1mg/L,秋季 9 月、10 月和 11 月 COD_{Cr} 分别为 41.15mg/L、40.90mg/L 和 40.40mg/L,超标月份超标 0.02~0.63 倍。

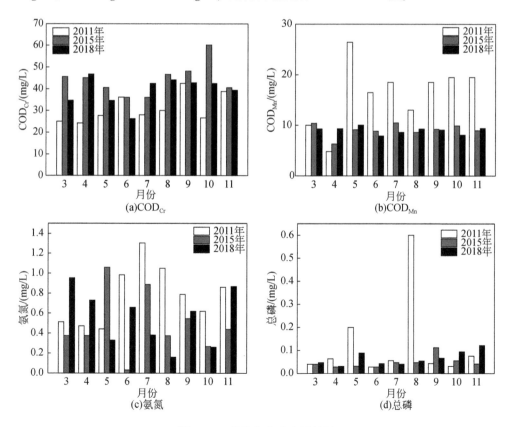

图 2-11 采蒲台水质监测结果

2018年采蒲台氨氮和总磷保持在地表Ⅳ类水标准。8月采蒲台氨氮浓度最低，为0.158mg/L，3月采蒲台氨氮浓度最高，为0.955mg/L。

2.3.4.3 加密点位水质

对南部淀区进行加密监测，以捞王淀为起点，依次为大淀、圈头、大麦淀、西大坞、大田庄、前塘、后塘、采蒲台和七间房，具体监测结果如图2-12所示。其中，捞王淀与大淀位于淀区中西部地区，与圈头等地连通性较差，相对封闭。在进行沿程对比时，捞王淀和大淀为一组，其他采样点为一组。

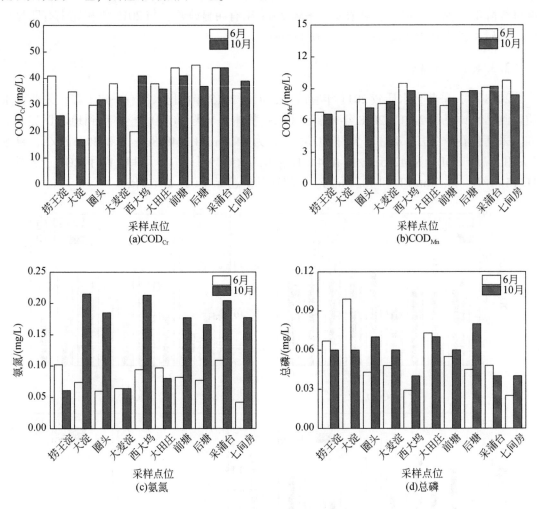

图2-12 南部淀区加密监测结果

6月南部淀区多处采样点COD_{Cr}都超过地表Ⅳ类水标准，其中捞王淀-大淀沿程COD_{Cr}呈下降趋势；圈头-大麦淀-西大坞段，COD_{Cr}呈现先上升再下降趋势，主要因为大麦淀位于圈头乡南侧，圈头乡桥东村生活污水向大麦淀方向扩散；大田庄-前塘-后塘-采蒲台-七间房段，受前塘、后塘和采蒲台周边水产养殖影响，前塘、后塘和采蒲台COD_{Cr}为劣Ⅴ

类。南部淀区 COD_{Mn} 比较稳定，各采样点沿程变化不明显。从氨氮和总磷变化看，10 月南部淀区氨氮和总磷变化呈现明显异常，多处采样点氨氮和总磷水平高于 6 月水平。

2.3.4.4　小结

南部淀区水质较 2011 年有明显改善，但与 2015 年相比并无明显变化，COD_{Cr} 超标较为严重，氮磷达标情况较好，表明南部淀区水质受到有机污染物质污染较为严重。

2.3.5　马棚淀淀区水质

2.3.5.1　郝关坝水质

郝关坝水质整体较差。孝义河郝关坝断面水质监测结果详见图 2-13。郝关坝水质年度考核目标为地表 V 类水标准。2018 年，郝关坝 COD_{Cr} 浓度水平较 2011 年和 2015 年无明显改善。除 4 月、5 月和 10 月外，郝关坝断面其余月份 COD_{Cr} 均超标，6 月 COD_{Cr} 浓度高达 74.75mg/L，超标 0.87 倍。郝关坝整体 COD_{Cr} 浓度较高，有机污染较为严重。2018 年，COD_{Mn} 水平较 2011 年有所改善，整体较为稳定，全年稳定达到地表 IV 类水标准，其中 4 月最低，为 5.66mg/L，10 月达到最高，为 9.88mg/L。COD_{Mn} 的整体变化规律与 COD_{Cr} 呈现

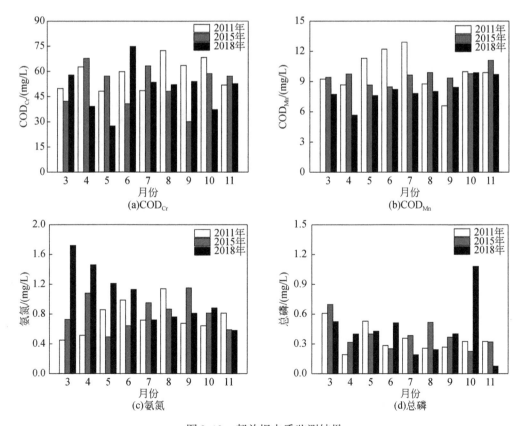

图 2-13　郝关坝水质监测结果

一致性。孝义河水体主要为上游高阳县和蠡县污水处理厂尾水，同时高阳县工业废水占比较高，COD_{Mn}相对较低。

2018年郝关坝氨氮浓度与2011年和2015年相比无明显改善，春季与往年相比有明显上升，但整体保持在地表Ⅴ类水标准。3月郝关坝氨氮浓度最高，为1.720mg/L，11月氨氮浓度最低，为0.580mg/L。2018年郝关坝断面总磷浓度水平较2011年和2015年略有改善，春季总磷整体高于夏秋两季，3月和5月浓度为0.524mg/L和0.428mg/L，6月浓度为0.511mg/L，超标月份超标倍数为0.07～0.31倍。春季郝关坝氮磷浓度超标主要受沿线农田退水排放影响，夏季郝关坝氨氮和总磷浓度升高则主要与河道底部污染底泥发生氮磷释放有关。

2.3.5.2　端村水质

孝义河流经马棚淀，在端村处汇入白洋淀，端村年度考核目标为地表Ⅳ类水标准，水质监测结果详见图2-14。总体除COD_{Cr}以外，端村水质较往年有明显改善。2018年端村COD_{Cr}除9月和10月外，均超过地表Ⅳ类水考核要求。4月COD_{Cr}浓度最高，为58.55mg/L，超标0.95倍，10月COD_{Cr}浓度最低，为24.65mg/L。端村COD_{Mn}在7.82～10.35mg/L，3月和8月端村COD_{Mn}分别为10.35mg/L和10.06mg/L，轻微超标，其他月份COD_{Mn}都稳定达到地表Ⅳ类水标准。

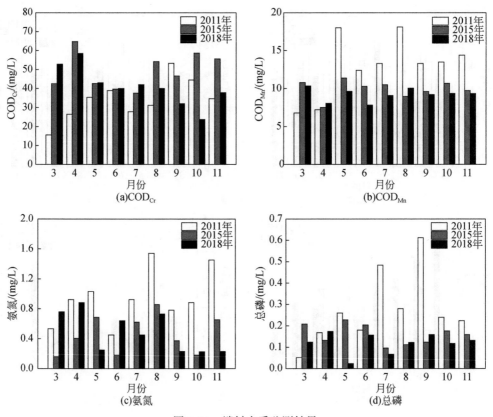

图2-14　端村水质监测结果

2018 年端村氨氮稳定达到了地表Ⅳ类水标准。与 2011 年相比，端村断面氨氮浓度水平在夏季和秋季有明显改善。2018 年端村断面氨氮在 4 月浓度最高，达 0.880mg/L，10 月最低，为 0.225mg/L。总磷除 5 月和 7 月外，均超过地表Ⅳ类水标准，4 月和 9 月端村有两个明显峰值，总磷分别为 0.174mg/L 和 0.159mg/L，分别超标 0.74 倍和 0.59 倍。与郝关坝相比，端村总磷浓度明显下降，但由于考核标准差异，端村断面执行地表Ⅳ类（湖、库）水标准，沿途河流自净能力不足以将总磷降至相应的浓度。端村 COD_{Cr}、氨氮和总磷呈现相似的变化规律，春季水质与夏秋季节相比略差。孝义河横穿马棚淀，马棚淀以耕地为主，农业种植较为发达，春季农田退水导致孝义河的各项指标在 4 月出现明显升高。

2.3.5.3 加密点位水质

通过加密监测对郝关坝-弯娄淀区域沿程污染变化进行研究。以郝关坝为起点，依次经过羊角淀、关城、端村、三角淀、弯娄淀，监测结果如图 2-15 所示。6 月羊角淀、端村、三角淀 COD_{Cr} 水平上升，说明在郝关坝-羊角淀、关城-端村、端村-三角淀沿线有外源污染汇入，致使 COD_{Cr} 上升，这与曲堤村、关城、端村、邸庄村以及梁庄村生活污染和养殖污染相关。10 月 COD_{Cr} 变化规律与 6 月相近，但整体浓度较低，主要是因为随着温度的降低，沿线村庄生活污水排放量减少。从 COD_{Mn} 变化看，各采样点 COD_{Mn} 6 月和 10 月浓度相差较小，主要是受到孝义河整体水质的影响，可生化性较差的城镇污水处理厂尾水为主要水源，使各点位 COD_{Mn} 相近。弯娄淀 COD_{Mn} 在 10 月异常增高，可能是存在植物腐烂等情况，致使有机污染物中易降解的生物质含量升高，因此出现 COD_{Cr} 浓度水平较低而 COD_{Mn} 上升的现象。

从氨氮、总磷变化看，郝关坝-三角淀段总磷迅速下降，主要是因为孝义河河水进入淀区被稀释而迅速下降。10 月受安新县水产养殖清除影响，在养殖区的端村、三角淀都出现氨氮、总磷升高的情况。

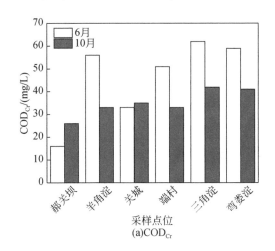

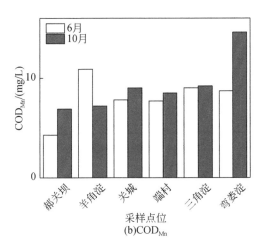

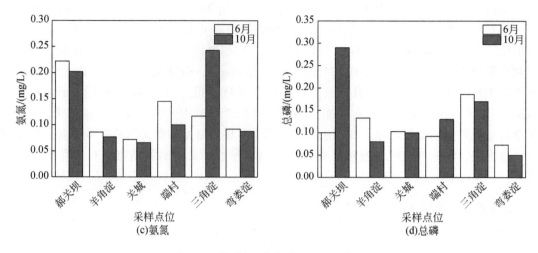

图 2-15　郝关坝–弯娄淀水质监测结果

2.3.5.4　小结

调查显示，马棚淀淀区水质较往年略有改善，现今 COD_{Cr} 和总磷超标较为严重。孝义河上游污染较为严重，各项污染物指标浓度较高。

2.3.6　水质监测综合评估

白洋淀区域 2018 年水质较 2011 年有十分明显的改善，较 2015 年而言多数地区也有一定程度的改善，其中以氨氮改善最为显著。2018 年白洋淀各个区域水质有机污染和总磷污染超标较为严重，部分地区超标达到 99%，有机污染全年都相对较为严重，总磷污染受到季节影响较为明显，6～10 月总磷多数区域超标，极有可能受到内源污染的影响，有必要进一步进行内源污染调查和污染清除的工作。

四个区域中属马棚淀淀区及孝义河沿线污染超标情况最为严重，且水质检测发现府河、孝义河沿程水质净化能力相对较弱，需要进行强化。对比发现藻苲淀及马棚淀水质劣于白洋淀北部和南部淀区水质，表明府河、孝义河是白洋淀主淀区水质主要污染的输入来源，有必要对两河入淀水质进行提升。

2.4　白洋淀水质评价

白洋淀作为雄安新区最重要的水源地，对其进行水质评价有利于更好地管理和利用白洋淀的水资源。水质评价是按照实际所需评价目标，选择与之相关的参数、标准以及评价方法，对水体的利用价值或其所需要的处理要求进行评价的过程。本研究对白洋淀水质进行了评价，以便于更好地开展后续的工作。

2.4.1 评价方法

本研究在 2018 年全年水质监测数据的基础上对白洋淀水质进行了评价。白洋淀属于典型的暖温带季风型大陆性半湿润半干旱气候，海洋因素、季风因素是对白洋淀区域气候产生影响的主要原因。春季属于干旱气候，风力较强，而进入春秋季节，东南风居多，降雨量较为集中，属于潮热气候，偶尔伴随有重度干旱；夏季受海洋气团控制，常受北太平洋副热带高压和印度洋低压影响，炎热多雨；秋季天高气爽；冬季受欧亚北方冷空气影响，常受蒙古国冷高压控制，盛行由大陆吹向海洋的冬季风，西北风较多，降雨及降雪较少，整个冬季的气候属于干冷类型。白洋淀具备我国北方典型的气候特点，四季分明，水质变化与季节变化高度相关，因此将 2018 年全年分为春（3~5 月）、夏（6~8 月）和秋（9~11 月）三季进行水质评价，以便更好地反映水质随季节变化的特点。

所采用的评价方法为现今最常用的综合水质标识指数法，所选水质指标为 COD_{Cr}、COD_{Mn}、氨氮、总磷，这种评价方法运算简单，对水质评价也更为全面综合。

1）单因子水质标识指数

综合水质标识指数法是在单因子水质标识指数（P_i）的基础上对地表水体进行综合分析评价。

单因子水质标识指数计算方法如下：

$$P_i = A_i \cdot B_i$$

式中，P_i 为第 i 项评价指标的单因子水质标识指数；A_i 为第 i 项评价指标的水质类别；B_i 为水质数据在 A_i 水质区间的相对位置（四舍五入的计算原则）。

2）综合水质标识指数

综合水质标识指数（I_{wq}）主要由四部分组成，表现形式为 $X_1.X_2X_3X_4$，即

$$I_{wq} = X_1.X_2X_3X_4$$

式中，X_1 为地表水体综合水质类别（表 2-6）；X_2 为水质在 X_1 类水质变化区间范围内所处的位置；X_3 为参与评价的指标中劣于水环境功能区目标的单个指标个数；X_4 为综合水质类别与水环境功能区目标的比较结果。

表 2-6 部分地表水环境质量标准　　　　　　　　　　（单位：mg/L）

水质指标	I 类	II 类	III 类	IV 类	V 类
NH_3-N	0.15	0.50	1.0	1.5	2.0
COD_{Mn}	2	4	6	10	15
溶解氧	饱和率 90%（或 7.5）	6	5	3	2
BOD_5	3	3	4	6	10
TN（湖、库，以 N 计）	0.2	0.5	1.0	1.5	2.0
TP（以 P 计）	0.02（湖、库 0.01）	0.1（湖、库 0.025）	0.2（湖、库 0.05）	0.3（湖、库 0.1）	0.4（湖、库 0.2）

注：本表参考 GB 3838—2002 制作。

综合水质标识指数中的综合水质指数部分 X_1X_2，能反映综合水质类别，同时反映类别中综合水质的连续性和综合水质污染程度（表 2-7）。

表 2-7 综合水质指数对应类别

综合水质指数	综合水质类别
$1.0 \leqslant X_1X_2 \leqslant 2.0$	I
$2.0 < X_1X_2 \leqslant 3.0$	II
$3.0 < X_1X_2 \leqslant 4.0$	III
$4.0 < X_1X_2 \leqslant 5.0$	IV
$5.0 < X_1X_2 \leqslant 6.0$	V
$6.0 < X_1X_2 \leqslant 7.0$	劣V类不黑臭
$7.0 < X_1X_2$	劣V类黑臭

2.4.2 春季水质评价

对白洋淀春季 3～5 月水质监测数据进行评价，以 3 个月水质监测的算术平均值进行各断面综合水质标识指数的计算，计算结果详见表 2-8。安州闸和郝关坝两个入淀河流断面达到了地表V类水环境功能区目标，除南刘庄外，淀区其他点位均达到了地表IV类水环境功能区目标，指数均值为 4.773。就单因子水质标识指数而言，COD_{Cr} 在 5.0～6.3，指数均值为 5.69，除端村为劣V类之外，均达到V类功能水质；COD_{Mn} 在 4.3～4.9，指数均值为 4.57，均达到IV类功能水质；氨氮除南刘庄、郝关坝、安州闸为 4.8、4.8 和 6.7，为IV类及以上，其他均在 3.0～3.5，指数均值为 3.91，达到III类功能水质；总磷在 3.6～6.6，指数均值为 4.81，其中III类 1 个点位，IV类 5 个点位，V类 1 个点位，劣V类 3 个点位。相较而言，春季白洋淀单因子评价中淀区 COD_{Cr} 和总磷为主要污染因子，府河、孝义河污染较淀区更为严重，相较于 COD_{Mn} 可知，COD_{Cr} 污染以难降解有机物为主。

表 2-8 2018 年春季白洋淀综合水质标识指数

断面名称	P_i				I_{wq}	水质类别
	COD_{Cr}	COD_{Mn}	氨氮	总磷		
安州闸	5.8	4.4	6.7	6.5	5.920	V类
郝关坝	6.0	4.3	4.8	6.1	5.320	V类
南刘庄	5.4	4.3	4.8	6.6	5.310	V类
烧车淀	5.0	4.5	3.0	4.0	4.110	IV类
王家寨	5.4	4.6	3.1	4.0	4.310	IV类
光淀张庄	5.7	4.6	3.4	4.0	4.410	IV类

断面名称	P_i				I_{wq}	水质类别
	COD_{Cr}	COD_{Mn}	氨氮	总磷		
枣林庄	5.9	4.6	3.2	3.6	4.410	Ⅳ类
圈头	5.6	4.6	3.5	4.2	4.510	Ⅳ类
采蒲台	5.8	4.9	3.3	4.0	4.510	Ⅳ类
端村	6.3	4.9	3.3	5.1	4.920	Ⅳ类

2.4.3 夏季水质评价

对白洋淀夏季 6~8 月水质监测数据进行评价，以 3 个月水质监测的算术平均值进行各断面综合水质标识指数的计算（表 2-9）。综合评价除郝关坝和南刘庄以外均达到Ⅳ类水环境功能区目标，I_{wq} 指数均值为 4.672。单项因子评价显示，COD_{Cr} 在 5.2~6.5，指数均值为 5.65，多数达到Ⅴ类功能水质；COD_{Mn} 在 4.3~4.8，指数均值为 4.6，达到Ⅳ类功能水质；氨氮除南刘庄为 6.7 以外，在 2.7~3.9，指数均值为 3.52，其中Ⅱ类 3 个点位，Ⅲ类 6 个点位，表明夏季白洋淀氨氮对水质影响很小；总磷除南刘庄为 6.6 未达到Ⅴ类水标准，均在 3.2~5.5，指数均值为 4.78，其中Ⅲ类 1 个点位，Ⅳ类 5 个点位，Ⅴ类 3 个点位。夏季单因子指数氨氮整体较春季有明显改善，I_{wq} 轻微改善，其他单因子并没有显著改变。COD_{Cr} 与 COD_{Mn} 较春季变化不大，难降解有机物依旧占到有机污染的主要部分。进一步分析发现，总磷单因子虽均值变化不明显，但各个点位变化显著，夏季府河和孝义河总磷较春季有明显改善，而主淀区总磷则在一定程度上恶化。

表 2-9 2018 年夏季白洋淀综合水质标识指数

断面名称	P_i				I_{wq}	水质类别
	COD_{Cr}	COD_{Mn}	氨氮	总磷		
安州闸	5.2	4.3	3.9	4.6	4.500	Ⅳ类
郝关坝	6.5	4.6	3.5	5.2	5.010	Ⅴ类
南刘庄	5.2	4.4	6.7	6.6	5.720	Ⅴ类
烧车淀	5.8	4.7	3.1	4.2	4.510	Ⅳ类
王家寨	5.5	4.6	3.4	5.5	4.820	Ⅳ类
光淀张庄	5.5	4.5	2.9	4.2	4.310	Ⅳ类
枣林庄	5.5	4.7	2.8	4.5	4.410	Ⅳ类
圈头	5.6	4.7	3.1	3.2	4.210	Ⅳ类
采蒲台	5.7	4.7	2.7	4.6	4.410	Ⅳ类
端村	6.0	4.8	3.1	5.2	4.820	Ⅳ类

2.4.4　秋季水质评价

对白洋淀秋季9～11月水质监测数据进行评价，以3个月水质监测的算术平均值进行各断面综合水质标识指数的计算（表2-10）。综合评价除安州闸和郝关坝为Ⅴ类水质以外，均达到Ⅳ类及以上的标准，其中枣林庄和王家寨达到了Ⅲ类，I_{wq}均值为4.385，较春夏季明显改善。COD_{Cr}单因子评价除郝关坝为6.2，低于Ⅴ类以外，均在4.3～5.9，其中Ⅳ类6个点位，Ⅴ类3个点位，指数均值为5.1，较春夏季明显改善；COD_{Mn}在4.2～4.9，指数均值为4.59，均达到Ⅳ类功能水质；氨氮除安州闸指数为5.0，达到Ⅳ类，其余均小于3.4，指数均值为2.79，其中王家寨为1.0，达到Ⅰ类功能水质标准，Ⅱ类5个点位，Ⅲ类3个点位，较春夏季改善十分明显；总磷除郝关坝和南刘庄为劣Ⅴ类，其余均在3.6～5.7，指数均值为4.98，其中Ⅲ类2个点位，Ⅳ类4个点位，较春夏季有一定改善。秋季有机物及氮、磷改善十分明显，可能是受到10月上游补水的影响所致，且难降解有机物的减少表明污染源在秋季也在减少。

表2-10　2018年秋季白洋淀综合水质标识指数

断面名称	P_i				I_{wq}	水质类别
	COD_{Cr}	COD_{Mn}	氨氮	总磷		
安州闸	5.1	4.3	5.0	5.7	5.000	Ⅴ类
郝关坝	6.2	4.9	3.4	6.3	5.220	Ⅴ类
南刘庄	4.4	4.3	3.4	6.1	4.610	Ⅳ类
烧车淀	4.6	4.2	2.9	4.2	4.000	Ⅳ类
王家寨	4.3	4.4	1.0	4.8	3.600	Ⅲ类
光淀张庄	4.9	4.7	2.4	4.0	4.000	Ⅳ类
枣林庄	4.9	4.6	2.3	3.6	3.900	Ⅲ类
圈头	5.8	4.8	2.1	4.8	4.410	Ⅳ类
采蒲台	5.9	4.8	3.1	4.9	4.710	Ⅳ类
端村	4.9	4.9	2.3	5.4	4.400	Ⅳ类

2.4.5　综合评价

I_{wq}春夏秋季均值分别为4.773、4.672和4.385，通过对比I_{wq}可知春季至秋季整体水质在好转，秋季较春夏季改善最为明显，通过之前的分析认为，夏季较春季改善主要是由于水中氨氮极大改善，秋季改善则主要是COD_{Cr}和氨氮显著改善的结果（图2-16）。

通过单因子水质标识指数对比（图2-17），秋季COD_{Cr}较春夏季有明显降低，COD_{Mn}则没有显著变化；氨氮整体在秋季也更好，但较为明显地能看出安州闸、南刘庄，即藻苲淀区与府河的氨氮污染较为严重；总磷在府河、孝义河的污染明显较主淀区更为严重，但是夏季两河的总磷相对污染状况低于春秋季，而平均指数相近（图2-16），可见夏季时，两河总磷相对较低，而淀区总磷在升高，更验证了夏季内源污染的可能性。

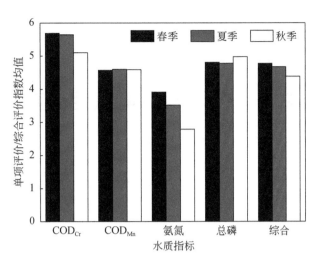

图 2-16 单项评价/综合评价指数均值对比

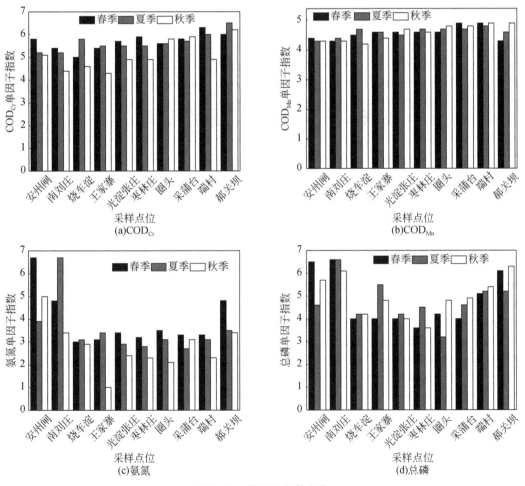

图 2-17 单因子指数变化

综合分析表明，淀区 COD_{Cr} 和氨氮污染对水质影响最为显著，春夏秋水质逐渐改善。夏季淀区总磷内源污染对水质的影响显著。府河、孝义河水质较主淀区（北部和南部淀区）水质明显较差，应该是污染的主要来源。

2.5　白洋淀土壤/底泥调查

自改革开放以来，一方面，白洋淀土地利用格局发生了巨大改变，淀中村农业活动及城市化导致湿地向农田转变，水资源利用增加导致淀区萎缩，裸地面积增加。随着白洋淀区域治理工作的推进，水资源配给增加，大量裸地、农田将被淹没成为湿地沉积物层。裸地和农田中更容易聚集污染物，聚集的污染物又不易转移，在被淹没后将有可能成为湿地多种污染物的释放源，尤其是重金属、农药以及氮、磷营养元素，可能成为白洋淀水质的重要内源污染源。另一方面，白洋淀水质长期处于富营养化，多数时间处于中度富营养化，水体总氮超标严重，使得大量的氮磷污染物富集于白洋淀表层沉积物中。随着白洋淀地区污染源的管制，入淀水质逐步提升，内源沉积物污染释放量将会逐步增加，对淀区水质造成污染，并且这种效应将会持续十几甚至几十年。

为防止内源污染造成的淀区水质恶化，需要对内源污染进行准确评价和污染清除。故本研究进行了大量的前期调查以支持后续的工作。这一部分内容将在第 3 章中进行详细阐述。

2.6　白洋淀生态系统调查

近自然湿地一个重要的目的是实现湿地生态的恢复。近自然湿地并不追求复原原始的白洋淀湿地生态，而是希望在实现上游水质有效提升的前提下，适应淀区当下的环境状况，构建新的生态系统平衡。实现湿地的生态稳定，就需要深入了解白洋淀淀内物种组成及其分布状况，水生植物和动物成为近自然湿地构建过程中需要关注的重点。水生植物对近自然湿地而言有两个重要作用，一方面湿地水生植物深刻影响着湿地水质净化功能，不同的植物搭配会直接显著地影响湿地对水质的作用；另一方面，水生植物作为湿地最重要的初级生产力，直接影响湿地能量的产生和输入，通过食物链影响整个湿地生物量及生物多样性水平，可以说决定了湿地生态恢复的进程。湿地动物亦可从这两个方面对湿地功能产生影响。本研究对白洋淀本底的水生植物及水生动物系统进行了大量调查工作，将分别在第 4 章和第 5 章进行详细阐述。

第3章 | 内源污染清除

3.1 湿地内源污染

内源污染是指沉积在湿地底部的沉积物（或称"底泥"或"底质"）中的污染物在扰动或其他作用下重新释放到水中，又或是生存在湿地中的植物、动物等其他生物死亡后其残体成为污染物进入水中的现象（崔会芳等，2020）。通常在外源污染未得到有效削减之前，内源污染并不会成为主要的污染源，但当外源污染得到有效减少后，内源污染将会成为湿地的主要污染源，因此必须受到重视（刘伟等，2020）。内源污染实际上包含两个部分。一部分是湿地沉积物的作用。湿地沉积物是去除污染物的要素之一，吸附沉积是沉积物层去除水体污染物最主要的方式，在水体受到污染时，沉积物是绝大多数难降解物质、重金属及磷等污染物的"汇"，而当水质条件改善时，沉积物中的污染物又会重新释放到水中，成为污染物的"源"（李乾岗等，2020）。人工湿地的一些研究表明，基质对水中氮、磷的去除贡献度能达到约50%，最高甚至可以达到90%，因此研究者们更加关注对湿地沉积物的研究。另一部分则是湿地内生物体死亡或凋零分解而造成的水质污染。大量的研究发现，湿地中的植物和水生动物对湿地中的污染物具有吸附与富集能力，当这些生物死亡后，污染物又会重新进入水中。加强湿地管理，合理地平衡收割就能够有效地降低这一类内源污染的发生（Zhou et al.，2019）。

内源污染形成是一个相对复杂和漫长的过程，当有机物、氮、磷等营养元素、重金属以及诸多难降解物质等污染物过量地进入河流、湿地、湖泊等水体中后，并不能被水环境全部净化脱除，其中的相当一部分污染物会通过物理、化学及生物等作用沉积到沉积物层（图3-1）。当上覆水水质条件变化或是受到扰动等作用的影响后，污染物会重新从沉积物进入水体进而再次造成污染。如果仅考虑外源污染控制，很有可能无法有效控制湿地的污染水平，这一点在对富营养化的控制中表现得尤为明显。一些湖泊在外源磷控制后无法有效地恢复生态健康，就是由其内源磷污染释放所导致的（Wang et al.，2009）。

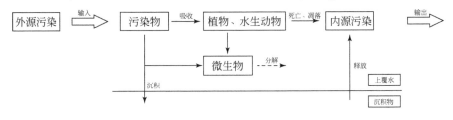

图 3-1 湿地污染源示意图

影响沉积物中氮、磷释放的因素众多，其成分也十分复杂，在未明确沉积物所处的具体环境状况时，也难以单独从沉积物营养含量判断沉积物是否具有更高的释放风险（表3-1），这有待于更进一步的实验探讨。

表3-1　不同湖泊、湿地表层沉积物氮、磷含量　　　　（单位：mg/kg）

地点	氮含量	磷含量	参考文献
白洋淀	1230.8~9559.0	344.4~915.4	杜奕衡等，2018
洞庭湖	122~1822	316~2514	李照全等，2020
东巢湖	1608.1~4752.7	319.5~726.8	李运奔等，2020
阳澄湖	1272.7~5399.6	412.2~1425.5	郭西亚等，2020
滇池	485.1~3842.2	461.3~2905.8	Chen et al.，2020
剑湖	2148~9550	757~1744	冯伎哲，2020
东平湖	1980	700	张智博等，2020
洱海	2741	871	王丹等，2019
太湖	319.4~3123.8	382.6~1314.1	Wu et al.，2019

3.2　湿地沉积物中的污染物

3.2.1　沉积物中的有机物

湿地沉积物的粒径普遍偏小，含水率通常在60%~95%，无机物含量在80%以上，主要由 SiO_2、Al_2O_3、Fe_2O_3 以及一些钙镁氧化物组成。沉积物中的有机质含量在5%左右，其组成十分丰富，主要包含了湿地中的植物或动物残体，还包括了大量的难降解有机物，如有机氯农药、多氯联苯和多环芳烃等（麦碧娴等，2001）。有机物是湿地沉积物的重要组成部分，其含量会影响沉积物对氮、磷的吸附、释放过程，也会影响微生物的活动。研究发现，沉积物中有机物含量较高时，能够提升微生物的耗氧速率，降低沉积物-水界面的氧含量，并诱导胞外碱性磷酸酶含量的增加，从而促进沉积物磷的释放（Li et al.，2016）。沉积物的有机污染物释放主要与沉积物土壤类型及外界水力或生物扰动作用相关。黏土百分含量越高就越有利于有机质的富集，扰动作用也能极大促进沉积物中有机物的释放（马倩倩等，2015）。

3.2.2　沉积物中的氮和磷

大量研究表明，沉积物是重要的湿地氮、磷"汇"，目前富营养化问题依旧突出，大量的氮、磷沉淀在污染区的沉积物中，形成了非常大的富营养化治理风险（Tammeorg et al.，2020）。沉积物中的氮包括有机氮和无机氮两大类，有机氮主要是湿地内的生物残体及生物排泄物，有机氮占到了沉积物中总氮的 90% 以上。有机氮并不能直接被植物吸收，需要通过微生物的活动促使其分解为无机氮进而被植物利用。无机氮在沉积物中的含量较少，主要赋存形态包括 $NO_3^- - N$、$NO_2^- - N$、$NH_3 - N$ 及其盐，其主要的原因在于无机氮多为可溶态，相较而言更易从沉积物的间隙水中扩散出来，并且沉积物层亦是湿地中反硝化的主要场所，大量的无机氮通过反硝化从湿地中脱除。沉积物中的有机氮在微生物作用下被矿化是无机氮的主要来源，通常沉积物的有机氮矿化包含两个过程：一是有机氮的氨基化，即蛋白质等有机氮化物分解为氨基化合物的过程；二是氨化过程，即在微生物的活动下，氨基化合物逐步转化为氨氮的过程。有机氮矿化是一个好氧微生物反应过程，在相对稳定的沉积物中，温度和溶解氧是制约该反应的主要环境因素，因此沉积物中的氮含量通常会随着深度增加而增加。

磷元素主要与沉积物中的阳离子形成更为稳定的化合物，进而在沉积物中富集，很难将其从湿地中彻底清除，因此一直以来研究者们都更加关心湿地中磷的迁移（Han et al.，2020）。水中的磷酸盐主要以正磷酸盐、聚合磷酸盐和有机磷三种形式存在，后两者能够在各种生化作用条件下转变为正磷酸盐。正磷酸盐是指在水体中呈 H_3PO_4、$H_2PO_4^-$、HPO_4^{2-}、PO_4^{3-} 形态的磷酸盐，在中性条件下主要以 $H_2PO_4^-$、HPO_4^{2-} 为主要形式（崔婉莹等，2020）。磷与沉积物之间的吸附作用原理主要包括配位体交换、静电吸附、表面沉淀和离子交换四个类型（Wu et al.，2020）。配位体交换是指正磷酸盐与沉积物的羟基基团进行置换的过程，将磷酸盐固定在沉积物表层。静电吸附则是指沉积物中的正电官能团将带有负电的磷酸基团吸附的过程。表面沉淀主要指水中的金属离子与磷结合生成沉淀进而沉积。离子交换则是指磷酸基团与金属化合物的阴离子进行交换沉淀的过程。磷的吸附沉积过程相较于有机物和氮更加稳定，因此沉积物的吸附作用对水体磷的削减作用也更加明显（贺银海，2018）。

在自然湿地水体当中，现有的研究都表明最易影响磷吸附过程的金属元素是 Fe 和 Mn，相对而言磷酸盐更易与 Fe 形成化合物。这些研究都发现沉积物中 Fe、Mn 和磷酸盐的释放速率具有高度的一致性，并且 Fe 离子更多的沉积物具有更强的磷吸附能力，当沉积物中 Fe：P 比小于 15 时，磷的自然扩散速率就开始极大提高。这些证据都表明，Fe 和 Mn 是影响湿地沉积物磷吸附与迁移的关键因素（Han et al.，2020；Wu et al.，2020）。不同于有机物及氮，前两者都更易受到微生物的作用，而磷在水中的形态变化多依靠物理化学变化。沉积物对磷的吸附过程以配位体交换居多，因此更容易受到水环境因子变化的影响。现阶段的研究发现，沉积物对磷吸附最关键的影响因素是溶解氧，当沉积物–水界面呈现出厌氧状态时，Fe-P 化合物会还原为磷酸盐和铁离子或亚铁离子，从而促进磷酸盐的释放（Wu et al.，2020；Zou et al.，2020）。温度、微生物种类、含碳有机物及含氮物质都会影响磷的释放，但本质上这些物质也都是通过影响溶解氧来间接影响磷酸盐化合物的还原过程，进而改变沉积物的磷通量（图 3-2）。

3.2.3 沉积物中的硫化物

硫元素是陆地物质循环的重要元素之一，湿地作为陆地系统中主要的还原性区域，是

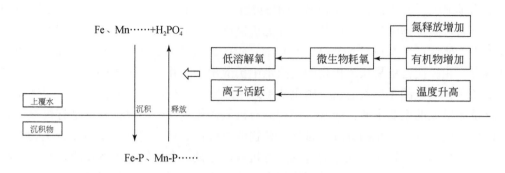

图 3-2　影响沉积物磷释放的关键因素

硫释放的主要区域，长期以来备受关注（Wang et al., 2021）。湿地自然环境中，硫元素在水中主要以 SO_4^{2-} 以及有机硫的形式存在。好氧环境中，水中的 H_2S 可以与氧气生成 SO_4^{2-}，而在厌氧环境中，水中的 SO_4^{2-} 还可以还原为 H_2S 进而逸散进入大气，同时 H_2S 也可以与水中的 Fe 结合生成 FeS（黄铁矿），在沉积物中稳定地存在（Niloofar et al., 2018）。因此湿地中活性 Fe 含量对湿地中 S 元素的物质循环过程具有非常显著的影响。缺氧环境中，Fe^{2+} 的稳定性强于 Fe^{3+}，而 Fe^{2+} 更易与水中的 H_2S 结合生成 FeS 沉积下来。通常沉积物中的 S 元素以 FeS 的形式存在，仅当水中 SO_4^{2-} 过量而活性铁含量偏低的时候才会在微生物的影响下生成有机硫。

硫元素是造成黑臭水体的重要元素，2015 年国务院颁布的《水污染防治行动计划》（简称"水十条"）中明确指出要对黑臭水体进行整治，恢复城市整洁形象，改善人民的生活环境。黑臭水体产生的主要原因是水体中金属硫化物的过量产生以及水体 COD_{Cr} 含量偏高（王玉琳等，2018）。当过量的有机污染物进入水体，又或是富营养化造成的藻类暴发，都会造成水体中溶解氧的快速下降，使得水体处在厌氧状态，大量有机污染物无法去除，进而导致水体发臭。当水体处于厌氧状态时，水体与沉积物整体都处于还原状态，沉积物会重新释放大量的 Fe^{2+}，水体中的 Fe 主要以 Fe^{2+} 的形式存在，会与沉积物中还原产生的 H_2S 及其电离产物 S^{2-} 生成大量的 FeS，进而导致水体发黑，同时 H_2S 也是产生臭气的主要气体之一（王旭等，2016）。

研究表明，水体中的硫化物会影响湿地中的氮磷循环，这三种元素与湿地中的金属 Fe 一同存在复杂的耦合机制。一方面，湿地中的 H_2S、S^{2-}、FeS 以及单质硫都可以成为湿地脱氮反硝化过程的电子供体，进而提升湿地反硝化及脱氮效率。另一方面，硫酸盐会促进磷的释放。湿地沉积物中的铁氧化物及硫酸盐氧化物的还原过程是共同进行的，这种竞争关系会促进厌氧状态下的磷酸盐释放，同时，硫酸盐的还原过程会改变水体的酸碱度及盐度，进而促进磷的释放过程（李文超等，2015）。

3.2.4　沉积物中的重金属

近年来，由于存在工农业影响、大气沉降以及固废不当处理等诸多问题，土壤重金属污染日益严重。重金属不仅会对自然环境中的生物体产生毒害作用，并且还会通过食物链传递进入人体，存在一定的生态环境风险（Yang et al.，2019）。沉积物中的重金属存在多种形态，根据研究者们最广泛采用的 BCR 三步提取法[①]，可以将重金属分为酸溶态、还原态、氧化态以及残渣态四种形态，其中前三种形态是生物有效态，即这三种形态是可被生物吸收或能对生物产生毒害作用的（雷鸣等，2007），而残渣态则是不能被生物利用的，且迁移性较差（Ji et al.，2019）。因此，通常对沉积物/土壤中重金属的修复方式有两类：一类是通过化学或生物方法改变沉积物中重金属的形态分布，促使沉积物/土壤中的重金属向残渣态的形式变化，进而降低其可生物利用性，抑制其迁移过程。另一类则是通过采用生物技术或工程手段，减少沉积物/土壤中的重金属（李寅明等，2020）。

沉积物重金属释放易受到诸多环境因子的影响，如在很多研究中都发现，水体中溶解氧下降时，多种重金属的自然释放过程会加剧。Liu 等（2019）的研究发现盐度和富营养化水平会影响重金属释放，盐度及氮含量提高会增加 As 和 Zn 的释放过程，而磷含量的提高则会抑制它们的扩散，这是由于磷会与重金属离子形成化合物。沉积物重金属的释放过程同样也与其在沉积物中的形态相关，研究发现残渣态重金属更不易于释放到水体中，重金属的稳定性由弱至强分别为酸溶态<还原态<氧化态<残渣态（柳肖竹等，2020）。表 3-2为不同湖泊、湿地表层沉积物重金属含量。

表 3-2　不同湖泊、湿地表层沉积物重金属含量　　　　（单位：mg/kg）

湖	As	Cd	Cr	Cu	Ni	Pb	Zn
鄱阳湖	—	0.20 ~ 2.30	96.0 ~ 175.2	38.1 ~ 127.6	—	22.5 ~ 77.4	72.3 ~ 254.4
巢湖	—	0.04 ~ 1.89	38.12 ~ 89.73	15.58 ~ 48.34	12.18 ~ 45.51	2.23 ~ 43.35	17.81 ~ 257.84
洞庭湖	24.30±22.45	4.06±5.90	70.62±7.70	40.13±13.58	—	57.41±30.47	—
洪湖	—	0.33 ~ 0.88	72.4 ~ 110.5	34.9 ~ 51.8	—	20.3 ~ 45.5	40.5 ~ 147.3
太湖	—	0.14 ~ 2.26	—	12.8 ~ 114.0	14.4 ~ 116.0	15.6 ~ 49.2	37.6 ~ 303.0
东平湖	19.2 ~ 38.5	0.22 ~ 0.35	67.2 ~ 102.8	36.5 ~ 86.1	—	29.2 ~ 41.3	79.9 ~ 115.4
洱海	4.9 ~ 67.8	0.10 ~ 2.00	17.7 ~ 182.3	15.2 ~ 121.4	11.2 ~ 82.3	11.4 ~ 76.7	30.0 ~ 161.0
菜子湖	38.1 ~ 45.48	0.48 ~ 0.58	81.2 ~ 106.08	17.7 ~ 28.73	—	24.31 ~ 46.55	75.38 ~ 140.7
龙感湖	—	—	68.6 ~ 123.4	26.40 ~ 51.40	29.20 ~ 58.50	26.10 ~ 64.00	59.50 ~ 124.30

3.2.5　难降解有机污染物

难降解有机污染物是一类污染物的统称，通常也称其为持久性有机污染物（persistent organic pollutants，POPs）。广义上讲 POPs 是指在环境中可以长期存在，具有一定生物蓄积性及毒性的有机污染物质，包括了多环芳烃、多氯联苯、有机氯农药及现在广为关注的

---

① 1993 年欧洲共同体标准物质局（European Community Bureau of Reference）在综合已有的沉积物重金属元素提取方法的基础上，提出了三步提取法（BCR 方法），用于城市污水处理厂污泥样品中铜、铬、镍、铅和锌的形态分析。

药物与个人护理品（pharmaceuticals and personal care products，PPCPs）等（Nguyen et al.，2020）。POPs 主要来源于工农业废水，通过河流、大气迁移沉降以及生物链进行传递，目前已经在全球绝大部分地区，乃至南极洲均发现了 POPs（李莹莹等，2021）。湿地占据了陆地表面 80% 以上的水域面积，大量的 POPs 通过吸附进入湿地的沉积物层，使得多数受到人为干扰较为严重的湿地沉积物中都存在很多 POPs。

POPs 不同于重金属污染物，通过采用生物或化学手段，能够矿化湿地中的难降解有机物，进而将其从湿地中有效去除。目前针对水体中的多种 POPs，通常采用吸附、高级氧化、光催化、人工浮岛等方法进行处理，而对沉积物中的 POPs 则多采用强化微生物处理、植物吸收富集以及底泥疏浚等处理方式（毛莉等，2007）。

3.3　影响沉积物污染释放的因素

3.3.1　沉积物组分及性质

沉积物本身的性质对其自身污染释放过程有着十分显著的影响。粒径越小的沉积物颗粒就具有越大的比表面积，其再悬浮过程也更加容易，也就更利于与上覆水之间发生污染物的交换（Wang et al.，2008）。不仅是沉积物本身的粒径大小，沉积物组分同样也十分重要。研究表明沉积物中的有机质的含量将会直接影响其对氮、磷的吸附能力，一般有机物含量越高，氮、磷的吸附能力就越强，释放能力也就越弱（Li et al.，2021），沉积物中的金属（氢）氧化物含量越高，对磷的吸附性能也就越好（Han et al.，2020）。对重金属而言，生物有效态的重金属更容易释放，而残渣态几乎不会释放（柳肖竹等，2020）。

3.3.2　水中溶解氧的含量

水体中溶解氧是水体理化性质的关键指标，影响着水中生物及化学变化的方方面面。当溶解氧含量较高时，沉积物-水界面呈现好氧状态，氧化性更强，Fe^{3+} 和 Mn^{4+} 离子数量增加，从而更加促进磷的沉积，并且富氧环境也更加能促进沉积物中重金属向离子形态转变，进而能与沉积物表面的胶体物质结合，抑制其从沉积物中释放的速率（Liu et al.，2016）。当溶解氧含量偏低时，沉积物-水界面呈现厌氧状态，整体呈现出还原性，此时铁锰结合态磷以及重金属物质就更容易从沉积物中释放出来，进而促进了其释放的速率。另外当溶解氧下降后，沉积物-水界面的生物反应以还原反应为主，在微生物反应作用下，有机氮矿化作用会增强，同时在反硝化影响下，氨氮释放也会增加（瞿畏等，2020）。因此，沉积物中绝大多数污染物质会随着溶解氧的升高，释放量逐渐降低（图 3-3）。

3.3.3　水体盐度及酸碱度

盐度是指水中溶解性物质的含量，通常包含了大量的金属阳离子，如 Na^+、Mg^{2+}、

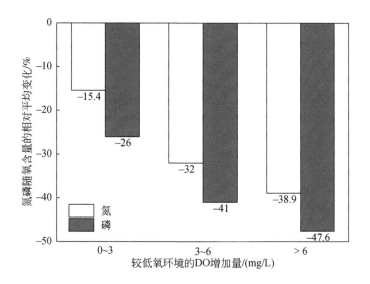

图 3-3 沉积物氮磷释放量随氧含量变化量

资料来源：林华实，2011；荣伟英和周启星，2012；卢俊平等，2018；裴佳瑶和冯民权，2020；张茜等，2020

Ca^{2+} 等，这些金属阳离子会与磷酸盐以及 NH_3-N 竞争在沉积物中的吸附位点，进而削减沉积物对水中氮、磷及重金属离子的吸附效果（刘伟等，2020），因此在一般情况下，盐度越高的水体中，其沉积物对水中氮、磷及重金属的吸附能力越弱，其释放通量也就越高。

水体中酸碱度对沉积物的释放也有影响。pH 对水体中各类型污染物的离子存在形式有十分显著的影响，研究发现水体 pH 对沉积物中氮、磷的释放影响具有一致性，在中性条件时沉积物对氮、磷的吸附效果都要优于酸碱条件，且碱性条件更能促进沉积物的氮、磷释放（图 3-4），而其释放规律则与重金属的释放完全不同（周成等，2016）。通常在碱性条件下，水中过量的 OH^- 会提高 NH_3-N 向外逸散的速率，提高沉积物–水界面中 NH_3-N 的浓度梯度，从而促进沉积物中的氮向外扩散，同时在碱性条件下，过高浓度的 OH^- 会与 Fe-P 及 Mn-P 中的磷酸盐形成配位竞争，促进更多的磷酸盐释放出来。在酸性条件下，H^+ 又会与 NH_3-N 形成配位竞争，进而促进沉积物中 NH_3-N 释放。对磷而言，酸性条件下沉积物中的有机物与金属离子结合更加稳定，同时酸性环境也能促进部分与金属离子结合的

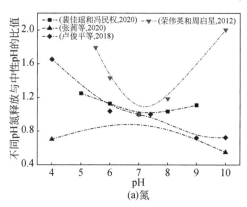

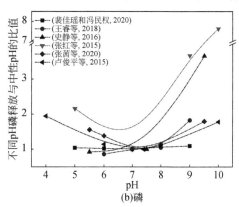

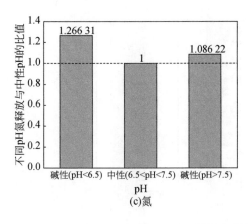 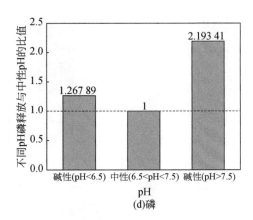

图 3-4 沉积物酸碱性较中性氮、磷释放变化量

资料来源：林华实，2011；卢俊平等，2015；史静等，2016；王睿等，2018；裴佳瑶和冯民权，2020；
张茜等，2020；荣伟英和周启星，2012；张红等，2015

磷酸盐的溶解（刘海虹，2019）。

对重金属而言，酸性条件更能促进重金属的释放过程，重金属在水溶液中以阳离子的形式存在，酸性环境中大量的 H^+ 能够与沉积物中重金属形成竞争吸附，还会促进以碳酸盐形式沉淀的重金属溶出，进而提高酸性环境中的重金属含量。而在碱性环境中，不同重金属的变化趋势并不一致，如 Zn 的释放会有较小程度的增加，而 Cu 的释放则会持续减小（李鹏等，2010）。

3.3.4 沉积物水界面温度

水温变化也会导致沉积物的各种生化反应发生改变，在湿地环境中，不同季节沉积物的氮、磷通量也能表现出明显的差异（Zou et al.，2020）。通常温度升高会极大地促进湿地中沉积物中氮、磷及重金属的释放速率，其中有化学作用及微生物作用两个方面，对沉积物中的氮和磷的释放而言，微生物作用是主要因素。在环境温度条件下，随着温度升高，微生物活动开始逐渐活跃，一方面能促进沉积物中有机氮磷的矿化速率，进而极大地促进氮和磷的释放，另一方面微生物的活跃能够降低沉积物–水界面的氧含量，进而促进沉积物中氮、磷及重金属的释放速率（Cheng et al.，2020）。沉积物氮磷释放随温度增长量如图 3-5 所示。

水温升高同样会加剧水中微观粒子的布朗运动，从而促进沉积物–水界面离子的活跃程度，提高沉积物中各种污染物的释放效率。同时，沉积物对污染物的吸附过程普遍为放热过程，而释放则是吸热过程，温度升高更有利于沉积物中物质扩散到水中（韩富涛，2014）。

3.3.5 扰动的时间及强度

自然环境中没有任何一片水域是稳定不动的，扰动作用可以说是无处不在。扰动作用

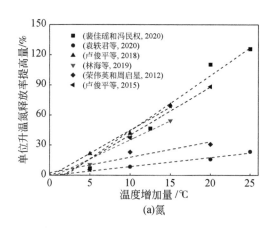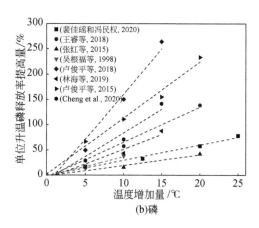

图 3-5　沉积物氮磷释放随温度增长量

是指在外界应力的影响下，对沉积物的物理形态进行改变的过程，这种应力可以是水流动、生物活动甚至是地壳运动所产生的。沉积物形态改变意味着沉积物中物质的分布会随之改变，表层沉积物间歇水会释放到上覆水中，一些剧烈的扰动甚至会导致大量沉积物颗粒再悬浮到上覆水中，进而会剧烈改变沉积物与水之间的物质交换（van Pelt et al., 2017）。扰动过程是一个简单的过程，但是其造成的影响却不容忽视，有研究指出，扰动作用能够将沉积物的自然扩散速率提高数倍甚至数十倍（张严严等，2020）。

扰动作用通常可以细化为两个具体的过程：第一个过程是外界应力作用于沉积物，改变沉积物形态，进而引起沉积物间歇水和上覆水的快速交换过程，同时造成一定量的沉积颗粒物质的再悬浮。第二个过程则是再悬浮的颗粒物质进一步与上覆水进行物质交换的过程。如果忽略第二个过程，将会极大地低估扰动作用所促进的沉积物物质释放。水中大量的污染物质都是先吸附在细颗粒物质的表面，进而沉积在沉积物中，因此第二个过程对扰动造成的释放来说十分重要（图 3-6）。

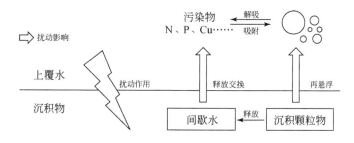

图 3-6　扰动作用促进沉积物污染释放方式示意图

通常我们根据扰动产生的原因将其分为自然扰动过程和生物扰动过程。自然扰动主要是指水流、波浪等由于自然力搅动所产生的扰动作用，这些扰动在河流湿地、沿海湿地当中是不容忽视的，而生物扰动主要是在水流流速相对较缓的湖泊湿地或水库等水域表现更加明显（Tian et al., 2019）。目前的研究都发现，扰动作用在短期时间内均会提高沉积物中氮、磷及重金属的释放量，但不同于预期的是，扰动作用的长期效果对沉积物中氮的释放效果并不确定。在袁轶君等（2020）的研究中，中等强度的扰动作用促进了沉积物向上覆水中的氮释放速率，而较低或较高的扰动强度造成的释放速率反而相对较弱，并且氨氮的快速释放仅仅是短期效应。但是在孙振红等（2016）的研究中则发现扰动强度越高则氮释放效率越高。对磷而言，则规律相对一致，即扰动强度与其释放量正相关。多数研究者们还发现扰动对磷和重金属的释放促进作用与水体中的 SS 具有很高的相关性，并且能够显著减少沉积物与上覆水达到沉淀吸附平衡的时间（张严严等，2020），表明了沉积物中磷及重金属的释放与沉积物颗粒物质再悬浮过程具有十分密切的关系（柳肖竹等，2020）。

产生这种现象的原因可能是多方面的，除去环境条件不同及微生物活性不同的原因外（Ravit et al.，2006），导致出现差异较大结果的原因可能主要有两个：一方面是扰动的类型不同，另一方面则是沉积物的组成差异较大（Buyang et al.，2019）。由于这两个因素直接影响了沉积物释放到上覆水中颗粒物质的数量及类型，因此这两个方面都是影响沉积物释放第二个过程的关键影响因子。但是现阶段，关注不同扰动形式对释放差异的研究很少，也难以区分不同的扰动类型，同时沉积物再悬浮后的颗粒物污染释放的动力学及释放规律都不清楚，这为后续进一步分析扰动作用影响带来了极大的困难（刘伟等，2020）。

3.4　沉积物污染清除技术

沉积物的污染清除，在很多研究中也称作"底泥的污染清除作用"，本质上并没有区别。沉积物与底泥在英文中都是"sediment"，通常都是土质、有机质、矿物以及各种其他颗粒物，在长期的物理化学与生物作用及水力等外力作用下，沉积在水体底部而形成，其主要特征是相对疏松，富含有机质和营养盐，颜色多为灰黑色。

随着上覆水水质的逐步改善，水体中污染物浓度降低，底泥的污染扩散梯度增大，底泥的内源污染将会逐渐增强。为避免由于内源污染造成的水质二次污染，对污染释放风险较为严重的地区进行底泥污染清除是十分必要的（孔维鑫，2020）。研究者们通常将底泥污染清除的技术手段以两种分类标准进行分类（图 3-7）。基于污染清除的手段和方式可以将其分为物理处理技术、化学处理技术及生物处理技术三个大类（周成等，2016），基于污染清除地点则分为原位修复技术及异位修复技术，而原位修复技术中又包含了物理法、化学法和生物法（孙宁宁和陈蕾，2020）。后一种分类标准更能体现实际过程中底泥污染清除的特点，划分也更加具体。

3.4.1　原位修复技术

原位修复技术是指不改变沉积物的位置，在原来底泥的位置基础上，利用物理法、化学法或生物法减少底泥中污染物的总量，又或是降低底泥污染物溶解度、毒性或迁移性，进而抑制这些物质的释放，保护上覆水水质的一类底泥治理技术（冯俊生和张俏晨，2014）。如前文所述，原位修复技术又可细分为原位物理修复技术、原位化学修复技术以

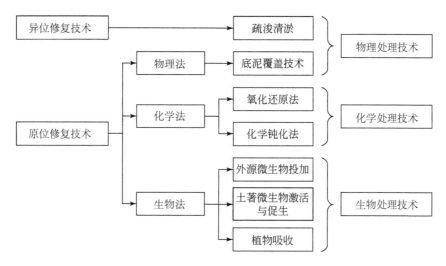

图 3-7 沉积物污染清除技术分类

及原位生物修复技术等。不同处理技术各有特点，其针对的对象及效果也存在差异。

3.4.1.1 原位物理修复技术

在底泥修复技术中，原位物理修复技术通常是指底泥覆盖技术，是利用相对稳定的物质覆盖在底泥表面，减少原有底泥与上覆水之间的物质交换，从而降低受污染底泥对上覆水的影响（孙健等，2020）。砂子、石块，如陶粒、石英砂、火山石等都是底泥覆盖常使用的介质材料，这些材料都具有多孔结构，能够吸附上覆水中的污染物质，对底泥污染物释放进行有效阻隔，同时还具有价格低廉、经济实惠的优势。除了这些常规材料，还有一些如煅烧污泥、煤渣、生物炭等作为阻隔材料也具有很好的效果（李书文，2019）。近年来金属氧化物的改良或者阻隔材料一直都是研究热点，其中镧系金属氧化物由于具有优异的磷吸附而受到大量关注（魏婷等，2020）。

底泥覆盖技术运行简单，成本低廉，不易造成二次污染，且控制效果较好，主要适用于上覆水水流流速较缓的水域，抑或是汛期水量较少的河道地区。但是该技术的弊端也十分明显，一方面覆盖物填充会改变湿地基底性状，降低湿地基底的生态性，影响湿地内动植物及微生物的正常生长，改变湿地微环境，对湿地生态功能产生影响，并且填充物会提高河道或湿地的底部高度，降低覆盖地区的过水和渗水能力；另一方面，阻隔技术仅仅是阻止了污染物的释放，并没有将污染物直接去除，这些污染依旧保留在湿地中，并未从根本上解决底泥污染的问题，长远来看并不利于底泥污染的修复。

3.4.1.2 原位化学修复技术

化学修复技术是指利用化学药剂与污染物发生氧化、还原、络合、聚合等一系列化学反应，促使污染物质从底泥中分离出来，或是转化成较为稳定的形态（Sundberg et al.，2007）。通常按照化学修复的方式不同可以将化学修复概括为氧化还原法以及化学钝化法。

氧化还原法是指向污染底泥中加入氧化还原试剂，提高底泥-水界面的氧化还原电位，改善底泥氧化还原环境，促进底泥中的污染物降解，减小甚至是消除底泥中潜在的污染风险，尤其是有机物的污染风险。目前最广泛使用的氧化还原试剂包括硝酸钙、过氧化钙、氢氧化钙、过氧化氢等（牛美青等，2019）。化学钝化是指通过添加化学试剂，在底泥-水界面通过化学沉淀等方法促使底泥表层物质趋于稳定化，从而形成一个隔离层，降低底泥与上覆水之间的物质通量。常采用的化学试剂是能在水体中形成絮凝的铝盐、铁盐及钙盐等。大量的研究都发现化学钝化能够十分显著地抑制底泥中氮、磷元素的释放过程（项宁，2020）。

化学修复技术的成本相对较低，且操作简单，对底泥修复见效较快且效果明显，但是化学法存在的几个主要弊端在于实际使用时难以把握使用剂量，从而易导致其效果并不稳定，并且极易产生二次污染，危害生态安全。因此化学法更多适用于突发性环境问题的应急处理。

3.4.1.3 原位生物修复技术

生物修复技术是一种环境友好型的修复方式，主要包含了植物修复和微生物修复两个部分。植物修复是指通过在湿地内构建植物系统，阻碍湿地中底泥的再悬浮，同时在植物生长的过程中能够有效地吸收富集湿地底泥当中的污染物质，进而促进对底泥污染的清除。微生物修复则主要是指利用水中细菌、真菌对水体中的污染物质进行降解，进而对底泥中的污染进行清除。目前的研究表明，微生物是湿地中有机物及氮元素清除的最主要要素，且微生物反应的诸多重要过程都发生在底泥当中（Ji et al.，2020）。微生物对底泥的修复又可以分为外源微生物投加和土著微生物激活与促生两个类别。外源微生物投加是指向湿地内投加经过驯化筛选的微生物菌种，利用这些功能较强的微生物降解底泥中的污染物质，改善底泥状况；土著微生物激活与促生则是利用诱导剂促进湿地中微生物的功能，促进其繁殖生长，强化对底泥污染的处理（Hamdan and Salam，2020）。微生物修复技术多用于对沉积物中氮及有机物，包含绝大多数的难降解有机物的清除，很多底泥石油污染都采用微生物进行修复，同时研究发现微生物修复也能对重金属进行清除（薄涛和季民，2017；Yang et al.，2020）。

生物法清除技术更加适用于复合型污染，其性价比较高，处理效果较好，而且具有环境友好的特点，相对而言不易对环境造成较大的风险。但是生物法也有需要警惕的几个方面：①生物法的修复周期较长，且需要长时间的维护。植物吸收需要搭配适当的收割才能将污染物质彻底清除，而微生物强化则需要持续地进行菌剂或诱导剂的添加，通常菌剂添加的时效性是几天到数月不等，需要长期的跟踪观察。②生物法极易受到环境因子的影响，尤其是温度及污染浓度的影响。温度会增加生物处理效果的不确定性；过高的污染物浓度也会抑制生物处理的效果。③生物法存在生态破坏及生物入侵的环境风险。尤其是针对富营养化水域进行治理的时候，引入植物或微生物会改变水域土著植物群落或微生物群落，降低当地环境景观异质性及生物多样性，进而对本土生态环境造成危害。

3.4.2 异位修复技术

异位修复技术是指采用工程手段将受污染底泥从湿地中清挖出来，脱水干化，并进行进一步处理，使得黑臭底泥能够"减量化、稳定化、无害化和资源化"，这一过程我们通常也称其为湿地的"疏浚清淤"。目前该技术相对成熟，并且由于其能快速从根本上解决底泥内源污染，因此也是底泥污染清除的主流方法（李鑫斐和黄佳音，2020）。疏浚清淤具有清除速度快、效率高、效果好等诸多优势，但是清淤过程即意味着对底泥–水界面进行剧烈搅动，清淤后的一段时间内会对水体水质产生极大的负面效果，这种负面效应甚至会长达数月。同时清淤过程意味着极大地改变了湿地的生态本底，会对湿地的原生生态带来极大影响，应当充分考虑。

3.5 适用于藻苲淀的内源污染清除技术

3.5.1 藻苲淀沉积物污染现状

为了缓解白洋淀生态缺水的现状，近些年来流域内补水正在紧锣密鼓开展，补水之后，藻苲淀的水位将明显上升，能够恢复到适宜的生态水位。而淹水后，湿地当中的氧化还原状态将会极大改变，沉积物中的氮、磷及重金属赋存形态将会发生巨大转化，生物有效态重金属的比例会逐步提高，蓄积的氮、磷也更易释放出来造成二次污染，内源氮、磷污染的释放风险相对较大。故须在退耕还湿过程中对污染土壤，尤其是重金属污染农田进行污染的清除和污染源控制。

藻苲淀地区富营养化严重，且多数地区为农田，沉积物中氮、磷的内源释放风险较大，会极大延缓湿地的修复速率。为实现淀区内源污染清除，本研究在 2018 年对淀区沉积物污染状况进行了调查，并在此基础上选取了适用于藻苲淀的清除技术。

3.5.1.1 采样区域及采样点布设

藻苲淀调研途经淀中村 13 个，沿途经过 3 条河流。调研发现：藻苲淀区域目前干淀较为严重，原淀中村水域面积大幅缩减，整个淀区内排污口数量较多，生活污水大多未经处理直排入淀，养殖业较为发达，养殖废水同样直排入淀，垃圾堆放无人管理情况严重，给淀区底质带来了巨大的污染。藻苲淀区域面积约 25km²，根据实地调研结果及相关采样规范，确定采样点。

2018 年对藻苲淀 24 个采样点进行样品采集，采样点分布见表 3-3。

表 3-3　2018 年取样点坐标

编号	坐标	编号	坐标
点 2	38.921°N；115.897°E	农田 2-1	38.898°N；115.857°E
点 3	38.933°N；115.894°E	农田 2-2	38.905°N；115.870°E
点 4	38.921°N；115.877°E	农田 2-3	38.900°N；115.885°E
点 6	38.912°N；115.854°E	农田 3-2	38.907°N；115.805°E
点 9	38.929°N；115.851°E	农田 3-3	38.918°N；115.823°E
点 11	38.909°N；115.882°E	农田 3-4	38.906°N；115.823°E
农田 1-1	38.910°N；115.774°E	农田 4-1	38.929°N；115.814°E
农田 1-2	38.902°N；115.788°E	农田 4-2	38.936°N；115.831°E
农田 1-3	38.896°N；115.805°E	农田 5-1	38.959°N；115.846°E
农田 1-4	38.890°N；115.819°E	农田 5-2	38.948°N；115.840°E
农田 1-5	38.891°N；115.821°E	农田 5-3	38.940°N；115.854°E
农田 1-6	38.900°N；115.839°E	农田 6-1	38.929°N；115.881°E

3.5.1.2　藻苲淀沉积物理化性质

1）含水率及烧失率

含水率是指土壤或底泥中水分的重量与相应固相物质重量的比值，含水率的大小从一定程度上体现了该底泥沉积物的疏松程度。烧失率通常用来表明物质中有机质含量的多少，能帮助我们更好地预测和了解沉积物中氮、磷的释放行为。

藻苲淀地区的沉积物含水率及烧失率如图 3-8 所示。2018 年采样底质中，农田底质多呈黄褐色、褐色，质地较为疏松；河流及水域底质多呈黑色，质地较黏，有明显的臭味；部分农田呈荷塘化，其底质多为棕色，质地较黏。藻苲淀水域及河流底质含水率较高，超过 40%，其质地多呈黏稠状；而农田底质含水率多在 12%~17%。从烧失率来看，取样点的烧失率在 1%~9% 波动，不同取样点之间差异较大，但总体烧失率处于中位数值，表明该地区土壤有机质含量处在中等水平。

2）全氮、全磷含量

土壤全氮，通常指的是土壤中各种形态氮素含量之和，常见的形态有有机态氮和无机态氮，但不包括土壤空气中的分子态氮。全磷指的是土壤或底泥的全磷量，即磷的总储量，包括有机磷和无机磷两大类，其含量水平的高低可以表征基底中磷含量的多少。了解土壤与底泥中的全氮、全磷含量对提高土地资源的合理利用以及避免土壤与底泥环境污染具有重要的作用。土壤或底泥中全氮、全磷含量较多的区域一般都具有较强的释放风险，了解该地区土壤和底泥的全氮、全磷含量对该地区的污染清除也具有较强的指导意义。

利用 SPSS 进行正态分布 K-S 检验，可以发现全氮含量近似服从正态分布，因而根据土壤背景值的计算方法可以得到该区域土壤全氮背景值：

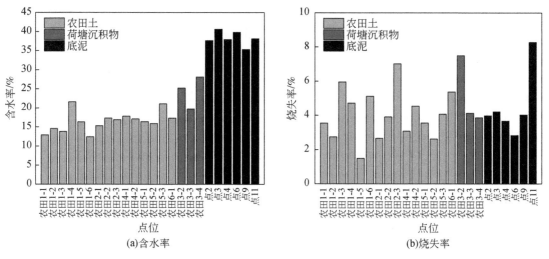

图 3-8 藻苲淀沉积物含水率及烧失率

$$\bar{x} = \frac{1}{n} \sum_{i=1}^{n} x_i$$

式中，$\bar{x}$ 为土壤中某污染物的背景值；x_i 为土壤中某污染物的实测值；n 为土样数量。

经计算，藻苲淀地区土壤中全氮背景值为 1.50g/kg，该地区的土壤全氮背景值为全国土壤背景值（0.64g/kg）的 2.34 倍，可以表明该地区中土壤和底泥的全氮含量维持在较高的水平。所采集的样品中，全氮含量的变化范围为 0.33～3.33g/kg（图 3-9），平均值为 1.50g/kg，标准差为 0.78g/kg，其变异系数为 0.520。变异系数是表明数据离散程度的数值，该数值越大则表明数据的离散程度越大。该地区基底中全氮含量分布相对比较均匀，其中淀区东边的底泥及荷塘沉积物中，全氮含量较高，存在一定的释放风险。

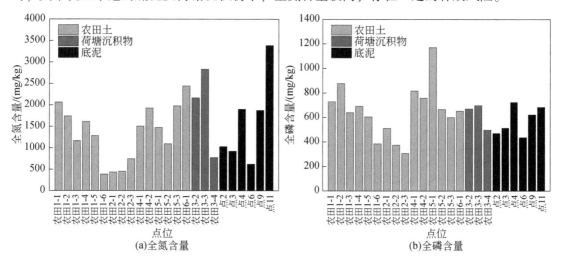

图 3-9 藻苲淀全氮、全磷含量

全磷背景值为 0.63g/kg。所采集的样品中，全磷的变化范围为 0.32 ~ 1.17g/kg，其平均值为 0.63g/kg，标准差为 0.18g/kg，其变异系数为 0.292，因此表明藻苲淀沉积物全磷含量分布差异较小。

查阅全国第二次土壤普查养分分级标准（表3-4），并对该区域所采集样品的全氮、全磷含量进行分类（表3-5），可以看出有 50.00% 的采样点中全氮含量处于较为丰富的水平，有 20.83% 的采样点位中全氮含量处于中等水平，有 29.17% 的采样点位中全氮含量处于缺乏的水平。有 54.17% 采样点位中全磷含量处于中等水平，有 12.50% 的采样点位中全磷含量处于较为丰富的水平，有 33.33% 的采样点位全磷含量处于较为缺乏的水平。其中全磷含量较为丰富的区域在整个淀区的北部和西部，而较为缺乏的区域则集中在淀区的南部。

表 3-4　全国第二次土壤普查养分分级标准

序号	级别	全氮/（g/kg）	全磷/（g/kg）
1	很丰富	>2.0	>1.0
2	丰富	1.5 ~ 2.0	0.8 ~ 1.0
3	中等	1.0 ~ 1.5	0.6 ~ 0.8
4	缺乏	0.75 ~ 1.0	0.4 ~ 0.6
5	很缺乏	0.5 ~ 0.75	0.2 ~ 0.4
6	极缺乏	<0.5	<0.2

表 3-5　样品养分分级情况

级别	很丰富	丰富	中等	缺乏	很缺乏	极缺乏
全氮样品个数/个	5	7	5	3	1	3
全氮样品比例/%	20.83	29.17	20.83	12.50	4.17	12.50
全磷样品个数/个	1	2	13	5	3	0
全磷样品比例/%	4.17	8.33	54.17	20.83	12.50	0.00

3）重金属分析

本研究对藻苲淀区域的沉积物重金属污染水平进行了调查，并评价出藻苲淀区域土壤及底泥沉积物中的重金属的污染水平。土壤背景值采用河北省土壤重金属元素背景值，标准值采用《土壤环境质量　农用地土壤污染风险管控标准（试行）》（GB 15618—2018）中农用地土壤污染风险筛选值所规定的浓度水平。

数据显示，藻苲淀底泥的 pH 在 6.5 ~ 7.5，因而选用 pH 在 6.5 ~ 7.5 较为严格的风险筛选值作为标准，而农田土和荷塘沉积物的 pH 则大多大于7.5，因而选用 pH>7.5 的风险筛选值作为标准。

调查结果显示，镉（Cd）的浓度超过了本地的背景值，主要集中在藻苲淀的西南部，位于漕河、西马寨村、寨里村东部，藻苲淀西南水域的交接部分与大小寨村、际头、向阳村北部靠近府河的耕地区域，最高浓度为 0.51mg/kg，是该地区该元素土壤背景值的 6.8

倍。Cd 在城镇河流中呈现出聚集的现象，且其含量在深度 40cm 之后已降至较低水平。进一步分析发现，Cd 的生物有效态总占比超过 50%，存在极高的二次释放风险。

铬（Cr）多数超过了背景值，其中浓度最大为 107.88mg/kg，是该地区该元素土壤背景值的 1.69 倍，污染较重的地区均位于藻苲淀的西南部，部分位于藻苲淀的上游，靠近入淀河流以及入淀口。铅（Pb）大多数超过了河北省该元素的土壤背景值，浓度最高为 43.67mg/kg，是背景值的 2.18 倍，高浓度地区主要位于藻苲淀的西南部，与镉、铬浓度较高的点位较为一致，说明该地区重金属浓度较高。藻苲淀的南部则整体低于背景值。汞（Hg）也多数超过背景值，浓度峰值为 0.20mg/kg，是河北省该元素土壤背景值的 4.76 倍，重污染区主要位于藻苲淀的西南部。砷（As）也多数高于背景值，峰值浓度达到了 27.19mg/kg，是河北省该元素土壤背景值的 3.57 倍。

3.5.2 藻苲淀淀区污染源的控制

在清除受污染的土壤后，仍需注意污染源的控制，减少新入淀的污染物总量，避免再次受到污染。根据《白洋淀生态环境评估报告（2006）》，藻苲淀淀区污染的重要点源来自保定市区及周边地区的工业废水和生活污水排放入淀，淀内污染输入主要由渔业养殖污染、生活污染和化肥农药面源污染构成。

保定市银定庄和鲁岗两个污水处理厂是藻苲淀淀外源污染的主要来源，两座污水处理厂出水执行《城镇污水处理厂污染物排放标准》（GB 18918—2002）二级或一级 B 标准，出水中仍含有大量污染物，是藻苲淀入淀污染负荷的主要贡献者。对两个污水处理厂工艺进行升级改造，削减污染负荷，使出水水质稳定达到一级 A 标准，可以有效地改善淀区水质。

保定市工业企业产生的废水，大多经内部处理后，排入府河或排入污水处理厂，最终进入白洋淀。但其现执行《污水综合排放标准》一级标准，与河流水质目标差距较大，直接威胁入淀河流府河的水质，间接威胁了白洋淀的水质安全。针对这些问题，设计建造工业企业废水处理设施，对工业废水进行深度处理，使之达到《城镇污水处理厂污染物排放标准》（GB 18918—2002）一级 A 标准后排放入府河，这可以有效地减少保定污水处理厂的处理负荷，削减入淀污染物总量，减轻对淀区的水质威胁。

白洋淀区及周边涉及 10 个乡镇，39 个纯水村，134 个淀边村，淀区人口约 34.3 万人，其中淀内人口约 10 万人，占淀区人口的 29.2%；淀边人口约 24.3 万人，占淀区人口的 70.8%。长期以来，经济相对落后的农村村镇与小区污水的处理没有受到应有的重视，除某些水源保护区的城镇或小区有简单的污水处理装置外，绝大部分处于放任自流的状态。其污水处理率很低，且缺乏配套的污水处理设施。由于农村人口居住分散，排放的污水大部分未经处理就直接排入附近河道。农村村镇和小区几乎没有完善的排水管网，村镇之间、小区与城市的排水管网间的距离远，污水管网系统的投资费用高，给生活污水的收集和集中处理带来难度。分散排放的污水成为村镇水体污染的重要原因之一。白洋淀地区各淀中村生活垃圾围村现象严重，由于当地四周被水体环绕，地理环境特殊，很难照搬其他地区的垃圾处理经验。

建设淀中村污水和生活垃圾处理工程，对淀中村进行污染综合治理，包括淀中村污水治理、生活垃圾治理和水产养殖治理等，可以改善白洋淀水质。同时通过部分淀中村污染的综合治理起到示范作用，可带动整个淀区淀中村污染综合治理工作，使淀区水质恢复到地表Ⅲ类水标准，达到环境功能区要求。

3.5.3 藻苲淀清淤工程实施方案

根据工程地质勘察成果，府河新区河段河道宽度为20~110m，水面宽度为10~80m，水深为2~3m。据现场勘察和实际检测，河道底部有淤泥分布，呈灰黑色、灰色，流塑状，局部段有臭味，其中李庄村支沟河口的污染底泥厚度约25.3cm、安州闸断面约36.0cm、东向阳村约36.8cm、安新大桥约26.6cm。因此，初步估算环保清淤量约为15.76万 m^3。结合府河地理情况及底泥淤积特征，对清淤方式、底泥输送方案、底泥处理方案、底泥资源化利用方案做出设计。

3.5.3.1 清淤方式

清淤拟采用多功能环保挖泥船和绞吸式挖泥船相结合的方式，多功能环保挖泥船主要应用于经过村镇和水草茂盛的河段，发挥其既可清除河底植被垃圾，又可绞吸疏浚等多功能优势，保障设备运行连续稳定。绞吸式挖泥船主要应用于自然河段，发挥其生产效率高、施工质量好和应用较普遍等优势。

3.5.3.2 底泥输送方案

新区内府河流域长16.3km，被过河便道分隔为8段，长度在1~3.8km不等。通过脱水区合理布置，全线采用管道输送方式。输泥管道采用带浮子的软管，以最短距离连接至沿岸干管，输送至脱水区。

3.5.3.3 底泥处理方案

综合考虑处理效果、成本、气候等情况，土工管袋脱水法较为适宜。采用土工管袋沿河布置5~10个脱水区，占地总面积约20万 m^2。脱水区内设置排水沟，过滤水导排至多级沉淀池进行处理，余水处理达标后排入府河。

3.5.3.4 底泥资源化利用方案

根据底泥监测结果，府河上游底泥满足《土壤环境质量 农用地土壤污染风险管控标准（试行）》（GB 15618—2018）、《农用污泥污染物控制标准》（GB 4284—2018）和《城镇污水处理厂污泥处置 园林绿化用泥质》（GB/T 23486—2009）要求，可以作为种植用土，基于食品安全角度考虑，建议将府河清淤底泥用作后续府河堤防的外侧表层绿化种植土。

参 考 文 献

薄涛，季民．2017. 内源污染控制技术研究进展．生态环境学报，26（3）：514-521.

崔会芳，陈淑云，杨春晖，等．2020.宜兴市横山水库底泥内源污染及释放特征．环境科学，41（12）：
　　5400-5409.

崔婉莹，艾恒雨，张世豪，等．2020.改性吸附剂去除废水中磷的应用研究进展．化工进展，39（10）：
　　4210-4226.

杜奕衡，刘成，陈开宁，等．2018.白洋淀沉积物氮、磷赋存特征及其内源负荷．湖泊科学，30（6）：
　　1537-1551.

冯俊生，张俏晨．2014.土壤原位修复技术研究与应用进展．生态环境学报，23（11）：1861-1867.

冯亿哲．2020.剑湖水体、沉积物的氮、磷空间分布特征及其环境风险分析．昆明：云南师范大学．

郭西亚，凌虹，周旭，等．2020.阳澄湖沉积物氮、磷与有机质分布及污染评价．环境科技，33（2）：
　　59-64.

韩富涛．2014.河流底泥重金属污染与释放特征研究．合肥：安徽建筑大学．

贺银海．2018.沸石同步脱氮除磷功能调控及机理研究．北京：北京科技大学．

瞿畏，龚丽玲，邓征宇，等．2020.2017年南汉垸水渠清淤前后水中沉积物与其上覆水界面氮扩散通量
　　估算．湿地科学，18（4）：468-474.

孔维鑫．2020.底泥疏浚环境效应及新生沉积物吸附释放氮、磷的规律研究．上海：华东师范大学．

雷鸣，廖柏寒，秦普丰．2007.土壤重金属化学形态的生物可利用性评价．生态环境，（5）：1551-1556.

李鹏，曾光明，蒋敏，等．2010. pH 值对霞湾港沉积物重金属 Zn、Cu 释放的影响．环境工程学报，
　　4（11）：2425-2428.

李乾岗，魏婷，张光明，等．2020.三角帆蚌对白洋淀底泥氮、磷释放及微生物的影响探究．环境科学
　　研究，33（10）：2318-2325.

李书文．2019.煅烧改性净水厂污泥覆盖控制底泥磷释放．泉州：华侨大学．

李文超，王文浩，何岩，等．2015.黑臭河道沉积物中硫铁行为与氮、磷循环的耦合机制．华东师范大
　　学学报（自然科学版），（2）：1-8，29.

李鑫斐，黄佳音．2020.疏浚清淤脱水工艺及工程应用进展．水运工程，（S1）：16-20，56.

李寅明，李春萍，战佳宇，等．2020.污染土壤重金属稳定化复配固化剂研究与验证．环境科学与技术，
　　43（6）：1-15.

李莹莹，马玉欣，朱国平．2021.南极海洋生物持久性有机污染物：水平、传递与风险评价．应用生态学
　　报，32（2）：750-762.

李运奔，匡帅，王臻宇，等．2020.东巢湖沉积物——水界面氮、磷、氧迁移特征及意义．湖泊科学，
　　32（3）：688-700.

李照全，方平，黄博，等．2020.洞庭湖区典型内湖表层沉积物中氮、磷和重金属空间分布与污染风险
　　评价．环境科学研究，33（6）：1409-1420.

林海，蔡怡清，李冰．2019.不同温度条件下妫水河底泥氮、磷释放规律研究．吉林农业，（1）：58.

林华实．2011.水体沉积物中的氮、磷释放规律研究．广州：广东工业大学．

刘海虹．2019.温度和 pH 对土壤中氮、磷释放量影响的试验研究．能源环境保护，33（4）：25-27，36.

刘伟，周斌，王丕波，等．2020.沉积物再悬浮氮、磷释放的机制与影响因素．科学技术与工程，
　　20（4）：1311-1318.

柳肖竹，刘群群，王文静，等．2020.水力扰动对河口沉积物中重金属再释放的影响．生态与农村环境
　　学报，36（1）：1460-1467.

卢俊平，刘廷玺，马太玲，等．2015.不同环境要素条件下大河口水库底泥氮、磷释放特征研究．内蒙
　　古农业大学学报（自然科学版），36（1）：109-113.

卢俊平，贾永芹，张晓晶，等．2018.上覆水环境变化对底泥释氮强度影响模拟研究．生态与农村环境

学报，34（10）：924-929．

马倩倩，魏星，吴莹，等．2015．三峡大坝建成后长江河流表层沉积物中有机物组成与分布特征．中国环境科学，35（8）：2485-2493．

麦碧娴，林峥，张干，等．2001．珠江三角洲沉积物中毒害有机物的污染现状及评价．环境科学研究，（1）：19-23．

毛莉，唐玉斌，陈芳艳，等．2007．难降解有机物污染水体微生物修复研究进展．净水技术，（1）：34-38．

牛美青，苏玉更，乔永波，等．2019．4 种化学药剂对黑臭水体底泥的修复作用．广州化工，47（24）：48-49，52．

裴佳瑶，冯民权．2020．环境因子对雁鸣湖沉积物氮、磷释放的影响．环境工程学报，14（12）：3447-3459．

荣伟英，周启星．2012．大沽排污河底泥释放总氮的影响．环境科学学报，32（2）：326-331．

史静，于秀芳，夏运生，等．2016．影响富营养化湖泊底泥氮、磷释放的因素．水土保持通报，36（3）：241-244．

孙健，曾磊，贺珊珊，等．2020．国内城市黑臭水体内源污染治理技术研究进展．净水技术，39（2）：77-80，97．

孙宁宁，陈蕾．2020．底泥磷污染的修复方法研究进展．应用化工，49（5）：1284-1287，1292．

孙振红，许国辉，游启，等．2016．液化条件下沉积物中氮、磷的释放规律．海洋环境科学，35（2）：203-208．

王丹，钱佳欢，石泽敏，等．2019．洱海表层沉积物氮、磷、有机质的空间分布及变化．北京：《环境工程》2019 年全国学术年会．

王睿，左剑恶，张宇，等．2018．凉水河底泥氮、磷释放影响因素研究．广东化工，45（9）：1-3，26．

王旭，王永刚，孙长虹，等．2016．城市黑臭水体形成机理与评价方法研究进展．应用生态学报，27（4）：1331-1340．

王玉琳，汪靓，华祖林．2018．黑臭水体中不同浓度 Fe^{2+}、S^{2-} 与 DO 和水动力关系．中国环境科学，38（2）：627-633．

魏婷，牛丽君，张光明，等．2020．三元复合吸附剂 Ce-Zr-Zn 对水中低浓度磷的吸附性能及其机理．环境工程学报，14（11）：2938-2945．

吴根福，吴雪昌，金承涛，等．1998．杭州西湖底泥释磷的初步研究．中国环境科学，（2）：12-15．

项宁．2020．CaO_2、沸石以及抗坏血酸耦合联用对城区黑臭水体的原位化学处理研究．南昌：南昌大学．

袁轶君，何鹏程，刘娜娜，等．2020．温度与扰动对鄱阳湖沉积物氮释放的影响．东华理工大学学报（自然科学版），43（5）：495-500．

张红，陈敬安，王敬富，等．2015．贵州红枫湖底泥磷释放的模拟实验研究．地球与环境，43（2）：243-251．

张茜，冯民权，郝晓燕．2020．上覆水环境条件对底泥氮、磷释放的影响研究．环境污染与防治，42（1）：7-11．

张严严，房文艳，许国辉，等．2020．波浪作用下沉积物中氮、磷释放速率的试验研究．中国海洋大学学报（自然科学版），50（4）：102-110．

张智博，刘涛，曹起孟，等．2020．东平湖沉积物–菹草系统碳、氮、磷空间分布及化学计量特征．环境化学，39（8）：2263-2271．

周成，杨国录，陆晶，等．2016．河湖底泥污染物释放影响因素及底泥处理的研究进展．环境工程，34（5）：113-117，94．

Buyang S J, Yi Q T, Cui H B, et al. 2019. Distribution and adsorption of metals on different particle size fractions of sediments in a hydrodynamically disturbed canal. Science of the Total Environment, 670: 654-661.

Chen Q Y, Ni Z K N, Wang S R, et al. 2020. Climate change and human activities reduced the burial efficiency of nitrogen and phosphorus in sediment from Dianchi Lake, China. Journal of Cleaner Production, 274: 122839.

Cheng X L, Huang Y N, Li R, et al. 2020. Impacts of water temperature on phosphorus release of sediments under flowing overlying water. Journal of Contaminant Hydrology, 235: 103717.

Hamdan H Z, Salam D A. 2020. Response of sediment microbial communities to crude oil contamination in marine sediment microbial fuel cells under ferric iron stimulation. Environmental Pollution, 263: 114658.

Han C N, Qin Y W, Zheng B H, et al. 2020. Geochemistry of phosphorus release along transect of sediments from a tributary backwater zone in the Three Gorges Reservoir. Science of the Total Environment, 722: 136964.

Ji Z H, Zhang H, Zhang Y, et al. 2019. Distribution, ecological risk and source identification of heavy metals in sediments from the Baiyangdian Lake, Northern China. Chemosphere, 237: 124425.

Ji M D, Hu Z, Hou C L, et al. 2020. New insights for enhancing the performance of constructed wetlands at low temperatures. Bioresource Technology, 301: 122722.

Li H, Song C L, Cao X Y, et al. 2016. The phosphorus release pathways and their mechanisms driven by organic carbon and nitrogen in sediments of eutrophic shallow lakes. Science of the Total Environment, 572: 280-288.

Li R, Gao L, Wu Q R, et al. 2021. Release characteristics and mechanisms of sediment phosphorus in contaminated and uncontaminated rivers: A case study in South China. Environmental Pollution, 268: 115749.

Liu C, Zhong J C, Wang J J, et al. 2016. Fifteen-year study of environmental dredging effect on variation of nitrogen and phosphorus exchange across the sediment-water interface of an urban lake. Environmental Pollution, 219: 639-648.

Liu J J, Diao Z H, Xu X R, et al. 2019. Effects of dissolved oxygen, salinity, nitrogen and phosphorus on the release of heavy metals from coastal sediments. Science of the Total Environment, 666: 894-901.

Ma S N, Wang H J, Wang H Z, et al. 2018. High ammonium loading can increase alkaline phosphatase activity and promote sediment phosphorus release: A two-month mesocosm experiment. Water Research, 145: 388-397.

Nguyen V, Meejoo S S, Wantala K, et al. 2020. Photocatalytic remediation of persistent organic pollutants (POPs): A review. Arabian Journal of Chemistry, 13 (11): 8309-8337.

Niloofar K, Scott G J, Edward D B. 2018. Iron and sulfur cycling in acid sulfate soil wetlands under dynamic redox conditions: A review. Chemosphere, 197: 803-816.

Ravit B, Ehenfeld J G, Haggblom M M. 2006. Effects of vegetation on root-associated microbial communities: A comparison of disturbed versus undisturbed estuarine sediments. Soil Biology and Biochemistry, 38 (8): 2359-2371.

Sundberg H, Hanson M, Liewenborg B, et al. 2007. Dredging associated effects: Maternally transferred pollutants and DNA adducts in feral fish. Environmental Science & Technology, 41 (8): 2972-2977.

Tammeorg O, Nurnberg G, Horppila J, et al. 2020. Redox-related release of phosphorus from sediments in large and shallow Lake Peipsi: Evidence from sediment studies and long-term monitoring data. Journal of Great Lakes Research, 46 (6): 1595-1603.

Tian S Y, Tong Y, Hou Y. 2019. The effect of bioturbation by polychaete *Perinereis aibuhitensis* on release and distribution of buried hydrocarbon pollutants in coastal muddy sediment. Marine Pollution Bulletin, 149: 110487.

van Pelt R S, Baddock M C, Zobeck T, et al. 2017. Total vertical sediment flux and PM_{10} emissions from disturbed Chihuahuan Desert surfaces. Geoderma, 293: 19-25.

Wang H J, Wang H Z. 2009. Mitigation of lake eutrophication: Loosen nitrogen control and focus on phosphorus abatement. Progress in Natural Science, 19: 1445-1451.

Wang P B, Song J M, Guo Z Y, et al. 2008. The release behavior of inorganic nitrogen and phosphorus in sediment during disturbance. Chinese Journal of Oceanology and Limnology, (2): 197-202.

Wang J F, Chen J A, Yu P P, et al. 2020. Oxygenation and synchronous control of nitrogen and phosphorus release at the sediment-water interface using oxygen nano-bubble modified material. Science of the Total Environment, 725: 138258.

Wang Q K, Rogers M J, Ng S S, et al. 2021. Fixed nitrogen removal mechanisms associated with sulfur cycling in tropical wetlands. Water Research, 189: 116619.

Wu T F, Qin B Q, Justin D B, et al. 2019. Spatial distribution of sediment nitrogen and phosphorus in Lake Taihu from a hydrodynamics-induced transport perspective. Science of the Total Environment, 650: 1554-1565.

Wu J L, Lin J W, Zhan Y H. 2020. Interception of phosphorus release from sediments using Mg/Fe-based layered double hydroxide (MF-LDH) and MF-LDH coated magnetite as geo-engineering tools. Science of the Total Environment, 739: 139749.

Yang K J, Zhu L J, Zhao Y, et al. 2019. A novel method for removing heavy metals from composting system: The combination of functional bacteria and adsorbent materials. Bioresource Technology, 293: 122095.

Yang B, Bin L, Hui Y, et al. 2020. Combined bioaugmentation with electro-biostimulation for improved bioremediation of antimicrobial triclocarban and PAHs complexly contaminated sediments. Journal of Hazardous Materials, 403: 123937.

Zhou S J, Jeppe K, Serge M G, et al. 2019. Balanced harvest: Concept, policies, evidence, and management implications. Reviews in Fish Biology and Fisheries, 29: 711-733.

Zou R, Wu Z, Zhao L, et al. 2020. Seasonal algal blooms support sediment release of phosphorus via positive feedback in a eutrophic lake: Insights from a nutrient flux tracking modeling. Ecological Modelling, 416: 108881.

| 第 4 章 | 藻苲淀近自然湿地水生植被系统重构

湿地植物可以被视为湿地最重要的组成部分，一方面湿地植物极大地影响着湿地的水质净化功能，植物本身的吸收和生长对湿地氮、磷等污染物的去除贡献占比约20%，并且是湿地中重金属及难降解物质的最主要原位去除媒介，同时湿地植物能够极大地促进湿地微生物活性，以加快湿地有机物和氮素的去除；另一方面湿地植物充当着湿地生态环境中的生产者，是最主要的生态系统初级生产力，是维护湿地生态系统稳定的基石。藻苲淀近自然湿地中，植物修复可以说是整个修复过程最重要的环节，修复过程中既需要考虑湿地植物的水质净化功能，保证近自然湿地对下游水质的保护，同时还需要维护湿地生态，保护白洋淀地区的生态特性和景观异质性得以恢复。

4.1 湿地植物与湿地环境

4.1.1 湿地植物种类和功能

湿地植物是适应湿地环境的一类水生植物，在湿地水淹的环境中，学者们通过这些水生植物在水中的生长状态将其主要分为挺水植物、浮水植物和沉水植物，不同植物在湿地功能稳态当中都扮演了不同的角色。

挺水植物是指根或根状茎扎于水体底泥中，植物体茎叶部挺出水面的一类水生植物类群。挺水植物有强大的根系结构，生长迅速，并且其植体通常较大较长，能够降低风浪影响，稳固底泥，减少泥沙流失，保护堤岸免受侵蚀，是维护湿地水生态稳定的重要植物类群。挺水植物在水质净化方面也有良好的表现，其强大的根系与快速生长的特性使其对湿地中氮、磷营养素乃至重金属和难降解物质都具有较好的吸收富集效果，现今绝大多数的人工湿地相关研究也都围绕着挺水植物进行探讨（倪洁丽等，2016）。挺水植物亦是维护水面景观的重要部分，以白洋淀为例，白洋淀以"苇海荷塘"的胜景著称，在湿地生态修复过程中，应当尽可能兼顾芦苇和荷花所构成的景观异质性，以更好地实现该区域的生态修复目标。目前湿地修复中常用的挺水植物种类包括芦苇、香蒲、灯心草、水芹、慈姑、鸢尾、菖蒲、水葱。

浮水植物是指根茎扎于底泥中，叶漂浮于水面的一类水生植物。浮水植物将叶片置于水面，有很好的光竞争力，能够降低阳光对水下的照射，会对沉水植物产生一定的生长抑制，对抑制藻类生长有很大的作用。同时浮水植物具有很好的景观效果。早前凤眼莲就被作为水体修复的上好选择（黄乐等，2020）。近年来，与浮水植物净化水质相关的研究开始逐渐增加，浮萍科（Lemnaceae）植物因其具有非常好的净水能力，其自身也能作为资源化产物而备受关注（万合锋等，2018）。除浮萍以外，水浮莲、荇菜、水鳖亦是在湿地修复过程中常用的水生植物。

沉水植物的植物体完全沉于水面以下，根扎于底泥中或完全淹没在水中（Rezania et al., 2016）。沉水植物作为生产者，是水下生态系统的基础，促进了水下生态系统的恢复与平衡。沉水植物的植物体各部分都能吸收水分和营养物质，其通气组织特别发达，光合作用能有效提高水中溶解氧含量，为鱼类等水生动物提供氧气及栖息环境，其自身也是水生动物主要的食物来源。沉水植物在湿地水质净化方面是水生植物中贡献度最高的类群，其营养吸收速度快，污染去除能力强，能在湿地水中形成"水下森林"，既可削减风浪，降低水流对水底的冲刷强度，又可去除水中的悬浮物，同时阻止其二次悬浮，有效降低沉积物释放带来的二次污染问题。此外沉水植物分布广泛，生物量高，能有效地抑制水体中藻类和浮游植物的生长，并且为湿地中的水生动物和微生物提供了广阔的栖息地环境。目前湿地修复中使用最多的沉水植物包括金鱼藻、黑藻、穗状狐尾藻等。

4.1.2 湿地水生植物的特性

植物是整个生态系统食物网的初始端，是将环境因子与生物因子联系起来的媒介，是带动整个系统物质循环、能量流动的发动机，是生态系统功能稳定的承载者，起到多方面的功能作用。湿地植物依靠光合作用，产生氧气，提高 DO（Liu et al., 2016），使得动物、微生物可间接利用太阳能，支持动物、微生物的生存（图 4-1）。湿地植物能为湿地水生动物及鸟类提供栖息环境，在湿地物质循环和能量流动方面也起着极其重要的作用（代亮亮等，2020）。湿地水生植物是一类能克服湿地没水缺氧环境的植物，这些植物对湿地具有很好的适应性，并需要依靠湿地水体进行生长。为了降低水体遮蔽的影响，更好地接触光照进行生长，适应湿地环境，水生植物通常生长迅速，或类似于浮水植物一样利用特殊的结构生长于水面。因此湿地植物受到湿地水文变化和湿地水质的影响最为显著。水位波动成为影响湿地植物的最显著因素，越来越多的研究也证实了这一点（Li et al., 2020），但同时这些研究也都发现波动水位更有利于增加湿地植物及动物的多样性。水质对湿地植物的影响具有长期性，以白洋淀为例，随着水质逐步恶化，沉水植物群落穗状狐尾藻、金鱼藻等耐污种大面积泛滥，原有的莼菜（*Brasenia schreberi*）、狸藻（*Utricularia vulgaris* L.）等原生种消失，植被群落分布格局也发生巨大变化。

水环境及湿地生态的改变是影响湿地水生植物的两个关键因素。湿地植物的生物量减少包含了两个过程，一是受外界干扰，如火灾洪涝等；二是消费者的食植作用，食植作用会对湿地植物格局分布产生很大的影响，但不同于前者，动物捕食特性不同决定了食植作用更具有选择性。

4.1.3 湿地植物与微生物

植物与土壤微生物是湿地系统发挥作用的至关重要的两种生物，具体是指土壤中与植

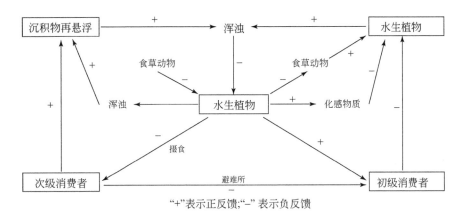

"+"表示正反馈;"-"表示负反馈

图 4-1　沉水植物对水生态环境的影响机制

物相关的微生物群落。植物根系周围的土壤区域受到植物内发生的生理过程的积极影响的圈带，称为根际。植物的根为微生物生物膜的附着提供了附着环境，称为根际微生物生活区。有学者认为湿地植物根际与根际土壤中微生物群落结构和功能的差异与植物种类密切相关（Lindsey et al., 2020）。根际和根状茎群落由植物介导的环境条件变化形成，如氧气、pH、温度及碳氮比等。大量人工湿地系统的实验强调了植物在提高湿地效率方面的重要性，在这些研究当中也都表明了大部分污染物的去除归因于其湿地基质内微生物发生的活动及物理、化学过程。研究表明，植物根际能为微生物反应提供更好的反应条件，进而提高湿地中的物质循环速率（Vymazal, 2007）。

　　微生物与植物之间存在高度相关性和依赖性。植物与微生物共同参与环境中的氮素循环，微生物是含氮化合物去除的主要承担者。复杂的微生物过程可以将氨氮、硝氮转化成 N_2，将含氮有机物分解为无机物供水生植物吸收。植物一方面通过释放 O_2 改变微生物的群落结构（Oksana et al., 2015），另一方面通过分泌某种物质促进微生物的代谢功能（Nikolaos et al., 2016）。

　　研究表明，植物与其表面存在的内生菌，形成共生关系，内生菌与其寄主植物处于密切接触状态，并在植物发育、生长和健康方面发挥重要作用，同时能提高环境中污染物的去除率。研究发现有益的植物内生菌可以改善植物的生长，增强有机污染物的生物降解，能大大加快根际或内生圈中有机污染物的去除速度（Fester, 2015）。植物从根际到整个内生圈，存在着丰富的微生物群落，大量的内生菌与植物间的协同效应改善了植物的生长，促进了植物的生命活动，进而提高了植物自身对污染物的耐受度。内生菌辅助植物在土壤中的修复得到了广泛的应用。

　　为适应湿地的缺氧环境，水生植物具有强大的通气组织，使这些植物不仅能通过光合作用补充水中溶解氧，同时也利用其植体自身的输氧作用补充水中和沉积物中的氧气，进而为沉积物和水中的微生物提供较好的反应场所与栖息地。水生植物庞大的根基系统为微生物提供合适的栖息环境，根据 O_2 的含量分为好氧区、兼性厌氧区、厌氧区（Zhou et al., 2017）。这些分区分别可促进硝化、反硝化、厌氧氨氧化反应的进行（唐静杰，2009）。好氧、缺氧、厌氧的交替，使得植物根系周围形成多种适宜各类微生物种群栖息的微环境。不仅是对氮素，输氧作用还能有效提高沉积物的氧含量，增加沉积物的氧化还原电位，促进磷与沉积物的结合，同时也能促进聚磷菌的磷吸附作用（Ju et al., 2014; Wang et al., 2016）。

4.1.4　湿地修复植物的选择

4.1.4.1　湿地植物选择原则

在利用水生植物进行生态修复的工程中，植物选取错误一旦发生，会导致水体净化效果下降，造成人力物力的浪费，甚至会产生进一步的污染，极易造成生态环境的破坏，所以在工程或科研项目中应当加强对用于生态修复的水生植物筛选的重视。

1）植物属性

生活型是指与一定生境相联系的，主要依外貌特征区分的生物类型，常用来描述成熟的高等植物。在利用植物的生态修复工程中，通过此项的筛选，可选择出所需要的多年生或一年生以及所需的不同高矮、大小、形状、分枝的植物，用于短期或长期水质修复和植物搭配。普遍株高与生长水深资料结合，用于判断植物在水体中适宜生长的层次，针对修复水域不同水深以及水位变化情况，匹配适宜的植物，同时可以为所选植物矮化可能性提供依据。根系用于判断植株对水体下垫面附着能力的强弱，对于清淤过后或未进行清淤的下垫面水体，所用不同根系形态的植物，对植物的生长状况和对水体悬浮物的沉降作用有着不同的影响。繁殖方式与速度可用来判断所用植物进行生态修复初期人力和物力投入的多少，以及为后期植物在水体中繁殖区域的判断提供理论基础，为水体修复后植物的收割进行指导。花果期的判断可以为植物不同季节的移栽提供指导，使所选水体生态修复植物为最适生长期，使工程后水质净化效果及时呈现。

2）生长环境

分布地区的确定有利于判断所用植物分布地域区别，为移栽外地同纬度地区适用于水质修复的植物提供指导。生境指生物的个体、种群或群落生活地域的环境，包括必需的生存条件和其他对生物起作用的生态因素，通过植物生境判断工程中生态修复植物所处生活环境是否适宜。遮光情况指植物种群出现期间，对水体下层空间的遮光情况，可包括植物自然生长密度以及叶片大小，针对所需修复水体是否需要降温进行判断。水质指植物适宜生长的水环境，不同植物对水质情况的耐受性不同，植物适宜水质的判断可以为待修复水体所用有效可生存植物选择进行筛选，为后期水体净化后植物群落的人为强化演替工作提供指导。水温可以判断植物生长周年中有效生存的时间，以及植物对水温的耐受情况，有利于找到具有耐寒特质或潜质的生态修复植物。

3）植物去污能力

根据区域特点，优先选择当地先锋植物品种。据调查研究区域土壤营养物质丰富，生物种类繁多。常见的水生植物类群有芦苇、水烛、莲、金鱼藻、狐尾藻、篦齿眼子菜等。植物的群落配置是指通过人为设计，重建和恢复水生植物群落，根据环境条件和群落特性按一定的比例在空间分布、时间分布方面进行安排，高效运行，达到恢复目标，即净化水质，形成稳定可持续利用的生态系统。区域典型植物物种靶向去除府河污水主要污染因子：氮、磷、BOD_5、COD_{Cr}等。

4）适应季节变化

为顾及温度变化的影响，低温条件下应选择耐寒、生长周期相对长的植物，黄花鸢尾、灯心草、虎耳草、花菖蒲等可作为冬季人工湿地选择的植物，低浓度氮、磷水环境中，水葱脱氮除磷能力较强，利用菹草、伊乐藻和西伯利亚鸢尾组合的人工湿地在冬季也能保持良好净化效果。除此之外，适宜冬季人工湿地的植物还有水鳖和浮萍。针对白洋淀区域冬季温度较低的环境，适宜选择芦苇、菖蒲、水葱、小灯心草、西伯利亚鸢尾等挺水植物，睡莲、萍蓬草、荇菜等浮水植物，菹草、金鱼藻、穗状狐尾藻、竹叶眼子菜等沉水植物。根据不同植物的生长特性，夏季充分利用上述植物的水质净化功能，冬季则利用黄花鸢尾、灯心草、虎耳草、花菖蒲等耐低温植物维持湿地功能。

5）降低富营养化风险

对于富营养化较为严重的白洋淀地区，植物不仅有助于改善水质，还能产生一些生物活性物质抑制有害藻类的繁殖，一般称这种作用为化感效应，这些生物活性物质称为化感物质。化感物质类型与抑制藻类的判断可用来针对地区水体富营养化引起的藻华以及藻华风险提供植物选择上的指导，使植物在净化水体的过程中，调节微藻群落结构，减轻藻华危害，降低藻华风险。

6）经济性

植物经济效益产品可以使水体生态修复植物在进行水生态修复的同时，增加修复区域周边地区的经济收入，使营养物质转化为对人类有用的产品，减轻区域水生态修复经济负担。人工管理干预关注植物栽培后对人为干预的需求程度，有利于为野外自然生态修复工程提供指导。近年来，资源化受到更多环境工作者的关注，湿地植物，尤其是生长快速、生物量巨大的挺水植物已被证实可在农牧业、生物质燃料、食品加工业等方面进行利用（侯利萍等，2019）。

4.1.4.2 白洋淀湿地植被系统调查

2017 年，本研究对白洋淀地区的植被进行了调研。白洋淀共有水生植物 39 种，含 18 科 29 属，分布广泛，挺水植物以芦苇为主，浮水植物以莲为主，沉水植物现以金鱼藻为主要优势种（表4-1）。有大量的研究发现，白洋淀本土的湿地植物对很多污染物质去除效果很好，合理搭配种植并进行收割管理可以很好地去除污染物。20 世纪以来，白洋淀黑藻和大茨藻等优势群落消失，物种分布格局发生了很大变化，统计得到的白洋淀水生植物的主要群落类型如表4-2所示，这对后期水生态修复植物的选取有很强的指导意义。白洋淀生态系统逐渐发生衰败与退化，导致地区生物群落发生改变，藻华暴发风险上升以及生态功能丧失，因此，治理和修复白洋淀水体富营养化工作刻不容缓。

表 4-1　白洋淀湿地主要土著挺水植物

种类（种数，占比）	科	属	种
挺水植物（15 种，38.46%）	蓼科	萹蓄属	两栖蓼 *Polygonum amphibium*
			水蓼 *Polygonum hydropiper*
	禾本科	菰属	菰（茭白）*Zizania latifolia*
		稗属	稗 *Echinochloa crus-galli*
		芒属	荻 *Miscanthus sacchariflorus*
		芦苇属	芦苇 *Phragmites australis*
	香蒲科	香蒲属	宽叶香蒲 *Typha latifolia*
			水烛 *Typha angustifolia*
		黑三棱属	狭叶黑三棱 *Sparganium subglobosum*
	莎草科	莎草属	密穗砖子苗 *Cyperus compactus*
		三棱草属	荆三棱 *Bolboschoenus yagara*
	灯心草科	灯心草属	小灯心草 *Juncus bufonius*
	花蔺科	花蔺属	花蔺 *Butomus umbellatus*
	泽泻科	慈姑属	华夏慈姑 *Sagittaria trifolia*
	菖蒲科	菖蒲属	菖蒲 *Acorus calamus*
浮水植物（11 种，28.21%）	莲科	莲属	莲 *Nelumbo nucifera*
		芡属	芡实 *Euryale ferox*
	睡莲科	萍蓬草属	萍蓬草 *Nuphar pumila*
		睡莲属	睡莲 *Nymphaea tetragona*
	千屈菜科	菱属	欧菱 *Trapa natans*
			细果野菱 *Trapaincisa*
	睡菜科	荇菜属	荇菜 *Nymphoides peltata*
	水鳖科	水鳖属	水鳖 *Hydracharis dubia*
	眼子菜科	眼子菜属	浮叶眼子菜 *Potamogeton natans*
	天南星科	浮萍属	稀脉浮萍 *Lemna aequinoctialis*
		紫萍属	紫萍 *Spirodela polyrhiza*

续表

种类（种数，占比）	科	属	种
沉水植物（13 种，占 33.33%）	金鱼藻科	金鱼藻属	金鱼藻 *Ceratophyllum demersum*
			五刺金鱼藻 *Ceratophyllum Oryzetorum*
	小二仙草科	狐尾藻属	穗状狐尾藻 *Myriophyllum spicatum*
	狸藻科	狸藻属	狸藻 *Utricularia vulgaris*
	眼子菜科	眼子菜属	菹草 *Potamogeton crispus*
			篦齿眼子菜 *Stuckenia pectinatus*
			竹叶眼子菜 *Potamogeton wrightii*
			光叶眼子菜 *Potamogeton lucens*
			微齿眼子菜 *Potamogeton maackianus*
	水鳖科	茨藻属	大茨藻 *Najas marina*
			小茨藻 *Najas minor*
		黑藻属	黑藻 *Hydrilla verticillata*
		苦草属	苦草 *Vallisneria natans*

表 4-2　白洋淀主要植物群落类型及其伴生种

群落类型	优势种	主要伴生种
芦苇群落	芦苇	荻、稗
微齿眼子菜群落	微齿眼子菜	穗状狐尾藻、黑藻
金鱼藻群落	金鱼藻	水烛、荇菜、水鳖、莲
莲群落	莲	金鱼藻、槐叶萍、水烛
小茨藻群落	小茨藻	金鱼藻、紫萍、水烛
水烛群落	水烛	槐叶萍、水鳖、篦齿眼子菜
芡实+菱群落	芡实、菱	金鱼藻、槐叶萍、水鳖
荇菜群落	荇菜	槐叶萍、紫萍、金鱼藻
水鳖群落	水鳖	槐叶萍、金鱼藻
紫萍+槐叶萍群落	紫萍、槐叶萍	金鱼藻、水鳖、荇菜、水烛
竹叶眼子菜群落	竹叶眼子菜	穗状狐尾藻、黑藻
穗状狐尾藻群落	穗状狐尾藻	微齿眼子菜、水烛
篦齿眼子菜群落	篦齿眼子菜	穗状狐尾藻、水烛、槐叶萍

　　近自然湿地构建过程中需要保证能较好地实现水质净化功能，同时达到恢复生态的目的。为实现功能性和生态性的平衡，植物搭配及生物量配比尤为重要。为更加准确、高

效、低成本地实现近自然湿地的构建，本研究在充分了解白洋淀地区湿地水生植物系统的前提下，通过进行大量的实验探究验证工作，探讨了挺水植物净化效果、冷暖季植物净化效果以及植物选取和参数对净化效果的影响，并对淀区修复工作进行指导。

4.2 挺水植物对湿地污染原水净化效果

挺水植物景观长期以来一直都是白洋淀地区最主要的景观，芦苇荷花长期以来也都是白洋淀地区的代名词。1984 年白洋淀挺水植物景观占到白洋淀总面积的 60.7%（图4-2），可谓是名副其实的"苇海荷塘"。虽然此后白洋淀受到人类干扰，挺水植物景观在不断减少，但截至 2014 年占比依旧保持在 41.4%。如前文已述，一方面，挺水植物由于贯穿湿地内的气相、水相以及沉积物层，对下层根际泌氧作用也最强烈，是与微生物耦合最主要的水生植物类别，对水中污染物尤其氮、磷去除起到巨大作用；另一方面，挺水植物是实现湿地生态景观改善的最主要植物类别，对近自然湿地生态恢复至关重要。

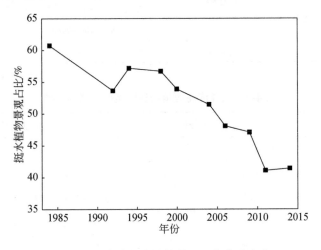

图 4-2 白洋淀挺水植物景观面积占比变化

因此，了解常见挺水植物生长状况及其对藻苲淀地区的水质净化能力对指导藻苲淀近自然湿地的稳定运行及生态恢复建设具有十分重要的意义。本研究在 2018 年夏季，重点选取了美人蕉、鸢尾、慈姑、泽泻（*Alisma plantago- aquatica*）、千屈菜（*Lythrum salicaria*）和小香蒲（*Typha minina*）共 6 种水生挺水植物，以藻苲淀南刘庄污染原水为实验对象，开展了挺水植物水质净化效果研究。

4.2.1 实验探究方法

实验植物均从白洋淀中采集，分别为鸢尾、美人蕉、泽泻、慈姑、千屈菜和小香蒲，每种植物根茎叶齐全，同种植物大小相近。

4.2.1.1 实验植物特性

1）鸢尾

鸢尾，多年生宿根草本植物［图4-3（a）］。植株基部围有老叶残留的膜质叶鞘及纤维。根状茎粗壮，须根较细而短，叶基生，黄绿色，稍弯曲，中部略宽，形如扇状，长15~50cm，宽1.5~3.5cm，产于山西、安徽、江苏、浙江、四川、西藏等地，多生于向阳坡地、林缘及水边湿地。孙瑞莲和刘健（2018）采用鸢尾作为人工湿地挺水植物处理模拟废水，发现鸢尾始终保持了较好的磷去除能力，能够改善水体的富营养化问题。此外，鸢尾还可作药用，对关节炎、跌打损伤有一定的效果。

| (a)鸢尾 | (b)美人蕉 | (c)泽泻 |
| (d)慈姑 | (e)千屈菜 | (f)小香蒲 |

图4-3　挺水植物

2）美人蕉

美人蕉，多年生草本植物，植株全部绿色，高可达1.5m。植株无毛，有粗壮的根状茎［图4-3（b）］。叶片质厚，叶片呈长圆形，长10~30cm，宽可达10cm。我国南北各地均有栽培。李睿华等（2007）以美人蕉和香根草为对象，研究两者对水深的耐受性，发现美人蕉不适合在水深大于20cm的水域生长；焦保义等（2018）研究发现美人蕉对河流不同浓度的总氮与总磷的去除率随河流中总氮、总磷的浓度升高而增加。此外，美人蕉根茎可作药用，清热利湿，能舒筋活络，治疗风湿麻木，同时美人蕉的茎叶纤维可用来制作人造棉，叶片提取芳香油后的残渣还可做造纸原料。

3）泽泻

泽泻，多年生水生或沼生草本植物。产于黑龙江、河北、新疆、云南等地［图4-3（c）］。多生于浅水带，低洼湿地也多有生长。块茎球形，叶全部基生，呈长椭圆形至广卵形，长2～11cm，宽1.3～7cm。花期6～9月较长，用于花卉观赏。研究发现泽泻对水体中磷酸盐的去除效果较好，同时能有效降低水体中Pb的含量（张茜茜，2016）。此外，泽泻可以入药，主治肾炎和肠炎等。

4）慈姑

慈姑，多年生直立水生草本植物，有葡萄枝，枝端膨大而成球茎［图4-3（d）］。叶变化极大，沉水的为狭带形，浮水的常为卵形或近戟形，突出水面的为戟形，长5～20cm，叶柄长20～40cm，呈三棱形。

5）千屈菜

千屈菜，多年生草本植物，高30～100cm，全国各地均有生长，亦有栽培，多生于河岸、湖畔、溪沟边和潮湿草地［图4-3（e）］。根茎横卧于地下，根状茎粗壮呈黑褐色，茎直立，多分枝，全株青绿色，略被粗毛或密被绒毛，枝通常具四棱，全体被白色短柔毛或无毛。研究表明千屈菜和黄菖蒲体内氮、磷分布均呈现叶大于根的分布形态，且千屈菜对总磷的去除效果优于黄菖蒲。

6）小香蒲

小香蒲，暖温性湿生牧草，根状茎粗壮，茎细弱，直立，高30～50cm，直径3～5mm［图4-3（f）］。基生叶为细条形叶片，宽不足2mm，茎生叶仅具叶鞘而无叶片。小香蒲产于黑龙江、内蒙古、河北、河南、陕西、甘肃、新疆、四川等地。多生于河漫滩与阶地的浅水沼泽、沼泽化草甸及排盐渠沟边的低湿地里。可以与芦苇构成沼泽化低地草甸。小香蒲以根茎繁殖为主，种子繁殖力较弱，一般在4月初返青，5月中旬至5月底雌花可形成小的圆柱状花序，7月中旬开始结果，8月初果实即可成熟，8月底开始枯黄。研究表明在人工模拟自然条件下，小香蒲对污染水体总氮的去除率可达到56.81%（元文革等，2018）。此外，小香蒲作为一种纤维植物，称为蒲黄，有止血、祛瘀、利尿等作用。

4.2.1.2 实验装置与实验方法

实验装置包括塑料水箱和可降解的聚苯乙烯泡沫板（图4-4）。实验用塑料水箱体积约为120L，内部盛水体积约为70L，水深33cm，每个水箱中放置一块长、宽、厚分别为42cm、28cm和2cm的聚苯乙烯泡沫板，泡沫板上以10cm×13cm的间距开6个直径为3cm的定植孔，每个定植孔中定植1棵植物，并用固定海绵固定。

分别于2018年7月18日和8月26日在白洋淀南刘庄处采集实验用水，其中7月18日的实验用水用于进行单一植物水质净化研究，8月26日采集的实验用水用于进行植物组合研究。将实验用水分别加入塑料水箱中，分别从每个水箱中取50mL实验用水检测初始状态下的水质。具体水质情况详见表4-3。

图 4-4　实验装置

表 4-3　实验用水水质　　　　　　　　　　　（单位：mg/L）

水质指标	COD$_{Cr}$	NH$_3$-N	TN	TP
浓度	34.7~46.7	3.59~4.01	4.88~5.12	0.42~0.44

种植的植物分别为鸢尾、美人蕉、泽泻、慈姑、千屈菜和小香蒲，每种植物设置多个平行处理组，并设置平行对照组。实验于 2018 年 7~8 月进行，实验期间，每天按时向水箱内补充蒸馏水以保持水箱内水的体积恒定。实验期间，水温在 22~28℃，平均水温为 24.7℃。测定水中 pH、溶解氧、COD$_{Cr}$、氨氮、总磷、总氮等指标，水质指标的测定参照《水和废水监测分析方法》。

4.2.2　植物生长效果

实验结束后对 6 种植物的存活情况进行统计。数据显示，美人蕉与千屈菜的存活率都为 100%。小香蒲出现了个别死亡。鸢尾存活率低于 50%，表明鸢尾对该污染水体适应性不强。同时，慈姑和泽泻两组的存活率也相对较低，这主要是因为实验期间，慈姑组发生黑色蚜虫病，受病虫害影响，植株水面以上部分损失严重，最终导致存活率下降，黑色蚜虫同样蔓延到同作为泽泻科植物的泽泻组上，导致泽泻最终的存活率也下降。

对存活率较高的美人蕉和千屈菜，美人蕉鲜重增加 58.04%~58.73%，根长增加 2~3 倍；千屈菜鲜重增加 28.67%~33.67%，根长增加最高能到原来的 7 倍，这两种植物对藻苲淀气候具有较好的适应性。发生病虫害的慈姑组存活植株鲜重增长率为 -28.44%~4.58%，说明黑色蚜虫病对其生长有严重影响。泽泻组的存活植株鲜重增长率也受到抑制，存活植株的鲜重增长率为 -9.69%。鸢尾存活植株的鲜重平均上升 27.34%，说明在经过一个月的适应后，部分鸢尾被该污染水体驯化，逐渐适应南刘庄污染水体。小香蒲鲜重平均增长 31.67%，也表现出较好的适应性。从根长看，存活植株的根长都相应增长，其中，美人蕉根长增长率达 225.24%~329.51%，千屈菜根长增长率达 145.58%~753.64%，这表明植物根长在水培环境中增长越多，对水环境的适应性越强。本研究发现，即使是受到病虫害影响的慈姑和泽泻组存活植株的根长也出现增长，部分泽泻根长增长达到了两倍以上。研究表明，藻苲淀地区的挺水植物除了芦苇作为必要的景观植物以外，鸢尾、美人蕉、千屈菜和小香蒲都表现出对藻苲淀湿地较好的环境适应性，生长态势良好，可用于实际的水生态修复工作。

4.2.3　溶解氧与pH变化

实验期间对系统中的溶解氧进行了监测。实验开始到实验结束，空白组中溶解氧基本都保持在3mg/L左右，实验期间水体溶解氧存在一定波动，但总体保持相对稳定。植物根部向水体中分泌氧气分子，这种泌氧作用有助于维护水体氧含量，最终使水箱中溶解氧浓度保持在一个相对平衡的范围内，同时也会促进湿地微生物的作用。部分实验组存在植物凋谢导致溶解氧在一定程度上下降。

实验期间对系统中pH变化进行了定期监测，各组初始pH都在7.4左右，随着实验的进行，空白组的pH快速上升，最终上升到8.5以上，呈现上升趋势。研究表明高温天气水体表层水温较底层增加更快，从而会导致水体中$CO_2-HCO_3^--CO_3^{2-}$之间的动态平衡被打破，随之CO_2从水箱中不断释放，水中OH^-离子逐渐增多，水体pH逐渐上升；而有植物的水箱中pH虽然也呈现上升趋势，但整体相对稳定，这主要是因为植物在生长过程中，根部向水体分泌有机酸和H^+，同时又吸收水体中的氨氮，使水体的pH保持相对稳定。部分实验组存在植物凋谢导致pH偏低的现象。

4.2.4　挺水植物对水体COD_{Cr}净化效果

实验期间各实验组中COD_{Cr}的变化呈现波动下降趋势。实验结束时，空白组对COD_{Cr}的平均去除效率为29.78%，鸢尾对COD_{Cr}的平均去除效率为34.88%，美人蕉对COD_{Cr}的平均去除效率为38.05%，泽泻对COD_{Cr}的平均去除效率为31.49%，慈姑对COD_{Cr}的平均去除效率为31.46%，千屈菜对COD_{Cr}的平均去除效率为37.96%，小香蒲对COD_{Cr}的平均去除效率为37.54%。从COD_{Cr}的去除效果看，6种植物处理系统对COD_{Cr}的去除效果好于空白组。

实验系统中COD_{Cr}的下降主要包括两方面因素：一是水体中的有机颗粒物在水箱中经过静置后发生沉降，使水体中COD_{Cr}的水平下降；二是系统中微生物吸收水体中有机物用于合成自身生长的物质。研究结果表明，植物对COD_{Cr}的降解主要通过根际微生物活动来完成，6种植物系统中植物根部为微生物的生长提供了附着的空间，强化了微生物对污染水中有机物的降解。

大量研究已经表明，挺水植物与微生物之间存在协同作用。对藻苲淀而言，研究中各种单一的挺水植物无论长势如何，对水体COD_{Cr}均具有较好的去除效果。

4.2.5　挺水植物对水体氮净化效果

实验前期，有植物系统对氨氮表现出较好的去除效果；实验后期，有植物组和空白对照组趋于一致，出水氨氮保持较低水平；实验结束时，氨氮的去除率都达到了90%以上。

包括空白对照组在内，各组对氨氮都有非常明显的去除效果，这与氨氮在水体中的去除途径有关。氨氮在水体中的去除主要通过挥发、硝化以及植物的吸收同化作用。一方面水体始终处于富氧状态，对促进湿地微生物硝化作用十分有利；另一方面水体 pH 升高会促进水体中的氨溢出，从而促使氨氮减少。

关于 6 种植物处理系统对总氮的去除效果，研究表明鸢尾对总氮的去除率达到了50.25%~63.90%，美人蕉对总氮的去除率为 49.88%~51.25%，千屈菜对总氮的去除率为 38.81%~49.02%，小香蒲对总氮的去除率为 42.28%~44.28%。而受病虫害影响，泽泻组和慈姑组对总氮的去除效果均呈现负值，死亡的植物体进入水体中向水体释放氮元素。可见不同的挺水植物对水体总氮的去除均有不错的效果，而鸢尾易发生病虫害。这一结果表明，各种单一的挺水植物对水体总氮都能有较好的处理效果。

4.2.6 植物系统对总磷的去除效果

在各植物处理系统中，美人蕉对总磷的去除率达 65.30%~71.01%，千屈菜对总磷的去除率达 62.89%~76.00%，小香蒲对总磷的去除率达 10.87%~36.39%。鸢尾受病虫害的影响，对总磷的去除率均为负值。研究表明慈姑与泽泻抗病虫害能力弱，限制了其在水体净化工程中的应用。结果表明，美人蕉和千屈菜对磷的处理效果更佳，在实际运用中的优先级应该更高。

4.3 冷暖季水生植物组合对水质净化效果

与其他传统生物处理工艺不同，近自然湿地属于少量人为手段干预的自然系统，其运行环境条件随着自然条件的更迭而变化，尤其是温度，全年变化范围较广，尤其是在中国北方，四季分明，严寒与酷暑差异可达 40℃，全年温度差异巨大，也亦如前文所述，低温是北方净水湿地的一大挑战。

低温会极大降低湿地的处理效能，常见的嗜热植物如芦苇、芦竹（*Arundo donax*）等在低温状态下，不论是对养分的吸收率还是周围的微生物数量及代谢速率，均呈现下降态势。虽然现今应对湿地过冬问题已经提出了很多解决方式，但近自然湿地面积过大，添加地膜和覆盖物的成本过高且不易管理，菌剂添加效果不稳定且时效短，皆不适用于近自然湿地建设。

为达到近自然湿地的构建目的，面对季节性温度，应该研究相应的战略与方法，减少季节变化对湿地处理效果带来的不稳定影响。对此，进行湿地冷暖季植物配置优化，依靠植被自然演替规律，不同季节选择相应生理特性的植物，实现湿地水生植物功能的相对稳定，进而保持其水质净化能力的相对稳定。部分研究已证实喜温与耐寒植物搭配可适应不同的气候环境，且混合栽培的湿地系统相比单一栽培系统，在对季节变化的适应性上、处理性能上以及微生物群落的丰度上，都具有更强的优势。

4.3.1 季节性湿地植物配置

季节性水生植物配置机制是利用植物不同的生长特性，在不同的季节配置相应生长期的植物。暖季利用暖季型植物，冷季利用冷季型植物，建立冷暖季交替系统，发挥生态互补优势，充分发挥不同发育期水生植物的净化作用。在我国北方，暖季温度适宜，可利用的水生植物种类繁多。白洋淀湿地水域辽阔，淀底基质肥沃，水深适中（2~3m），光照充足，适宜多种水生植物的生长，因此白洋淀湿地具有"华北种子库"的美誉。菹草是白洋淀地区主要的冬季水生植物，已有研究证实其具有较好的水质净化能力。

季节性搭配在人工湿地中得到一定的应用，证明了中国北方冻结期前冷暖季搭配的可能性与适用性，但几乎没有研究将其运用于近自然湿地当中。因此，本研究针对藻苲淀近自然湿地的实际环境状况，在利用原位底泥、水体、淀区植物的条件下，探究了冷暖季水生植物交替系统的适用情况。

国内外有关使用挺水、沉水植物进行湖泊、湿地生态修复的应用很广泛，作为北方草型湖泊典型代表的白洋淀，通过近自然的方式进行湿地建设与恢复，更应该利用湿地植物的自然作用。白洋淀常见的水生植物类群为穗状狐尾藻、美人蕉、芦苇、菹草、篦齿眼子菜、水烛、金鱼藻等。穗状狐尾藻、金鱼藻、美人蕉为近几年的优势种，分布广泛，其成活率高、耐污性强。湿地植物由于其功能性的差异，在去除氮、磷污染方面也存在着不同，在广泛调查研究的基础上，结合白洋淀原有水生植物种类，发现沉水植物狐尾藻和金鱼藻对受污染水体的适应能力好。菹草的抗污能力强，对中高浓度氮、磷水体具有很好的净化效果，适用于冬季；菹草可以富集重金属离子，降低重金属污染风险；而且在菹草对磷进行富集与吸收的同时，磷也可以促进菹草的生长繁殖。菹草的作用不止于此，还具有经济价值，菹草与同类水生饲料相比，具有较高的营养价值。因此，本研究选择金鱼藻和穗状狐尾藻，作为暖季沉水植物进行实验。菹草与其他湿地沉水植物不同，在冷季也可以生长，而且对水质有好的净化效果，因此也选择菹草进行研究。

4.3.2 实验探究方法

4.3.2.1 实验材料

本研究中暖季型水生植物选用挺水植物芦苇和灯心草，沉水植物选择穗状狐尾藻、金鱼藻和黑藻；冷季型水生植物选择沉水植物菹草（图4-5）。

1）实验用挺水植物

芦苇，禾本科，多年水生或湿生的高大禾草，适宜水深20~50cm。根状茎十分发达。生长时间4~11月，7~8月开花，8~9月成熟。全球广泛分布，有"禾草森林"之称，除森林生境外，有水源的地方均能看到芦苇的存在，也是白洋淀湿地主要的经济与景观植物，形成典型的"芦苇荡"景观。芦苇抗逆性极强，能适应多种恶劣的环境。生长周期长且生物量大。属于耐污种，能综合吸收水体中的污染物，尤其是对总氮，去除率高达

(a)芦苇　　　　　　　　　(b)灯心草　　　　　　　　　(c)穗状狐尾藻

(d)金鱼藻　　　　　　　　(e)黑藻　　　　　　　　(f)菹草

图 4-5　实验用水生植物

98.7%，被广泛应用于人工湿地、近自然湿地的水质净化中。

灯心草，又称水灯心。灯心草科，多年生草本植物。适宜水深 10~15cm，生长在全球温暖地区，在我国全国均有分布。灯心草的综合净化潜力相对芦苇来说较弱，优先吸收水环境中的氨氮、凯氏氮。其根系扩展、蔓延能力虽然弱，但不易发生病虫害。

2）实验用沉水植物

穗状狐尾藻，小二仙草科，多年生沉水草本植物，广泛分布于欧亚大陆。穗状狐尾藻生长周期较长，在北方地区，从 3 月持续到 11 月。穗状狐尾藻处理水体中氮、磷污染有着不错的效果，也可以提升生态系统的净化效果，特别是对氮的吸收和净化效果更加出色，湿地植物与穗状狐尾藻的配置组合更能激发穗状狐尾藻的净化潜力。

金鱼藻，又称鱼草，金鱼藻科金鱼藻属，多年生沉水草本植物。适宜在水流速度较缓的水域生长，水深范围较广，50~200cm。分布广泛，南北方均有分布。金鱼藻是近年来人工湿地氧化塘中常用的水质净化物种，其优良的无机氮净化能力为人们所青睐，其在氨氮含量高的水体中长势更好。金鱼藻属于典型的耐污种，对较小粒径的悬浮泥沙过滤作用显著。另外，金鱼藻、篦齿眼子菜与穗状狐尾藻共生，还可抑制穗状狐尾藻的泛滥，使三者处在一个较平衡的状态，更有利于水质的改善和生态平衡。

金鱼藻和穗状狐尾藻的适应性强，对受污染水体有明显的修复效果，它们不仅在我国淡水湖泊有着分布，更在全球分布广泛，也是藻苲淀地区的优势种。金鱼藻在沉水植物中具有不错的污染承受和净化能力，穗状狐尾藻在吸收氮、磷方面具有出色的能力，都可以作为湿地植物恢复和水质净化的先锋物种，是维持湖泊淀区生态系统稳定的重要湿地植物。

在富营养化条件下，金鱼藻和穗状狐尾藻是理想的净化水体的植物。合理密植的穗状狐尾藻和金鱼藻可以预防水体中藻类与浮游植物的过度生长，减轻水体富营养化的危害。有学者研究了金鱼藻、狐尾藻等水生植物对富营养化水体的修复作用，狐尾藻净化总磷、总氮及硝态氮的效果好。两种藻类净化总氮、总磷的性能，在白洋淀湿地植物中名列前茅。而且有研究表明，由于金鱼藻与穗状狐尾藻存在单方面制约的关系，因此二者的配置可以更好地维持物种与生态的稳定。

黑藻，水鳖科，黑藻属，多年生沉水草本植物，水深范围在 50~150cm，广泛分布于我国南北方。黑藻喜光，环境荫蔽会导致叶黄；耐寒，在 15℃ 时仍生长良好，若要越冬，温度则不能低于 4℃。在北方，以休眠芽的形式过冬。其对水质的净化效果与水体中的氮、磷含量呈正相关，可吸收的磷的形态包括吸附态磷和可还原性磷；对水中 SS 的截留效果较好，对悬浮泥沙的动态净化相对去除率可达 40%。

研究中冷季水生植物选用沉水植物菹草，眼子菜科，眼子菜属，多年生沉水草本植物。秋季发芽，冬春生长，4~5 月开花结果，夏季 6 月后逐渐衰退腐烂。菹草作为少有的反季水生植物，可以与暖季水生植物形成冷暖季交替水生植物净化系统，缓解低温给湿地带来的不良影响，解决冷暖季植物生长茬口问题，并且通过平衡收割等管理手段，可将其富集的氮、磷等污染物移除。菹草生长迅速，在冬季能够很好地弥补嗜热水生植物衰败带来的问题。

4.3.2.2 实验方法

实验设计两类系统：暖季水生植物净化系统和冷季水生植物净化系统。实验装置采用构筑模拟湿地，湿地底部铺设 8cm 厚的底泥模拟基底，种植冷暖季沉水植物穗状狐尾藻、金鱼藻、黑藻和菹草。同时在模拟湿地中构筑高为 30cm 的高台，模拟藻苲淀湿地的芦苇台地，种植挺水植物芦苇和灯心草。实验设计动态连续流实验，持续进、出水，模拟近自然湿地的运行状态。研究采用的是藻苲淀上游（雄安新区安新段）河水和底泥。放置草金鱼、黑壳虾，辅助水体循环扰动并辅助除藻，完全模拟近自然湿地的水体净化系统。

暖季水生植物净化系统设置空白对照和多个实验组并进行平行实验。暖季处理系统均种植同等面积的挺水植物芦苇和灯心草作为背景植物，种植面积分别为 10%，暖季沉水植物选择穗状狐尾藻、金鱼藻和黑藻，3 种植物分别设置 3 个生物量梯度，0.1g/L、0.5g/L、1.0g/L（以干重记）。冷季沉水植物选择菹草，并设置同等的 3 个生物量梯度。冷暖季采用水质见表 4-4。分析不同生物量条件下，冷暖季沉水植物的水质净化效果。

表 4-4　暖、冷季期间府河水质各指标平均浓度　（单位：mg/L）

时期	NH_3-N	NO_3^--N	TN	TP
暖季	1.44±0.78	0.72±0.30	2.97±0.93	0.38±0.11
冷季	1.39±0.08	0.77±0.16	2.48±0.52	0.05±0.02

4.3.3　暖季水生植物组合水质净化效果

4.3.3.1　水体 NH_3-N 净化效果

3 种暖季沉水水生植物净化系统出水浓度随进水波动，处于动态平衡中。3 种植物类型处理中，在低生物量密度处理组，去除率金鱼藻>穗状狐尾藻>黑藻，为 28.54% ~ 44.00%；在中生物量密度处理组，穗状狐尾藻>金鱼藻>黑藻，为 42.92% ~ 50.33%；在高生物量密度处理组各藻类与中生物量密度处理组规律一致，高达 52.65% ~ 58.22%。在各个生物量组，穗状狐尾藻对 NH_3-N 的净化效果最佳，这也印证了穗状狐尾藻较强的综合净化能力。经方差分析可知，空白组与各植物组均存在显著差异，低生物量组与高生物量组差异显著（$P<0.05$），这说明 NH_3-N 含量受生物量影响显著。

各生物量密度处理组，净化效果差异显著。高生物量密度更有利于污染物削减。各组出水可达地表水Ⅲ类水标准，满足出水达到Ⅳ类的要求。部分类型的中、高生物量处理组运行后期，出水浓度高于进水，这是由于植物生长旺盛，反而对污染物去除造成负面影响。

4.3.3.2　水体 NO_3^--N 净化效果

实验前期，3 种暖季沉水水生植物净化系统出水浓度保持在较低水平。低生物量密度金鱼藻表现出最好的效果，中高生物量密度在实验后期净化效果均表现出一定程度的反弹。穗状狐尾藻系统 3 个生物量组平均负荷 2.89 ~ 3.34mg/(m^2·d)。实验后期，生物量对去除率影响较小。这是由于高生物量导致的低 DO 和少许的植物残体，释放了少许 NO_3^--N。金鱼藻系统的 3 个生物量组的平均负荷在 1.768 ~ 2.183mg/(m^2·d)。低生物量密度组一直保持着较高的去除率，一般来说，生物量大，吸收能力强，去除率高，金鱼藻则相反。而且 NH_3-N 与 NO_3^--N 的去除率趋势相反，这可能与硝化反应属于好氧反应，反硝化反应属于厌氧反应有关。黑藻系统的 3 个生物量密度处理组中，1.0g/L 的处理组运行期间一直保持着高去除率，3 个组平均负荷在 2.482 ~ 2.833mg/(m^2·d)。实验后期，较高密度组的去除率大幅度下降，这是由于该装置中草金鱼个体较大，加上黑藻生长状况较差，导致出水水质较差。

4.3.3.3　水体 TN 净化效果

3 种植物类型的各生物量处理组间差异显著，生物量与去除率呈现正相关。实验出水平均浓度为 1.33 ~ 1.94mg/L。在低生物量密度处理组中，去除率黑藻>穗状狐尾藻>金鱼藻，去除率为 33.17% ~ 37.02%；在中生物量密度处理组中，金鱼藻>穗状狐尾藻>黑藻，去除率为 40.65% ~ 48.43%；在高生物量密度处理组中，黑藻>金鱼藻>穗状狐尾藻，去除率为 49.80% ~ 52.17%。综合来看，高密度的黑藻组净化效果最好。

4.3.3.4　水体 TP 净化效果

暖季植物处理组相比空白对照组对总磷净化效果影响显著（$P<0.05$），高生物量组一

直保持着较高去除率。实验末期，随着进水浓度降低，各生物量组净化效果差异较小。各处理组，在低生物量密度处理组，去除率黑藻>穗状狐尾藻>金鱼藻，去除率在34.69%~38.43%；在中生物量密度处理组，穗状狐尾藻>黑藻>金鱼藻，去除率在38.85%~43.82%；在高生物量密度处理组，穗状狐尾藻>金鱼藻>黑藻，去除率在45.17%~50.73%。高生物量密度处理组黑藻的去除率排名相比低密度、中密度来说最低，这可能是由于产生了密度胁迫。综合认为穗状狐尾藻的处理效果最佳。

4.3.3.5 底泥微生物群落变化

为探究不同植物对湿地中微生物群落的影响，本研究探究了几类植物所产生的影响。浮霉菌门（Planctomycetes）在各菌群中含量最高，由原位底泥的15%，增加至27%~30%，其中穗状狐尾藻提高比例最大。其中有一类厌氧氨氧化细菌（Candidatus Anammox-oglobus），可直接将NH_3-N氧化N_2，经过植物处理后含量不同程度升高。氨氧化作为硝化作用中的第一步，也是一种限速反应，是由氨氧化菌（ammonia oxidizing bacteria，AOB）和古细菌（AOA）完成的，因此，植物根际可以增加N功能菌的丰度和特性。

从属水平分析，硝化螺旋菌属（Nitrospira）作为一种硝化菌，可将亚硝酸盐氧化成硝酸盐。经过植物处理后的底泥其含量明显增加，由0.71%上升到2.34%~4.10%，尤其是在黑藻系统中比例升高较多。亚硝酸菌属（Nitrosomonas）、硝酸菌属（Nitrobacter）、亚硝化单胞菌属（Nitrosomonas）其丰度均高于原位底泥。

酸杆菌属（Acidobacteriaum）属于一种嗜酸菌，其在生态系统中作用较大，由原位底泥含量的11%上升至28%~31%。拟杆菌门（Bacteroidetes）中的拟杆菌属（Bacteroides）可降解环境中的纤维素，其含量在穗状狐尾藻系统是黑藻系统的两倍，在穗状狐尾藻系统和金鱼藻系统比原位底泥含量增加。

与反硝化菌具有亲缘关系的α-变形菌和β-变形菌经过植物处理后数量均较少，由36%下降至20%~24%。兼性厌氧的绿弯菌门（Chloroflex）数量也降低。这可能是由于植物根际具有强烈的泌氧能力，可大幅度提高装置内的DO浓度，这与监测到的DO浓度变化一致。

文献报道认为微生物的厌氧氨氧化和异养硝化–好氧反硝化过程作用的大小受湿地的环境条件与施工方式影响较大，也就是说取决于湿地的配置，因为其决定了N功能菌将NO_3^--N还原为NH_3-N的程度和速率。

4.3.3.6 小结

研究结果显示，水体中氮的去除受植物生物量影响显著，各种沉水植物都表现出较好的去除率。TP的去除途径主要为基质吸附、植物吸收等，净化效果受植物种类影响较小，受植物生物量影响较大，生物量与去除率呈正相关。穗状狐尾藻高生物量组均保持较大的去除率，可以作为去除总磷的先锋物种。通过对底泥微生物群落的分析发现，植物的存在可丰富种群丰度，尤其是N功能菌，包括硝酸菌属和亚硝酸菌属，以及厌氧氨氧化菌属。菌群的存在，促进了系统N去除效率。

4.3.4　冷季水生植物组合水质净化效果

菹草是眼子菜科、眼子菜属多年生沉水草本植物，是在秋季发芽冬季生长的越冬型的沉水植物，因而在湿地修复中被广泛运用在冷季中，以解决冬季湿地处理效率低的问题。本研究通过实验探究，已验证冬季植物菹草的水处理能力。

4.3.4.1　水体理化性质变化

装置运行期间，水体温度在 $3.3 \sim 8.4℃$ 范围内，水体 pH 在 $7.9 \sim 9.3$ 范围内波动，进水 DO 平均浓度 $4.13mg/L$，各个处理组 DO 平均浓度在 $5.21 \sim 6.13mg/L$，植物明显提高了系统内的 DO 含量，分别提高了 $1.19mg$、$1.32mg$、$2.00mg$，有植物的处理组均能提高水体 DO 浓度值。

4.3.4.2　水体氮的净化效果

不同生物量的处理组对 NH_3-N 的净化效果不同，进水浓度范围在 $0.99 \sim 1.21mg/L$，平均去除率 $35.95\% \sim 46.02\%$。中密度组平均去除率是最高的。去除率与暖季水生植物相比较低，但冷季水体污染物浓度较低，较低的去除率也可满足出水标准。

不同生物量的处理组对 NO_3^--N 的净化效果不同，进水平均浓度在 $0.77mg/L$；3 组生物量处理组出水平均浓度分别为 $0.35 \sim 0.42mg/L$；无植物对照组出水平均浓度为 $0.56mg/L$。菹草的存在明显提高了系统对 NO_3^--N 的去除效果，平均去除率为 $44.16\% \sim 52.61\%$，空白组去除率可达 26.30%。高生物量组体现出优越的净化优势，去除率与生物量呈正相关。这表明低温阶段，植物具有抗寒能力，还可继续去除环境中的 NO_3^--N。

进水 TN 浓度范围在 $2.48mg/L$，3 种生物量处理组出水平均浓度为 $1.22 \sim 1.59mg/L$，无植物对照组出水平均浓度为 $2.04mg/L$。低温状态下，N 的去除路径主要为植物的吸收作用，低温导致植物生长较慢，生物量对 TN 去除率影响较大，$0.1g/L$ 的低生物量组未能赶超高生物量组，由此，低温状态下，种植密度应选择高密度。总体来看，在低温季节，各生物量组植物生长缓慢，但根部保持活跃。有学者通过实验表明，在冬季微生物 N 去除贡献率可达 71.57%，植物仅为 $15.23\% \sim 25.86\%$。但是植物的存在使得 N、P 的去除明显改善。

冷季植物实验测定了实验开始前和结束后水体 NH_3-N 库向菹草氮库、底泥氮库、水体 NH_3-N 库的贡献率，分别为 14.82%、1.71%、48.89%。这说明菹草对 NH_3-N 的去除贡献率较大，显然大于底泥的作用。综合来说，植物的存在提高了系统对 NH_3-N 的净化效率。

4.3.4.3　水体 TP 的净化效果

进水平均浓度在 $49\mu g/L$，出水平均浓度为 $30 \sim 35\mu g/L$，无植物对照出水平均浓度在 $40\mu g/L$，说明基底对 TP 起到一定的吸附作用。进水浓度波动幅度较大，而出水一直保持在较低浓度状态下，这说明菹草系统对 TP 的吸收能力较强，其去除率大小随进水浓度改变，有较大的浓度处理范围。

4.3.4.4　小结

研究表明，高生物量的菹草更有利于湿地污染物的去除，同时也验证了菹草作为冬季湿地主要植物能够有效地净化水质。

4.4　水生植物选择与配置

4.4.1　水生植被恢复原则

根据湿地植被恢复指南，藻苲淀湿地水生植被的恢复选择近自然恢复的方式，应参照生态工程学的原理，采用少量的人为干预手段，仿照湿地健康时的群落类型及分布格局，根据水生植物净化水质的方法原理，运用科学的管理维护手段，恢复湿地的水生植被群落结构并维持其结构和功能的稳定性。植被恢复是整个生态系统恢复的基础，植被恢复过程是极其重要且漫长、持续的过程。

白洋淀属于草型湖泊，正向草型沼泽化趋势演变。淀区目前水生植物的状态以大面积挺水植物为主，由于水位的下降，沉水植物逐渐向挺水植物方向演替。后期经过水系改造及补水后，将改变演替方向。各种生活型的植物数量分布极不均衡，且总体生物量过于巨大，各小淀区的分布格局也发生着巨大的改变，人为干扰及水环境的污染、水位等原因导致其变化。因此，水生植被配置时，应以水体的污染程度、水深及周围的人类活动为参考，进行合理的配置。对于类型单一的区域，补种植物，增加植物多样性；对于生物量过大的区域，则进行收割，严格控制其生长蔓延趋势。

藻苲淀湿地水生植物的筛选首要以本土植物为主，主要的效用是改善湿地水质，净化湿地基质、水体，恢复完善湿地的生态功能，辅助效用是兼顾景观一体，使得淀区不再只有"芦苇荡"一种景观，呈现层次化、多样化，既满足了生态学上的物种多样性的要求，又满足了美学上的层次化的要求。另外，在筛选搭配时，还要注意当地水域的氮、磷或重金属、有机污染状态，选择与之相适应的植物，保证净化效果和成活效果。底泥基质的类型主要是第四纪的湖泊沉积物和潮土，因此基质类型上无明显差异，引种时不需考虑基质的差异性。

植物群落配置还应考虑空间节律上的搭配。藻苲淀湿地位于北纬30°附近，典型的季风型气候，四季分明，春秋短、夏季高温、冬季冰冻期长。因此应建立冷暖季水生植物交替系统，去除冷季空白，解决冷暖季植物生长茬口问题。另外，植物群落配置应考虑空间上的搭配。有学者认为各类水生植物生长过程中会逐渐形成自己的优势群落，某一区域的优势种只有一种，伴生着几种其他种。例如，芦苇群落，以芦苇为主，芦苇占据最大的生存空间，其中可穿插生长浮萍、稗草等。另外，不同的生活型也形成自己的区域，如金鱼藻，在金鱼藻生长的地方也可能生长着穗状狐尾藻等，但不会生长芦苇。因此，在配置时，还应尊重优势种和生活型的差异，以免在植物演替过程中，竞争优势较弱的种消失。

1）挺水植物

挺水植物的恢复是其他生活型植物的基础，其也是鸟类、水禽、昆虫等的栖息地。因此，在引种或种植时，应该以本土物种为主，选择适宜鸟类、水禽等水上生活的动物栖息繁衍的种类。另外，挺水植物还要选择根系发达且分蘖能力强的植株，以起到固定岸边带基质、底泥的作用。

2）沉水植物

白洋淀历史沉水植物的种类较丰富，1991～1993 年在白洋淀发现水生植物 48 种，其中沉水植物包括水毛茛、金鱼藻、五刺金鱼藻、穗状狐尾藻、狸藻、黄花狸藻、菹草、竹叶眼子菜、光叶眼子菜、篦齿眼子菜、大茨藻、小茨藻、黑藻、苦草，占水生植物总数的29.16%。近年来，伴随白洋淀区域水质指标的下降，沉水植物消亡加速，现有的沉水植物包含篦齿眼子菜、金鱼藻、轮藻、狸藻，以及在现场调研中发现的穗状狐尾藻、菹草、黑藻、苦草。近年来白洋淀优势沉水植物如表 4-5 所示。

表 4-5 白洋淀历年优势沉水植物

年份	优势沉水植物
2008	金鱼藻、小茨藻、穗状狐尾藻、微齿眼子菜、竹叶眼子菜
2009	篦齿眼子菜、金鱼藻、轮藻、菹草、竹叶眼子菜、黑藻
2010	篦齿眼子菜、金鱼藻、轮藻、菹草、竹叶眼子菜、黑藻、狸藻
2011	篦齿眼子菜、金鱼藻、轮藻、狸藻

在选择白洋淀沉水植物物种时，应在本土土著物种或者历史上曾经有过的物种里选择。不同的沉水植物对水体环境的耐受能力是不同的，应该根据不同沉水植物的适合生长条件，在不同季节、不同水深、不同区域选择不一样的沉水植物进行恢复，也要注意沉水植物的耐污力、净化力、经济观赏性，按照水体环境的变化，形成环带状分布的沉水植物群落，为白洋淀后续沉水植物净化提供基础，部分沉水植物生长特性如表 4-6 所示。

表 4-6 部分沉水植物生长特性

学名	生长季节	深度	沉水植物选择依据
菹草	春冬	250～300cm	污染程度较低的水域
穗状狐尾藻	春冬	≥160cm	净化能力较好
篦齿眼子菜	夏秋	30～200cm	重富营养
竹叶眼子菜	夏秋	深水水域	有一定净化能力
黑藻	夏秋	40cm 左右	净化能力较好
金鱼藻	春夏	>250cm	重富营养
苦草	春夏秋	<150cm	适应性较强，先锋植物
轮藻	春夏	—	净化效果好，是沉水植物中最适宜在水位较深的环境中生长的种类

沉水植物适宜在水流速度较缓且水质较清澈的水体中生长，因此，沉水植物应该在其他植物种植后引种。若引种的是沉水植物幼苗，则水深不易过深，范围在 0.5～1.5m。扎根浮水植物种植区域应与沉水植物错开，以免遮挡阳光，不利于沉水植物的生长。

4.4.2 水生植物配置分析

　　根据藻苲淀湿地的功能区划分，可大体分为 3 个区域：核心区、入淀缓冲区、示范工程区。根据湿地的功能实现，可利用 4 种群落恢复模式：生产经济型、生态保护型、景观美化型、综合效益型。采用因地制宜的原则，每个区域可以选择一种或几种配置模式。

　　针对藻苲淀上游来水府河的水质特征，考虑季节性气候变化，在劣 V 类水质区域，应用以下主要配置方法：挺水植物以芦苇、灯心草为主，沉水植物以穗状狐尾藻和金鱼藻为主作为先锋种，以黑藻作为辅助种，水质提升过程中，完善水生植被群落类型，逐渐恢复水生植被种类多样性，其他植物群落配置如表4-7所示。在水深 0～60cm 范围内种植挺水植物，种植面积控制在单位面积的 10%～15%；在水深 100cm 以上范围内种植沉水植物，生物量控制在 950～1000g/m³。株长为 25～30cm 的穗状狐尾藻种植密度在 10～15 丛/m²；株长为 20～25cm 的金鱼藻种植密度在 5～10 丛/m²；株长为 25～30cm 的黑藻种植密度在 12～18 丛/m²。菹草生物量控制在 4700～5000g/m³，其种植密度在 10～15 丛/m²。

表4-7　冷暖季植物群落配置

群落类型	优势种	伴生种	适宜水深 /m	净化效能	种植密度 /[株（丛） /m²]
芦苇群落	芦苇	荻、稗草	0.2～0.5	COD$_{Cr}$、N、P、SS 去除能力均较强	5～10
水烛群落	水烛	槐叶萍、水鳖、篦齿眼子菜	0.15～0.8	COD$_{Cr}$、N、P、SS 去除能力较强	5～10
菖蒲群落	菖蒲	浮萍	0.3～0.7	P 去除能力较强	5～10
灯心草群落	灯心草	车前草、华夏慈姑	0～0.2	NH$_3$-N 去除能力较强	10～15
菰群落	菰	水烛、紫萍	0.15～0.2	重金属、N、P	6～9
黄花鸢尾群落	黄花鸢尾	泽泻、华夏慈姑	0.1～0.15	总体净化能力较弱	10～15
水芹群落	水芹	泽泻、华夏慈姑	0.06～0.3	N、P	15～20
荆三棱群落	荆三棱	华夏慈姑、水芹	0.1～0.3	N、P	16～22
华夏慈姑群落	华夏慈姑	泽泻	0.1～0.2	TN	10～13
莲群落	莲	金鱼藻、槐叶萍、水烛	0.3～1.2	N、P、降低 pH	1～2
芡实+欧菱群落	芡实、欧菱	金鱼藻、槐叶萍、水鳖	2～3	N、P	0.25
荇菜群落	荇菜	槐叶萍、紫萍、金鱼藻	0.2～1	N、P、重金属、有机污染物	10～15
水鳖群落	水鳖	槐叶萍、金鱼藻	0.3～0.6	N、P、铅	10～15
紫萍+槐叶萍群落	紫萍、槐叶萍	金鱼藻、水鳖、荇菜、水烛	1～1.5	重金属、营养盐、有机物、N、P	100～150

群落类型	优势种	伴生种	适宜水深 /m	净化效能	种植密度 /[株（丛） /m²]
金鱼藻群落	金鱼藻	水烛、荇菜、水鳖、莲	0.5~1.5	NH_4^+-N 等无机氮	10~15
微齿眼子菜群落	微齿眼子菜	穗状狐尾藻、黑藻	0.5~5	N、P	10~15
小茨藻群落	小茨藻	金鱼藻、紫萍、水烛	0.5~1.5	N、P	10~15
大茨藻群落	大茨藻	小茨藻	0.5~1.5	综合净化能力较强	10~15
竹叶眼子菜群落	竹叶眼子菜	穗状狐尾藻、黑藻	0.5~3.5	N、P	10~15
穗状狐尾藻群落	穗状狐尾藻（聚草）	微齿眼子菜、水烛	0.5~1.5	综合净化能力强	10~15
篦齿眼子菜群落	篦齿眼子菜	穗状狐尾藻、水烛、槐叶萍	0.5~1.5	N、P	10~15
黑藻群落	黑藻	竹叶眼子菜、大茨藻、金鱼藻	0.3~1.5	综合净化能力强	12~18
狸藻群落	狸藻	黑藻、穗状狐尾藻	0.5~1	综合净化能力较弱	15~20
酸模叶蓼群落	酸模叶蓼	红蓼、两栖蓼	0.1~0.5	N、P	2~4
菹草群落	菹草	—	0.5~2	铅、锌、铜、砷	10~15

4.4.2.1 示范工程区的群落配置

示范工程区具有示范作用，囊括了藻苲淀湿地的主要生境类型，是整个淀区生境条件的缩影。示范工程区也可称为试验区，作为验证对象，验证所采用的水生植物群落模式是否合理，是否能达到完善湿地生态系统的目的。因此示范工程区采用综合效益型群落配置模式。综合效益型群落配置模式集合了生产经济型、生态保护型、景观美化型群落模式的特点，兼顾了多方面的需求。

经济水生作物按照生产经济型模式配置，将此类植物划分到某一限定区域，在限定的区域发挥其经济价值，在此处区域与其他区域间采用植物划分隔离带，达到既不影响其他区域的环境质量，又能取得经济效益的双重收益的目的。藻苲淀湿地的经济水生作物包括芦苇、莲、欧菱、芡实、灯心草、荆三棱等，莲的种植环境在淤积的底泥中，此类底泥氮、磷及有机物含量高，因此需做好分离带。芡实与菱生长环境类似，因此可将莲、欧菱、芡实共同配置。

景观美化型群落配置模式兼顾四季美景，强调美学和色彩搭配。春季以嫩绿为主打色彩，低温季节大部分水生植物处于萌芽阶段，因此选择冷季植物菹草，4月、5月生长旺盛，大有"水下森林"之势。夏季色彩斑斓，选择呈现多样化，主要依靠挺水和浮水开花植物装点。挺水植物选择黄花鸢尾、菖蒲，浮水植物选择莲、荇菜。

4.4.2.2 入淀缓冲区的群落配置

入淀缓冲区作为进入白洋淀主淀区的入淀口,起着二次污染缓冲带、污染物截留区的作用,对二次提高入淀水质起着不可或缺的作用。因此入淀缓冲区的水生植物群落配置以污染物截留、发挥水质净化效能为主,选用生态保护型群落配置模式。选择植物时,充分考虑植物的净化效能优势,针对污染物类型、污染特殊点、污染负荷、污染面积、污染水量,进行特殊性配置。入淀缓冲区的群落配置还要考虑物理环境的因素,如风浪、水流速度、风向、敞水面积、水深、光照强度等。

挺水植物群落选择酸模叶蓼群落、芦苇群落、水烛群落;沉水植物选择金鱼藻群落、穗状狐尾藻群落、大茨藻群落、小茨藻群落、眼子菜群落;浮水植物选择紫萍群落、槐叶萍群落、荇菜群落。3 种生活型的水生植物形成上中下垂直水平的空间分布,并且围绕边缘带呈环状分布。

4.4.2.3 核心区的群落配置

核心区属于人迹罕至区,其水生植被资源相对较完整,只需补种物种,增加物种多样性,管理上控制植物生物量、植物蔓延趋势即可。因此核心区的群落配置方式选择生态保护型和景观美化型。核心区作为湿地种子库,主要作用在于保留整个湿地的物种资源,维持淀区的物种多样性。并且核心区处于湿地腹地,污染程度是整个湿地最轻的,因此对于一些清洁种,也可生存。此区域的群落配置除了注重多样性,还要注重种间搭配、种间竞争,应将空间侵占能力强的物种以一定程度的人工手段加以干预控制,避免植物演替过程中被灭绝的风险。此区域以补种为主,以增加植被多样性为目的。

挺水植物选用的群落包括灯心草、菰、荆三棱、水芹、华夏慈姑等;沉水植物群落包括狸藻、大小茨藻等;浮水植物选择紫萍等。

4.5 系统参数对水质净化效果的影响

为达到较好的出水效果,实现较好的生态恢复效果,本研究探讨了进水污染负荷、水力停留时间、平衡收割、水位以及水深 5 个系统控制管理参数。系统参数对维持湿地稳定具有十分重要的作用,也是影响整体出水水质的关键要素。一方面,合理的系统参数有助于维护湿地环境的稳定性,帮助湿地植物生物量快速增长,实现湿地的生态稳定;另一方面参数会直接影响湿地的整体出水水质,影响湿地整体的水质净化目标。

4.5.1 进水污染负荷的影响

通常考虑到实际的湿地系统承载力,控制合理的污染负荷条件。较高的污染负荷会冲击已经稳定的湿地系统,对湿地内各种动植物以及微生物群落的正常生长和活动产生极大的影响,并且还会对出水水质产生极大的影响。水质污染负荷的改变也会对湿地内优势沉水植物群落的演替产生显著影响。随着湿地建成,水质持续改善,藻苲淀恢复植物优势度的改变也会对整体湿地景观和出水水质产生十分明显的影响。因此探明藻苲淀湿地在不同污染负荷条件下的响应成为工作的必要环节。

4.5.1.1 污染负荷对挺水植物净水影响

本研究对高低污染负荷条件下挺水植物的处理效果进行了讨论。实验设置空白对照组和芦苇组,采用高（COD_{Cr} 为 80.0mg/L, TN 为 10 ~ 13mg/L, NH_3-N 为 6mg/L, TP 为 0.5 ~ 0.8mg/L）、低（COD_{Cr} 为 30.0mg/L, TN 为 7 ~ 8mg/L, NH_3-N 为 3 ~ 4mg/L, TP 为 0.1mg/L）两种污染负荷进水,探讨了模拟湿地对 COD_{Cr}、TN、NH_3-N、TP 的处理能力。

在低污染负荷条件下, COD_{Cr} 进水浓度为 30.0mg/L, 出水浓度达在 32 ~ 40mg/L, 虽有一定的上升,但稳定达到了地表Ⅳ类水标准;TN 进水浓度为 7 ~ 8mg/L, 出水浓度在 5.2 ~ 6.0mg/L, 处理效率约为 25%, 处理效率偏低;NH_3-N 进水浓度为 3 ~ 4mg/L, 出水浓度在 2.6 ~ 2.8mg/L, 处理效率约为 25%, 处理效率偏低;TP 进水浓度为 0.1mg/L, 出水浓度稳定在 0.02mg/L 左右,达到了地表（湖、库）Ⅱ类水标准。

在高污染负荷条件下, COD_{Cr} 进水浓度为 80.0mg/L, 出水浓度在 27mg/L 左右,达到了地表Ⅲ类水标准;TN 进水浓度为 10 ~ 13mg/L, 出水浓度在 5.2 ~ 6.0mg/L 范围内,处理效率约为 51%, 处理效率相对较好;NH_3-N 进水浓度为 6mg/L, 出水浓度在 2 ~ 3mg/L 的范围内,处理效率约为 60%, 处理效率相对较好;TP 进水浓度为 0.5 ~ 0.8mg/L, 出水浓度稳定在 0.4mg/L 以下,达到了地表Ⅴ类水标准,处理效果不佳。

综上可见,高污染负荷条件下挺水植物体系对整体湿地的处理效果更好（TP 除外）,低污染条件下相对较差。随着淀区水质的改善,沉水植物系统构建显得更加重要。

4.5.1.2 污染负荷对沉水植物净水影响

本研究为探明不同污染负荷对沉水植被体系的影响,优选金鱼藻、黑藻和穗状狐尾藻 3 种沉水植物作为实验对象,构筑连续流模拟湿地装置,保持水力停留时间为 5d, 水温保持在 25℃左右,水体 pH 为 7 ~ 8, 保持水体 DO 在 4 ~ 6mg/L, 采用高低两种污染负荷,探究不同进水污染负荷条件出水效果,同时探究了两种负荷对沉水植物的影响。

研究显示 COD_{Cr} 出水浓度始终在 3.54 ~ 36.12mg/L, 各处理组平均削减率均在 40% ~ 50%。各组高低负荷 NH_3-N 出水浓度基本都在 1mg/L 以下,高低负荷 TN 的削减率也能达到 40%, 各组高低负荷 TP 也基本都达到 0.3mg/L 以下,削减率均能达到 50%。实验结果表明设置的进水条件是相对适宜的,无论高低污染负荷,完全有能力达到对上游来水的有效净化。

研究中发现,高污染负荷反而更有利于部分沉水植物的生长。绿色植物的植物色素是其有机物生产能力的代表,其色素浓度的高低直接代表了植物生长水平的高低,色素含量越高,其生产能力越强。通过叶绿素含量的分析发现在现有前提条件下,低污染负荷反而更有利于根系植物黑藻和穗状狐尾藻的持续生长,在污染负荷条件转变的过程中,金鱼藻的长势逐渐下降,优势度开始被另外两种沉水植物取代。

4.5.2　水力停留时间的影响

水力停留时间是指水体在湿地内实际停留时的时间长短，是水质净化处理的重要参数，较长时间的水力停留时间会降低湿地的处理效率，增加建设维护成本，且难以应对上游水量突变的情况，而较短的水力停留时间最有可能造成出水水质较差且不稳定。为节约维护成本，降低人工对湿地的干预程度，计划合理的水力停留时间十分重要。

本研究为探究不同水力停留时间对湿地处理能力的影响，在 6h、12h、24h、72h 和 120h 的水力停留时间条件下，探讨了模拟湿地（挺水植物芦苇和沉水植物金鱼藻、黑藻与穗状狐尾藻）对 COD_{Cr}、TN、NH_3-N、TP 的处理能力。

在不同水力停留时间下，各组 COD_{Cr} 的出水较为稳定，进水浓度为 32.0 ~ 38.0mg/L，出水浓度为 25.0 ~ 30.0mg/L，达到地表Ⅳ类水标准。由于 COD_{Cr} 降解速率较快，在不同水力停留时间下，其出水浓度并没有较大变化，但随着水力停留时间的增加，各组之间的差异逐步减小。

TN 进水浓度约为 3mg/L，在 5 个不同的水力停留时间条件下，TN 的去除率随水力停留时间的降低而降低。水力停留时间为 24h 时，出水浓度能达到Ⅳ类（湖、库）水标准，去除率最高可达 80%。而对不同水力停留时间，氨氮的去除较为简单。进水浓度为 0.6 ~ 1.2mg/L 时，水力停留时间增加，则各组去除率均有所增加，去除率最高可以增加 35%。对 TP 而言，进水浓度在 0.1 ~ 0.2mg/L，不同组别的削减率随着水力停留时间增加而逐渐增加，这与湿地去除磷的主要途径有关。湿地除磷途径主要是依靠沉积物和水体颗粒态物质的吸附与沉积，因此时间越长也就越有利于水体中 P 的去除。

4.5.3　平衡收割的影响

4.5.3.1　平衡收割理论基础

平衡收割是为了避免植物残体造成的内源污染，在尽可能保证湿地水质净化功能的前提下收割过量生长的植物，将水中污染物彻底从湿地系统中清除，对湿地植物生长演替进行管理的一种技术。平衡收割不仅是将水生植物蓄积的氮、磷等污染物从湿地中去除的必要手段，而且是降低植物入侵和蔓延的生态风险、控制植物生物量、促进本底植物生长演替的重要手段，同时收割获得的生物质可以再次进行资源化利用。平衡收割的作用主要体现在 3 个方面：污染清除、维持净水能力以及影响植被演替。

1）污染清除

水生植物提高湿地水质净化能力主要集中于两个方面。一是通过与微生物的耦合作用机制清除湿地污染物，这种方式能将 COD_{Cr} 及氮化物这些污染物以 CO_2、N_2O 或 N_2 的气态形式永久地从湿地中清除。二是指植物直接从沉积物或水中将氮、磷等物质吸收转化成为植体，但这种方式相当于是将氮、磷等污染物存储在植物体内，待植体凋亡浸入水中又会重新释放，污染水体。故平衡收割就是将存储在植物体内的污染物质彻底清除出湿地的有效手段，进而防止由于季节变换或外界干扰造成的植体内源污染。

2）维持净水能力

湿地植物生长快速，但也存在生长阈值。研究表明，当水生植物生长到一定程度时，其净水能力就会开始逐渐减弱，适当地进行平衡收割能很好地维持植物的净水功能。平衡收割短期内或许会降低植物功能，降低湿地的水质净化能力，但有助于改善后续的净化能力。研究表明，当沉水植物生物量密度增加时，对于 NH_3-N 净化效果会显著下降，进行植物体收割后，虽然水质在 5~8d 内会有一定程度的下降，但随后植物体的 NH_3-N 净化能力会逐渐恢复或高于收割前的水平。

3）影响植被演替

平衡收割对季节性植物演替具有重要意义。湿地适宜植物生长的地区，水生植物生物量通常特别巨大，能达到水底无空地的程度，因此在季节交替期间，做好暖季水生植物的收割收获不仅有助于避免大量植物的枯落物腐败带来的内源污染问题，同时也能为冷季水生植物提供更多的生态位，促进冷季植物的生长。对于多年生水生植物，通常可实现一年种植，多年收割收获，只对生长较差的区域进行补种即可。

平衡收割作为配合手段，主要在秋冬季暖季水生植物凋亡时，次年夏季冷季水生植物凋亡时进行。冷暖季水生植被种植交替方法可分为两种：原地交替和异地交替。原地交替指对开始衰败的暖季水生植物进行全部收割打捞，再种植冷季水生植物；异地交替指根据冷季水生植物的生长季节，在未种植区域进行冷季水生植物的栽培，待暖季水生植物逐渐衰落后再移植。

4.5.3.2 平衡收割管理策略

本研究探究了平衡收割对湿地水处理能力的影响，探讨了不同生物量条件（低 0.1g/L、中 0.5g/L、高 1.0g/L）的沉水植物金鱼藻、黑藻和穗状狐尾藻对氮、磷的处理能力在平衡收割影响下的变化。穗状狐尾藻等植物中总氮、总磷含量约为 2.62%、0.29%，经过 30d 的生长期收割后，收割鲜重如表 4-8 所示。

表 4-8 30d 后植物平衡收割鲜重

植物类型	生物量梯度/（g/L）	初始生物量鲜重/g	收割鲜重/g	理论氮去除量/g	理论磷去除量/g
穗状狐尾藻	0.1	96.81	123.14	3.23	0.36
	0.5	496.78	153.69	4.03	0.45
	1	976.23	129.66	3.40	0.38
金鱼藻	0.1	99.78	148.28	3.88	0.42
	0.5	495.45	204.81	5.37	0.59
	1	983.12	194.20	5.09	0.56
黑藻	0.1	101.21	359.57	9.42	1.04
	0.5	489.25	259.32	6.79	0.75
	1	981.61	224.90	5.89	0.65

1) 对氮的净化效果影响

收割前三种沉水植物的氨氮去除效率都呈下降趋势，甚至表现为 NH_3-N 释放（图4-6）。收割后金鱼藻和穗状狐尾藻 NH_3-N 净化能力恢复较好，黑藻的恢复则并不显著。高密度生物量的穗状狐尾藻收割后净水水平恢复较快，生物量水平对其他两种植物平衡收割产生的影响并不显著。

对 TN 而言，平衡收割后的 TN 去除效率都有明显的下降，收割后的恢复过程中，高密度生物量的穗状狐尾藻表现出较好的恢复效果，而其他植物的恢复效果并不显著，且并未表现出明显的规律性（图4-7）。植物收割后其光合作用减弱，产氧输氧作用减弱造成的微生物功能减弱是 TN 去除率恢复效果较差的主要原因。

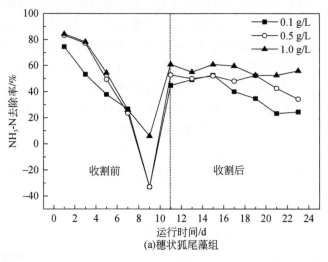

(a)穗状狐尾藻组

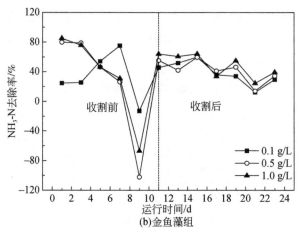

(b)金鱼藻组

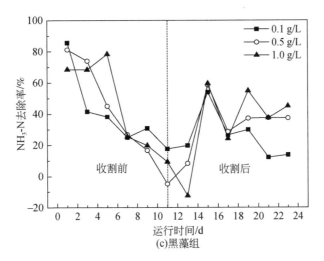

(c)黑藻组

图 4-6　NH$_3$-N 去除率变化

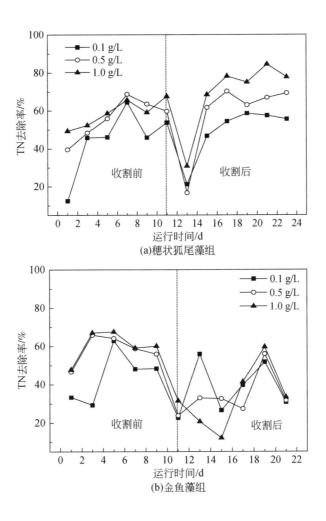

(a)穗状狐尾藻组

(b)金鱼藻组

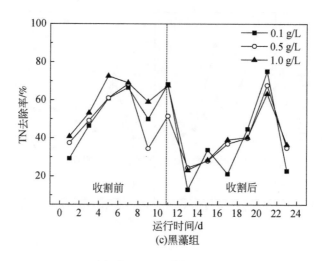

图 4-7　TN 去除率变化

2）对磷净化效果影响

穗状狐尾藻净化系统 3 个生物量梯度收割前后 TP 去除率随运行时间的变化如图 4-8（a）所示。收割前，TP 的去除率处于上升态势，收割后，去除率迅速下降，从 70.99% ~ 77.09% 下降至 26.38% ~ 39.18%。5d 后，TP 去除率逐渐升高，9d 后，去除率高于收割前，去除率逐渐稳定。金鱼藻净化系统 TP 的去除率变化趋势同穗状狐尾藻基本一致，且两种植物生物量越高恢复后去除能力越强 ［图 4-8（b）］。黑藻系统 TP 去除率收割前一直处于上升状态，收割后去除率迅速下降，5d 后去除率达到收割前水平 ［图 4-8（c）］。表明平衡收割并不利于黑藻系统的净化效果的提高。

穗状狐尾藻、金鱼藻和黑藻在生长密度大时，对于 NH_3-N 净化效果尤其不利，经过平衡收割后，会引起水体短暂性的水质下降，5 ~ 8d 植物体可恢复到收割前的去除率，甚至高于收割前。植物生物量对金鱼藻和黑藻的 TN 净化效果影响较大，对穗状狐尾藻的影响较小，穗状狐尾藻可在 5 ~ 8d 恢复此前的净化效果，金鱼藻和黑藻则需要更长时间。对 TP 而言，平衡收割则会降低植物的净化能力，收割后需要 5 ~ 9d 恢复植物的生长净化能力。综上可知，平衡收割对植物 TN 净化效果影响最为显著，对 NH_3-N 和 TP 则仅需 5 ~ 8d 即可恢复原始水平，且净水功能会较为稳定。

4.5.4　水位高度影响

湿地中的水位很少保持一成不变，短期的自然力影响，如风驱动振荡、骤然的暴雨等因素都会造成水位的短期变化，长期而言湿地水位在年内、年际和年代际的时间尺度上也会由于气候变化、季节影响而造成波动。水位可以说是影响湿地生态功能最显著的因素，研究表明在浅水湖泊的湿地中，水位波动会对水生植物的物种多样性和覆盖率产生极为敏感的影响，较高的水位会增加水体的缺氧程度，同时会降低植物光利用效率，较低的水位会直接导致水生植物暴露在裸地，无法适应生长而快速死亡。事实上，适度范围内的水位

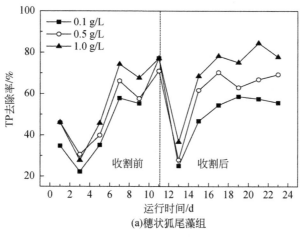

(a)穗状狐尾藻组

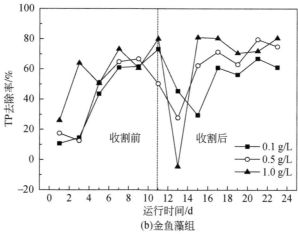

(b)金鱼藻组

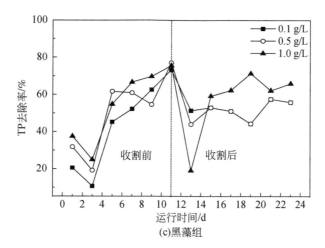

(c)黑藻组

图 4-8 TP 去除率变化

波动并不会降低湿地的生物多样性水平，已经有研究发现湿地中过于稳定的水位反而会降低物种多样性。

沉水植物由于完全生活于水中，水位波动对其带来的影响最为显著。沉水植物的光获取与水的透光率息息相关，当水位较高时，水体透光会降低从而抑制沉水植物生长，降低沉水植物的净水效果，同时也会间接地增加浮游藻类的竞争优势，加大富营养化的风险。对白洋淀而言，随着上游生态补水和退耕还淀的推进，淀区水位会逐步升高，淹没多数裸地，增加现有水位高度，这对长期中度富营养化的白洋淀水生生态提出了挑战。因此本研究就水位波动对沉水植物的影响进行了实验探究，为白洋淀地区生态补水提供一定的指导。

4.5.4.1 水位对苦草生长影响

苦草是白洋淀20世纪80年代的优势种（图4-9），近年来随着入淀污染物的增多，苦草群落逐渐衰亡，在调查中发现苦草仅在部分淀区作为伴生种出现。恢复白洋淀地区生态，苦草是本次修复工程中的重要沉水植物，作为以往主要的沉水植物优势种，苦草对水位波动具有非常高的敏感性，对水质改善后的白洋淀也具有较高的适应性，故本研究采用苦草作为检测水位波动影响的主要植物。研究中主要探讨了水深及水位的波动对水生植物的影响。

图4-9 苦草

苦草，水鳖科苦草属，又称扁草，为多年生沉水草本植物，无茎，叶长通常在0.2～2.0m，宽0.5～2.0cm，主要分布于我国河北、吉林、山东等地。研究发现苦草对水中氮、磷及重金属均具有一定的去除效果，对沉积物中的有机质也有较好的削减效果。苦草易受水环境因子的影响，常用作环境监测植物，对富营养化水体具有一定的耐受性。

1）实验方法

实验装置为高165cm、直径150cm的1个加厚塑料桶，底部设置一个孔径6cm的出水口，用于排放桶中存水。实验开始前，选取采自端村大小一致、株高40～50cm的苦草种植于铺有约10cm底泥的塑料盆（直径15cm、深20cm）中，底泥采用端村底泥。将种植苦草的塑料盆用绳子垂挂在不锈钢管上，通过调整垂挂深度模拟水深变化、改变下降速率模拟水位波动速率。设置6个处理组，其中3个处理组命名为直降组，即在实验期间直接下降到指定高度（水下 80cm、120cm 和 160cm），记为直降-80、直降-120 和直降-160；其余 3 个处理组命名为缓降组，即在实验期间以一定速率下降到指定高度（水下 80cm、120cm 和 160cm），记为缓降-80、缓降-120、缓降-160（速率分别为 6.6cm/5d、13.3cm/5d、20cm/5d）。各处理组均在水下 40cm 预培养 5 天，设置 1 个花盆始终处于水下 40cm 处作为对照组，花盆中种植 6 株苦草。在实验开始后，所有处理组向深水处波动，波动频率为 5d/次。实验开始前测量每株苦草的叶片数、根长、株高、生物量等指标。以后每周测定所有植株的叶片数，每 15d 测定所有植株的分蘖数、株高、叶宽，并在实验结束后拔出所有植株测定其生物量及根长，所有测得的数据求其平均值作为该处理组的最终数值。实验水样是在白洋淀水质监测的基础上模拟配制的，水样初始浓度如表 4-9 所示。

表 4-9　供试水样初始浓度　　　　　（单位：mg/L）

水质指标	浓度
TN	4.5
TP	0.4
NH_3-N	1.7
COD_{Cr}	40

2）水位对苦草叶片数的影响

对于直降组，直降-160 的苦草叶片数表现为先增加后减少，显然高水位可能会影响苦草的正常生长。对于缓降组，随着水位波动幅度的增大，苦草叶片数降低，实验结束后缓降-80、缓降-120、缓降-160 叶片增加率分别为 78%、69%、63%，呈下降趋势，所有处理组叶片增加率均超过总叶片数的一半。直降-80 的苦草叶片数总体呈上升势头，其增长速度逐渐变小且低于直降-120 处理组，说明光照强度过强也会给苦草的生长造成影响。在其他研究中也说明苦草受到较高能量的光照时，叶片会减少（黎慧娟等，2008），跟本研究的研究现象类似。

水位波动对挺水植物和沉水植物的影响并不一致，有研究发现在水位波动时，芦苇的生物量会显著降低，水位波动导致的低资源分配效率是产生这一现象的主要原因（马赟花等，2013）。本实验的苦草却在缓降-80 处理组的长势优于直降-80 处理组，主要是由于沉水植物浸没于水体中，资源可以快速在沉水植物体周转，使苦草成为水位波动的受益者。这一结论与杨永清（2003）的研究结果类似。

研究发现，水位骤然变化超过 1.2m 时会对苦草生长产生显著的抑制，而缓慢的水位变化给予了苦草生长充足的适应时间，并且在缓降组可以看出适量的水位波动反而有助于苦草的生长，多数研究也证实了这一现象。

3）水位对苦草分蘖数的影响

水位对苦草分蘖数的影响如图 4-10 所示。直降组在实验的 30d 内分蘖数逐渐增加，但增幅较小，而缓降组却呈现先增加后减少的趋势，说明大幅改变水位会严重影响沉水植物生长，但植物在适应环境后会缓慢生长。而缓慢改变水位（缓降组）会使沉水植物随着时间的延长而生长受到抑制。对于直降组，直降-120 处理组分蘖数的增幅最为明显，说明苦草的最适宜水深为120cm。对于缓降组，缓降-80处理组分蘖数的增幅最为明显，说明水位波动速率越小，越适合沉水植物生长。但与对照组相比可见，剧烈的水位波动会显著降低分蘖数，而水位缓慢变化在80cm以内时并不会对苦草分蘖数产生显著影响。

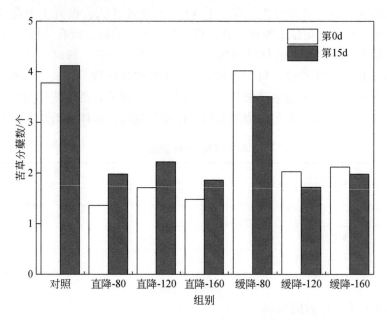

图4-10 水位对苦草分蘖数的影响

苦草的分蘖数跟着水深的增加逐渐减少，这是由于随着水深的增加，植株可接收到的光照逐渐降低，苦草通过自我调整来使自身适应逆境环境，调整自身根茎叶的分布来维系自身正常生长。研究表明，植物体为了寻求自身必需的资源可以改变其表型。在不同的生存条件下，一些克隆植物可以通过"觅食行为"从自身形态上做出"觅食反应"（Brian，1990；陈冰祥，2017）。在本实验中，由于水位波动，苦草生活在不同的水深环境中，可接收到的光照及可获得的溶解氧等环境因子都不相同，无论是直降组还是缓降组，分蘖数都随着水深逐渐减少，这是因为随着光照强度的逐渐降低，苦草将更多的能量分配给植株使其增长来获取更多光能，这样只有较少的能量分配给苦草的增殖，从而分蘖数逐渐减少。

4）水位对苦草酶活性的影响

植物器官会在严峻的水体环境下受到胁迫，这时机体会产生膜脂过氧化作用，最终生成丙二醛（malondialdehyde，MDA），MDA的含量能够反映出植物受到胁迫的程度。从缓降组可看出［图4-11（a）］，苦草叶片中MDA含量随着水位波动速率的升高而逐渐升高，在缓降-160处理组中达到最大值，为40.54mmol/g鲜重。对于直降组而言［图4-11（a）］，植株叶片中的MDA含量在直降-120处理组中达到最小值，为26.5mmol/g鲜重，说明此时的水环境更适合苦草的生长发育。同时在研究中发现，相较水位相对稳定的对照组，直降或缓降120cm以内的波动水位中植物MDA值反而显著减小，可见波动水位或有助于沉水植物的生长。

作为膜脂过氧化防卫系统的重要保护酶，超氧化物歧化酶（superoxide dismutase，

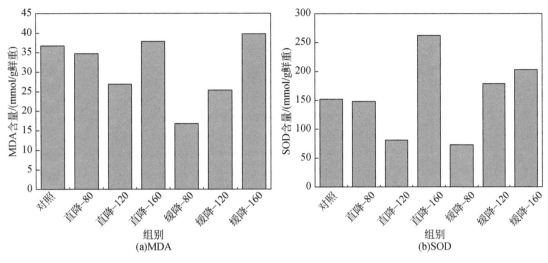

图 4-11 水位对苦草酶活性的影响

SOD）能够催化活性氧来产生歧化反应，产生无毒害过氧化氢和分子氧，保护植物不受损害。缓降组苦草叶片 SOD 的含量变化走势与 MDA 的变化走势一致，缓降组同样在缓降-160 处理组中达到最大值，含量为 204.36mmol/g 鲜重。直降组苦草叶片中的 SOD 含量同样在直降-120 处理组中达到最小值，为 85.29mmol/g 鲜重。

无论是 MDA 含量还是 SOD 含量，直降-80 处理组均比缓降-80 处理组要高，说明在 80cm 水深的范围内，适宜的水位波动反而更适合苦草的生长。植株遇到逆境时会有完整的调节系统来适应恶化的环境，以此来平衡稳定自身生长。在本实验中，缓降组苦草叶片的 MDA 含量随着水位波动幅度的变大而逐渐增大，说明随着波动幅度增加，胁迫增强，由此受到的生长抑制也越明显。

5）水位对苦草色素的影响

植物色素含量受光照影响比较明显，在光合作用中能够起到吸收光能的作用，是显示植物光合作用大小的主要因子。在水位波动的影响下，各处理组苦草色素含量如图 4-12 所示，缓降-80、缓降-120、缓降-160 处理组苦草色素含量随着水位波动速率的增加而逐渐增加，且色素含量均大于对照处理组的含量，说明苦草可以通过增加色素的含量来适应水位上升。对于直降组，直降-80、直降-120、直降-160 处理组的色素变化趋势均为先增加后降低，其中直降-120 处理组色素含量最高，直降-160 处理组则最低，类胡萝卜素的变化幅度并不大。苦草在适当的弱光处理下有利于增加色素的含量。直降-160 处理组光照过低，苦草的生长受到弱光抑制，这可能引起苦草叶片活性降低，从而使得植株的色素部分分解，进而实验表现为直降-120 处理组色素含量最高。

4.5.4.2 水位恢复策略

1）逐步提高水位

白洋淀流域目前整体的生态水量不满足基本的环境需水量，主要原因一是地表径流呈

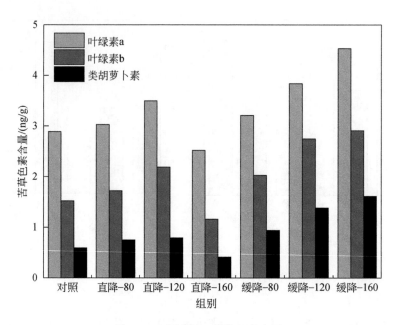

图 4-12　各处理组苦草色素含量

逐渐减少趋势，二是白洋淀部分区域水资源开发利用过度。所以，理应对白洋淀补充水资源，但若是短时间内快速地提高水位，水体的透光度就会快速降低，现有的植物就会很难适应新水位，导致水生植物的快速消亡。根据本研究进行的水位波动对苦草的生长影响实验，建议白洋淀在提升水位时，波动的速率越小越好，以使沉水植物有足够的时间来适应水环境的变化。

2）季节因素考虑

白洋淀当前最大的水资源补充是降雨，但是雨水的 76%~86% 都分布在夏季汛期，所以淀区水量丰沛与否与流域内的降水量有密切关系。在冬季枯水季时，水量减少、水域面积减小、水生植物与动物物种多样性降低，但是由于冬季淀区冷冻结冰，此时并不适合补水来提高水位。夏季雨水充沛，地表径流增加，此时也不需额外补水。春季水位抬升会对沉水植物幼苗产生明显的抑制效果，因此也不适合在此时补水。所以我们建议白洋淀在补水时应遵从现状以及沉水植被恢复规律，最好在秋季进行补水来提高水位，并且补水速率不高于 6.6cm/5d。

3）特殊情况的紧急调水

白洋淀水资源的逐渐减少，不仅是自然原因导致的，人类经济的快速发展导致的工农业用水的需求量逐渐增加是导致白洋淀水位下降的重要原因。因此在工农业用水的高峰期，需要紧急调水，在紧急调水期间不能打破沉水植物的水环境平衡，水位波动的范围不应超过 80cm，以此来保证水生植物的正常生长。

4）分区块修复

对于中、重富营养区域，可以进行分区修复，即将重污染区划分为更细的小区块，以临时性围隔的方式将其隔离开，将围隔内的水位调整到适合伴生种生存的高度，为伴生物种的生存提供条件，以此进行沉水植物的栽培和修复工程。在伴生物种种植完成后，再逐步将围隔内的水位还原到淀区原来的水位，等到围隔内伴生物种大部分存活并且覆盖度较高、水环境逐渐稳定时，再将围隔拆除。在使用围隔修复时，必要时可以用到 4.6 节沉水植物栽种技术选择中提到的渐沉式沉床移栽法，以此达到更好的恢复效果。

4.6 植被系统恢复与维护

1）挺水植物

挺水植物的恢复应尤其注意水位，比如菖蒲，在幼苗期其水位在 0.15 ~ 0.30m，成苗后，水位可逐渐加深到 0.50 ~ 0.80m。其次注意的是地形，首次种植前应进行地形微整理，芦苇等挺水植物适宜生长在坡度较缓的岸堤或者台地。挺水植物种植方式（以芦苇为例）包括：分根移栽（每年 3 月下旬 ~ 4 月上旬）；压青苇子法（下雨天）；带根移栽法（芦苇高度 0.5 ~ 0.6m）。

2）浮水植物

浮水植物生长能力较强，种植方式一是采用种子播种法，二是直接从别处引种。浮萍需要强光，却惧怕高温，25℃较为适宜，因此引种时应注意温度。另外还要注意与其他生活型植物的竞争优势，浮水植物一般独自在一片区域或者穿插在挺水植物之间生长，不可引种在沉水植物上方，以免遮挡阳光，影响沉水植物的生长恢复。

3）沉水植物

扦插法：将植株的某些营养器官插入底泥，成活后形成独立生命体的种植方法，简单易行、成功率高，在短时间内就可以形成大苗，适合水深较浅、底泥松软的环境。

沉栽法：将植物的根部或接近根部的部分用黏度较大的湿土包裹起来，再将植株放入水体。若是该地风浪较大，则要在包裹内添加石子，来增加重量，使之不容易被风浪或者水流冲散。简单易行，适合水深较深、底泥较硬的环境，当植株本身枝条较脆时也可采用此方法。

播种法：将沉水植物种子直接播撒到水体中的栽种方法。简单易行但成功率低，适合透明度高、水质较好且水生动物较少的区域。

半浮式载体移栽法：先将沉水植物栽种到营养钵上，再随着沉水植物的成长，将载体缓慢沉降，最终沉入水底。适合于水深较深、透明度低的水环境。在大面积的水域中此方法并不现实，但可以在白洋淀污染较严重的小面积淀区使用。

渐沉式沉床移栽法：利用植物沉床装置，将沉水植物逐渐沉入水底，弱化光照的影响，分层改善水质，最终创建沉水植物群落。适用于透光度低、水位较高及底泥污染严重的水体。和半浮式载体移栽法一样，该方法并不适合大面积水域，且成本较高。

经过对比得出，藻苲淀淀区可采用存活率高的扦插法、沉栽法等来增加伴生种的竞争力，半浮式载体移栽法或者渐沉式沉床移栽法也可以在藻苲淀地区小面积水域使用。

4）平衡收割

一方面，平衡收割可保持植物快速的生长速度，提高植物氮、磷富集速度；另一方面，植物衰亡后，通过收割可避免植物枯体腐烂引起的内源污染问题。平衡收割作为维持湿地正常运行的主要手段，贯穿于冷暖季两季水生植物的整个生长期。平衡收割主要利用水草收割船进行收割打捞。沉水植物的整个发育期在每年的 4~12 月，当沉水植物漫过水面时进行收割。收割频次依据植物的生长速度确定，植物生长旺盛期的 6~9 月，收割频次为一月 1~2 次，其余时间两月一次。收割深度为水下 15~25cm。不同植物，凋亡时间不同，因此在不同时间段内，将凋亡的植物逐一打捞。挺水植物秋季衰亡后，结冰后贴近水面，收割冰面以上部分。对浮水植物的打捞主要用于控制其蔓延范围，生长超出既定范围时，开始打捞。开始凋亡时，全部打捞。

5）病虫害防治

示范工程区采用生产经济型植物群落配置模式，莲、菱等经济群落容易遭受铃虫等昆虫的虫害，由于处在湿地中，不能使用农药，以免引入新的污染源，可利用物理、化学诱导的方法，如光源诱杀和性外激素诱杀法来防治害虫。

4.7　工程运用与管理

自 2018 年开始本研究进驻白洋淀地区，采用白洋淀淀区水、泥及水生植物，在立地气候条件下进行实验探究，为近自然湿地示范工程建设的工艺选择、植被系统构建及景观生态设计与恢复都提供了技术支撑，为工程化应用提供了指导，主要研究结论也基本均在工程运用中得到采纳。

植物选择方面，挺水植物以芦苇、香蒲等为主，沉水植物以菹草、狐尾藻、金鱼藻、黑藻、苦草为主。搭配乔木如云杉、龙柏、柳树，灌木如迎春、珍珠梅、连翘、榆叶梅、黄刺玫、红瑞木，以及花卉如萱草、狼尾草、鸢尾等共同构成近自然湿地水生植物塘。

参数设计方面，挺水植物塘参考设计水深 1.5m，沉水植物塘水深 0.4m，以实现较好的水生植物生长，水位随上游水量进行波动。参考实验研究成果，水生植物塘水力停留时间约为 2.5d，以实现较好的水质净化效果。

参 考 文 献

陈冰祥 . 2017. 光强/水深对菹草萌发、幼苗生长及生理的影响 . 南昌：江西师范大学 .

代亮亮，陈翔，李莉杰，等 . 2020. 贵州草海水生植物多样性及群落演替 . 水生生物学报，44（4）：869-876.

侯利萍，夏会娟，孔维静，等 . 2019. 河口湿地优势植物资源化利用研究进展 . 湿地科学，17（5）：593-599.

黄乐，王阳，周雨婷，等 . 2020. 水葫芦在废水处理中的国外研究进展 . 环境影响评价，42（3）：82-85.

焦保义 . 2018. 滏阳河水体污染控制技术研究 . 邯郸：河北工程大学 .

李睿华，管运涛，何苗，等 . 2007. 河岸美人蕉和香根草的生长繁育及其腐烂规律 . 生态学杂志，（3）：338-343.

黎慧娟，倪乐意，曹特，等 . 2008. 弱光照和富营养对苦草生长的影响 . 水生生物学报，（2）：225-230.

刘丹丹，李正魁，叶忠香，等 . 2014. 伊乐藻和氮循环菌技术对太湖氮素吸收和反硝化的影响 . 环境科学，35（10）：3764-3768.

马赟花，张铜会，刘新平 . 2013. 半干旱区沙地芦苇对浅水位变化的生理生态响应 . 生态学报，33（21）：

6984-6991.

倪洁丽, 王微洁, 谢国建, 等. 2016. 水生植物在水生态修复中的应用进展. 环保科技, 22 (3): 43-47.

孙瑞莲, 刘健. 2018. 3 种挺水植物对污水的净化效果及生理响应. 生态环境学报, 27 (5): 926-932.

唐静杰. 2009. 水生植物—根际微生物系统净化水质的效应和机理及其应用研究. 无锡: 江南大学.

万合锋, 武玉祥, 秦华军, 等. 2018. 浮萍科植物水环境修复及其资源化利用综述. 江苏农业科学, 46 (2): 6-10.

杨永清. 2003. 水位波动对水生植物生长影响的实验生态学研究. 武汉: 武汉大学.

元文革, 郑建伟, 谷建才, 等. 2018. 滦河上游 4 种水生植物的水质净化研究. 环境科学与技术, 41 (1): 109-114.

张茜茜. 2016. 三种水生植物对铅尾矿渗出液的耐性及修复能力研究. 南昌: 江西财经大学.

张泽西, 刘佳凯, 张振明, 等. 2018. 种植不同植物及其组合的人工浮岛对水中氮、磷的去除效果比较. 湿地科学, 16 (2): 273-278.

Brian M. 1990. Engineering and biological approaches to the restoration from eutrophication of shallow lakes in which aquatic plant communities are important components. Hydrobiologia, 200 (1): 367-377.

Clodagh M, Amin R R, Kela P W, et al. 2016. Nitrification cessation and recovery in an aerated saturated vertical subsurface flow treatment wetland: Field studies and microscale biofilm modeling. Bioresource Technology, 209: 125-132.

Fester T. 2015. Plant metabolite profiles and the buffering capacities of ecosystems. Phytochemistry, 110: 6-12.

Greulich S, Bornette G. 1999. Competitive abilities and related strategies in four aquatic plant species from an intermediately disturbed habitat. Freshwater Biology, 41: 493-506.

Horppila J, Nurminen L. 2001. The effect of an emergent macrophyte (*Typha angustifolia*) on sediment resuspension in a shallow north temperate lake. Freshwater Biology, 46: 1447-1455.

Ju X, Wu S, Zhang Y, et al. 2014. Intensified nitrogen and phosphorus removal in a novel electrolysis-integrated tidal flow constructed wetland system. Water Research, 59: 37-45.

Li Q, Zeng Y H, Zha W. 2020. Velocity distribution and turbulence structure of open channel flow with floating-leaved vegetation. Journal of Hydrology, 590: 125298.

Lindsey K C, Kevin J S, Robin M S. 2020. Differential response of rhizoplane, rhizosphere and water wetland bacterial communities to short-term phosphorus loading in lab scale mesocosms. Applied Soil Ecology, 154: 103598.

Liu H Q, Hu Z, Zhang J, et al. 2016. Optimizations on supply and distribution of dissolved oxygen in constructed wetlands: A review. Bioresource Technology, 214: 797-805.

Matthias B, Michael F. 2015. In situ observations of suspended particulate matter plumes at an offshore wind farm, southern North Sea. Geo-Marine Letters, 35 (4): 247-255.

Nawel N, Oualid H, Nabila L. 2014. Biological removal of phosphorus from wastewater: Principles and performance. International Journal of Engineering Research in Africa, 13: 123-129.

Nikolaos V P, Myrto T, Nicolas K. 2016. Pathways regulating the removal of nitrogen in planted and unplanted subsurface flow constructed wetlands. Water Research, 102: 321-329.

Oksana C, Peter K, Uwe K, et al. 2015. Nitrogen transforming community in a horizontal subsurface-flow constructed wetland. Water Research, 74: 203-212.

Rezania S, Taib S M, Md D M F, et al. 2016. Comprehensive review on phytotechnology: Heavy metals removal by diverse aquatic plants species from wastewater. Journal of Hazardous Materials, 318: 587-599.

Sui Q W, Liu C, Zhang J Y, et al. 2016. Response of nitrite accumulation and microbial community to free ammonia and dissolved oxygen treatment of high ammonium wastewater. Applied Microbiology and Biotechnology, 100 (9): 4177-4187.

Vendramelli R A, Vijay S, Yuan Q. 2017. Mechanism of nitrogen removal in wastewater lagoon: A case study. Environmental Technology, 38: 1514-1523.

Vymazal J. 2007. Removal of nutrients in various types of constructed wetlands. Science of the Total Environment, 380: 48-65.

Wang H, Li H Y, Ping F, et al. 2016. Microbial acclimation triggered loss of soil carbon fractions in subtropical wetlands subjected to experimental warming in a laboratory study. Plant and Soil, 406: 101-116.

Wei X, Wu H P, Hao B B, et al. 2013. Bioaccumulation of heavy metals by submerged macrophytes: Looking for hyperaccumulators in eutrophic lakes. Environmental Science & Technology, 47 (9): 4695-4703.

Zhang X Y, Liu C, Nepal S, et al. 2014. A hybrid approach for scalable sub-tree anonymization over big data using MapReduce on cloud. Journal of Computer and System Sciences, 80: 1008-1020.

Zhang L, Lyu T, Zhang Y, et al. 2018. Impacts of design configuration and plants on the functionality of the microbial community of mesocosm-scale constructed wetlands treating ibuprofen. Water Research, 131: 228-238.

Zhou X, Wang X Z, Zhang H, et al. 2017. Enhanced nitrogen removal of low C/N domestic wastewater using a biochar-amended aerated vertical flow constructed wetland. Bioresource Technology, 241: 269-275.

第5章 藻苲淀近自然湿地动物生物多样性构建

5.1 湿地动物与湿地环境

5.1.1 湿地动物与湿地水环境

湿地由于是陆生生态系统与水生生态系统的过渡带，兼具了两者的特性，蕴含了丰富的物种，这些物种在维护湿地物质循环、能量流动及信息传递等生态功能中起到了不可替代的作用（刘世好等，2020）。而事实上，湿地动物不仅是对湿地的生态稳态影响很大，其对湿地水环境的治理同样有很大的影响。很多的研究中都仅是提到了湿地生物能够促进湿地水处理功能的增强（Ji et al.，2020），但并未系统地对其进行全面梳理。

传统的研究当中，湿地生态系统主要利用植物、微生物和基质的共生或协同作用来改善水质，这可以概括为三个途径（图 5-1）：①植物可以吸收水体中的部分氮、磷和难降解污染物；②微生物可以去除水中大部分的氮和其他可降解物质，微生物作用是湿地氮去除的主要手段；③基质（沉积物或底泥等）可以吸附或过滤水中大量的磷、难降解污染物和悬浮物质，有研究发现人工湿地的基质对水体污染物的去除贡献能高达90%（Zhuang et al.，2019；Agus et al.，2020；Feng et al.，2020）。因此，对湿地的水环境治理功能而言，大多数的研究都集中在湿地中的植物、微生物和基质，而湿地中动物的作用大多被忽略了。在实际湿地中，湿地动物无所不在，它们不仅是湿地生态系统稳定的维护者，也能够有效地提高湿地的水处理效率。研究表明，湿地动物可以吸收污染物，改善湿地微生态环境以促进微生物和植物的生长及功能，并通过扰动影响沉积物污染物浓度（Sun and Torgersen，2001；Gifford et al.，2007）。因此，湿地动物可以直接影响污染物的去除，这一点不容忽视。

湿地动物除了可以控制水体污染外，它们还常用于湿地的生物监测，来协助湿地的管理和运行（Dean et al.，2020）。生物监测是一种常用的环境监测方法，通过生物监测可以快速、可靠、准确地反映与湿地动物活动相关的外部环境污染物状况，了解污染物环境浓度或环境变化（Xu et al.，2019）。通过生物监测可以更好地了解湿地的综合实际情况。近年来，湿地动物在水环境治理领域的重要作用总是被忽视，本书中对这一部分的内容进行了详细讲解。在本节中明确了湿地动物的分类，讨论了湿地动物去除污染物的机理和途径，总结了湿地动物用于生物监测的特点。同时在本书中也讨论了人工湿地与天然湿地在湿地动物保护方面的差异及潜力。

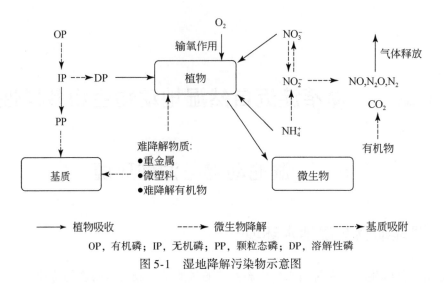

OP, 有机磷；IP, 无机磷；PP, 颗粒态磷；DP, 溶解性磷

图 5-1　湿地降解污染物示意图

5.1.1.1　湿地动物种类及影响因素

湿地生态系统属于陆生生态系统和水生生态系统的过渡带，它兼具陆生和水生生态系统的特征，因而物种丰富，是珍贵的物种宝库（Yntze et al., 2019）。湿地动物种类主要包括湿地哺乳动物、湿地鸟类、湿地鱼类、爬行动物、两栖动物和大量的无脊椎动物（Selamawit et al., 2018），无脊椎动物以甲壳类为主（图5-2）。

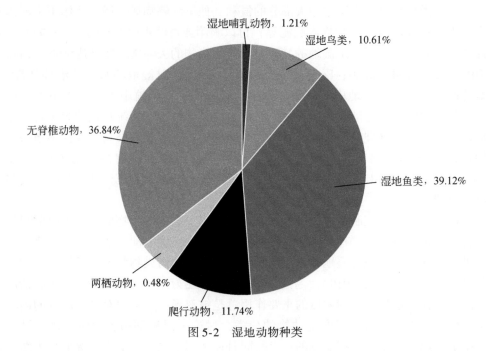

图 5-2　湿地动物种类

湿地哺乳动物是指以湿地为主要栖息地的哺乳动物，如白鳍豚和藏原羚。仅我国发现的就有31种湿地哺乳动物，其中国家重点保护的有23种。湿地鸟类是指在形态和生活习

性上已经适应湿地的鸟类。湿地是鸟类重要的栖息地，影响着鸟类的迁徙和繁殖活动。1972 年签署《拉姆萨公约》［或称《关于特别是作为水禽栖息地的国际重要湿地公约》（简称《湿地公约》）］的一个重要目的就是保护鸟类迁徙和繁殖的栖息地，从而保护鸟类。在我国，湿地鸟类共 12 目 32 科 271 种，其中属国家重点保护的水鸟有 10 目 18 科 56 种，属国家保护的有益或者有重要经济、科学研究价值的水鸟有 10 目 25 科 195 种。爬行动物是一组完全适应环境的陆生脊椎动物，但是它们还需要水体来维持自身的体温，并且它们的繁殖也对水体有一定的依赖，如中华鳖和很多蛇类。两栖动物需要完全依靠水体进行繁殖，它们能够在陆地上生存，但是又不能完全脱离水环境，它们需要水体来维持自身表皮湿润，维持体温，躲避天敌，如黑斑蛙和马尾蛙。因此，所有的两栖动物都是湿地动物。

鱼是地球上数量最多的脊椎动物，几乎遍布地球表面的所有水环境。鱼类需要在水中觅食和繁殖，并依靠水体来维持自身的体温，因此鱼类是湿地中最重要的物种之一。我国现已发现约有 3000 种鱼类，约有 1/3 生活在湿地环境中（Zhuang et al.，2019）。无脊椎动物也是重要的湿地动物，大部分的湿地无脊椎动物是甲壳类动物。无脊椎动物大多属于底栖动物，是指长期生活在水体底部的一类动物，主要栖息在沉积物当中，如虾和蟹。它们虽小但数量众多，对沉积物–水界面的物质交换具有非常显著的影响，对湿地中物质的循环和能量的流动非常重要。据统计，我国湿地动物种类中，无脊椎动物和鱼类是数量最多的两种。

研究发现，鱼类、无脊椎动物是湿地中最常见的动物种类，因为它们数量众多，种类丰富，并且长期生活在水中，且易于人为控制，因此对湿地去除污染物的效率影响更大，对水环境治理功能的影响也最为显著（Gifford et al.，2007）。已有的研究表明，鱼类可以抑制藻类过度生长，并提高水体反硝化效率，利用蚯蚓、贻贝和小龙虾等底栖生物也可以提高湿地的水处理效率。

湿地作为湿地动物的主要栖息地，环境条件的改变会明显影响其生长的各个过程（Drayev and Richter，2016）。研究表明，影响湿地动物生存与多样性的主要因素是湿地的连通性和水文变化。水体覆盖造成的缺氧以及局部物质循环的变化是导致湿地生态异质性的关键因素，湿地水文及连通性的变化即意味着湿地植物群落在适应陆水环境变化中改变其原有的演替路径，形成新的群落结构。研究表明湿地植被对湿地水质变化和水位波动的敏感性高于鱼类等湿地动物物种（Amy and Shane，2019）。植物群落作为湿地生态系统初级生产力的代表，会极大地影响湿地消费者结构，对湿地动物的类型产生极大的影响。举个简单的例子，我国三峡工程浩大，工程对长江流域大范围水域的生态环境都产生了显著的影响，上游水位和水量增加，促进植物生物多样性的增加，从而提高了流域动物多样性（Yi et al.，2020；Yang et al.，2020；王顺天等，2020）。然而，过高或过低的水位或水量会减少湿地动物丰度（Drayer and Richter，2016）。湿地的连通性变化更多是强调湿地各个部分之间能否顺利地完成能量流动、物质交换和信息传递过程。湿地连通性降低在景观上又可以称为"湿地破碎化"，是指原来整体的湿地由于一些原因导致水文情势改变，进而演变成为若干个"小"湿地，每一个"小"湿地内都相当于一个单独的生态系统，从而增加湿地边缘的长度，阻隔了区域内各部分之间的交流，极大地降低了整个湿地的生态稳定性。同时研究显示湿地边缘水生动物的生物多样性、生物量和丰度远低于湿地核心区域，破碎化造成的边缘度增加会极大地降低湿地生物多样性（Drayer and Richter，2016；Amy and Shane，2019）。水文条件变化对湿地的负面效果事实上是根本性的，湿地动物生存仅是其中一个方面，关注湿地动物保护就应当从关注湿地保护开始。

水质的变化也会影响湿地动物的生活，一方面水质污染会给湿地内的物种带来直接毒性，影响其正常的生长发育（刘存歧等，2018），但是这种影响是十分有限的；另一方面，水质恶化会导致水体的溶解氧含量下降，又或是影响水体的其他理化性质，进而对水生动物产生影响。但与我们平时的认知不同，水质变化并不是影响湿地物种的关键性因素。研究发现许多湿地动物对湿地水体水质的变化具有一定的耐性，对多数的湿地动物而言并不会特别影响动物们的生长和发育，并非十分敏感（Graham et al.，2012）。因此对自然水体而言，在外界没有较大干扰的情况下，水质的微小变化对湿地动物的影响并不显著。

5.1.1.2 湿地动物的污染去除机制

湿地动物促进污染物去除的机理有直接和间接两个主要途径（图5-3）。湿地动物能够通过直接吸附和生物积累的方式，直接从湿地中去除污染物，这些污染物可能会在生物体内残留并在食物链中传递，一部分会在生物体内通过微生物活动或酶促反应进而矿化降解。同时湿地动物能够通过自身捕食、繁殖、移动等活动过程，影响周边物理环境及物质交换，或是通过自身的物质释放，优化植物和微生物的反应及生存环境，促进植物和微生物对湿地水体中污染物的吸收与降解效率，通过这种间接的方式影响污染物去除效果（表5-1）。

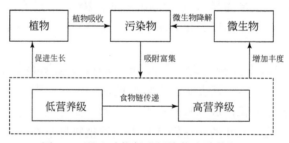

图5-3　湿地动物促进污染物去除的机理

表5-1　湿地动物强化湿地处理效率

动物种类	污水类型	去除率/%	参考文献
斑马贻贝	合成废水	叶绿素 a≈50	Elliott et al.，2008
蚯蚓	合成废水	TN=81.14；TP=70.49	Kang et al.，2017
瘤丽蚌	合成废水	COD_{Cr}=69.99；TN=63.44；TP=39.34	Kang et al.，2018
蚯蚓；瘤丽蚌	合成废水	COD_{Cr}=67.51；TN=76.85；TP=52.94；NO_3-N=78.23	
斑马贻贝	水库水	叶绿素 a=47.30；水体透明度=40	McLaughlan and Aldridge，2013
赤眼鳟；鳙鱼	农场周边池水	TN=57；TP=40~50；叶绿素 a=83	Wu et al.，2010

1) 吸附富集作用

湿地动物可以通过自身表皮的吸附作用，或者是通过捕食直接清除湿地中的污染物，一些污染物会蓄积在动物体内，并在食物链中积累传递（Bavandpoun et al., 2018）。湿地动物的表皮性质或皮肤组分直接决定了其体表吸附污染物的能力。例如，对湿地鸟类而言，羽毛是其特有的外表结构，而羽毛极易附着很细微颗粒物质，这使得微塑料（micro plastics，MPs）更容易附着在它们的身体上，并随它们移动迁移，并且研究中还发现不同鸟类对 MPs 的附着种类并不一致（Chevonne and Peter, 2018）。而对两栖爬行类动物来说，由于其没有独特的皮毛结构，其皮肤组分会直接影响其对外界污染，尤其是对水体污染物的吸附性。研究表明一些爬行动物的皮肤对杀虫剂具有相似的渗透性，这主要是由于它们的皮肤含有类似的蛋白质和脂质含量与结构（Scott et al., 2016）。在鱼类身上也发现了类似的现象，鱼类身体不同脂质和水的比例造成了鱼类对不同抗生素吸收特征的差异（Liu et al., 2018）。这是一个很有意思的现象，这说明动物体表或者体内化学组成成分与环境中污染物的吸收之间存在一定的相关性或者规律性，进行深入的研究很可能会形成一个新的认识，有助于我们更好地研究生物蓄积和物质循环。但是目前这些关系尚不清楚，这为未来的研究留下了很多空间（表5-2）。

表 5-2 湿地动物对难降解污染物的吸附富集及其特点

物种	污染物	主要特征和结论	生物富集量	参考文献
埃及鹅；黄嘴鸭；红嘴鸭等	弹性纤维	• 不同鸭子羽毛上 MPs 的类型相似 • 不同鸭子体内微塑料富集差异显著 • MPs 富集类型与环境有显著相关	5% 的粪便和 10% 的羽毛样品中含有 MPs，其中 68% 为淡蓝，19% 为绿色，13% 为红色	Chevonne and Peter, 2018
浮游幼虫	纤维和塑料碎片	• 旱季和雨季渤海 MPs 与浮游动物组成差异不大，雨季浮游动物吸收较多 • 浮游动物摄取塑料种类与海洋环境中 MPs 的组成有关	纤维占所有 MPs 摄入量的 92% ~ 93%，其中一半以上是蓝色的。MPs 尺寸：1040 ~ 1300μm	Zheng et al., 2020
贻贝	纤维和塑料碎片	• 富集 MPs 与沉积物类型有高度相关性 • 不同样品中富集 MPs 的种类、数量和大小相似性较好	摄取量：0.61 ~ 1.67 项/g MPs 尺寸：<150μm	Maria and Rachid, 2020
热带家蚊	三氧吡氧乙酸	• 三氧吡氧乙酸影响浮游动物的生长、繁殖和发育 • 浮游动物的活性和耐受性受三氧吡氧乙酸毒性与 pH 的影响		Chen et al., 2008
西部强棱蜥	噻虫嗪；丁噻隆；马拉硫磷等	• 蜥蜴对中等亲脂性农药吸收能力强 • 温度和 pH 会影响农药在表皮中的扩散速度 • 生物浓缩效率：马拉硫磷>丁噻隆>氟乐灵>噻虫嗪		Scott et al., 2016

续表

物种	污染物	主要特征和结论	生物富集量	参考文献
斑马贻贝	毒死蜱、特丁津、乐果等	• 水中农药的生物利用度可以通过贝类中农药的浓度来计算	临界值 毒死蜱：8ng/g， 特丁津：2ng/g， 乐果：2ng/g	Tayebeh et al., 2019
鲢鱼；白斑狗鱼	微囊藻毒素 LR	• 微囊藻毒素 LR 是疏水性的，在食物网中未发现生物扩增 • 鱼类脂质含量与藻毒素富集不相关	10.12~40.98g/kg 干重	Soheila et al., 2017
沙光鱼；印度鲴；舌鳎鱼等	氟喹诺酮类、大环内酯物	• 抗生素的含量与体内脂质和水分的比值有关	22~500ng/g 干重	Liu et al., 2018
鲫鱼；鲤鱼；银白鱼	双酚 A、雌酮、雌三醇等［内分泌干扰物（endocrine disrupting chemicals, EDCs）］	• 鱼体内类固醇和酚类浓度：肝脏>鳃>肌肉 • 鱼体内 EDCs 浓度可以用来评价水体中 EDCs 的含量	最高浓度： 对特辛基苯酚 = 4.6ng/g 干重， 对枯基苯酚 = 4.4ng/g 干重， 壬基苯酚 = 18.9ng/g 干重， 双酚 A = 83.5ng/g 干重， 类固醇 = 11.3ng/g 干重	Liu et al., 2011
大型溞	碱性红 51（basic red 51, BR51）	• 偶氮染料 BR51 的毒性比 Ery 高 100 倍，光解后 Ery 的毒性将大大降低 • BR51 毒性更稳定		Verma, 2008
鱼类	偶氮染料	• 染料最容易在鱼体内积聚，且与其体内脂质含量相关 • 鱼体内偶氮染料集中在鳃和皮肤中		Angelika et al., 2020
罗非鱼；乌鱼；鲮鱼等	双酚 A, 4-叔辛基酚, 4-壬基酚等	• EDCs 主要集中在野生鱼类胆汁中 • 与其他鱼类相比，罗非鱼对 EDCs 的生物积累能力较弱		Lv et al., 2019
黑龙江泥鳅；大鳞副泥鳅	有机氯农药（organochlorine pesticides, OCPs）；多氯联苯（polychlorinated biphenyls, PCBs）	• 年龄和性别对泥鳅的生物富集影响不大 • 环境污染物浓度和温度是影响泥鳅生物积累的主要因素	PCBs = 136.8~770.1 pg/g 湿重 OCPs = 1 191.3~78 532.9 pg/g 湿重	Zhang et al., 2016

湿地动物中的许多甲壳类底栖生物，如虾、蟹和贝类，它们都具有坚硬的外壳，通常也称其为外骨骼，是这些动物的支撑和保护屏障，也属于一种特殊的表皮形式。这些外骨骼的主要成分是 $CaCO_3$，能为水体中的磷和一些重金属元素提供很多吸附位点（表 5-3），是一种纯天然的污染吸附剂（Luo et al.，2013）。一些研究者也正是看到外骨骼这种良好的吸附性能，将其用作湿地基质改良的一种天然材料，如 Park 和 Polprasert（2008）及 Bavandpour 等（2018）采用牡蛎壳作为人工湿地的基质材料用以强化人工湿地的水处理能力，发现这些外壳对水体中的磷和重金属具有非常良好的吸附效果。

表 5-3 湿地动物对重金属的吸收能力及其特征

物种	分类	重金属	主要富集吸附特征	富集量	参考文献
河堤田鼠	哺乳类	Cd，Co，Cr，Fe，Hg 等	• 不同捕食特性导致不同年龄个体重金属富集量不同 • 雌性个体富集量高于雄性	成年个体富集量： As = 2.10μg/L， Cd = 605.37μg/L， Cr = 15.83μg/L， Cu = 4 873.22μg/L， Hg = 4.74μg/L， Mn = 3 040.02μg/L， Ni = 13.88μg/L， Pb = 41.48μg/L	Frauke et al.，2020
斑姬鹟	鸟类	As，Cd，Cu，Pb，Zn	• 血液、肝脏和粪便中重金属含量与环境浓度高度相关 • 血液和肝脏中的 As、Cd、Pb 含量基本一致	血液中： As = 4 ~ 926μg/L， Cd = 0 ~ 39μg/L， Cu = 108 ~ 346μg/L， Pb = 0 ~ 780μg/L， Zn = 1 930 ~ 2 900μg/L	Berglund，2018
欧白鱼；鲤鱼；尖鳍鲃等	鱼类	Al，Mn，Fe，Co，Ni 等	• 鱼大小与重金属浓度负相关 • 环境中重金属的生物可利用性与其在体内的浓度有关		Roberto et al.，2014
尖鳍鲃；康氏下口；丽脂鲤等	鱼类	As，Pb	• 以小型浮游植物和小型食草动物为食的鱼更易富集 As • Astyanax aff. Fasciatus 和 Crenicichla latirostris 对 Pb 的富集与体长相关，而 Hoplias malabaricus 则不相关	As：13.06 ~ 19.4mg/g 干重， Pb：0.000 67 ~ 0.004 0 mg/g 干重	Fernando et al.，2019
南美彩龟；黄颔蛇；宽吻凯门鳄	爬行类	As，Pb	• 爬行类较鱼类更容易富集 Pb • 动物的营养级越低，越容易积累 As	As：3.851 ~ 19.00mg/g 干重， Pb：1.03 ~ 27.1μg/g 干重	Fernando et al.，2019

物种	分类	重金属	主要富集吸附特征	富集量	参考文献
小龙虾	无脊椎类	Hg	• 生物富集的 Hg 中, 甲基汞 (MeHg) 占到了总 Hg 的 90% 以上 • *Orconectes propinquus* 对 Hg 的富集特点: 肝胰腺>鳃>外骨骼>腹肌	肌肉含量: 0.34mg/kg (干重)	Antonín et al., 2010
绕体螺	无脊椎类	Fe, Mn, Cu, Zn, Ni 等	• 多数无脊椎动物能够调节体内 Fe、Mn、Cu 和 Zn 的浓度 • 对于非生物必需金属, 动物的富集浓度与环境浓度和捕食特征相关	Cu = 32.57nmol/g 干重, Mn = 1 030.71nmol/g 干重, Pb = 0.77nmol/g 干重, Cd = 0.36nmol/g 干重	Rai et al., 2001
澳大利亚麦龙虾	无脊椎类	Cd	• 肝胰腺>鳃>肌肉 • 雌性和雄性间并无显著差异	肝胰腺中: 2.25mg/kg 干重, 血液中: 35.0mg/kg 干重	Antonín et al., 2010
浮游动物	无脊椎类	Hg	• 浮游动物对 Hg 的生物富集与 TN、TP 及叶绿素 a 相关 • 大型浮游动物更易积累 MeHg	富集平均量 186ng/g (干重)	Long et al., 2019
贻贝	无脊椎类	Hg, Cu, Pb, Cd, As 等	• 沉积物对贝类的影响比水大		Fan et al., 2020

湿地动物的污染物含量与其生活环境中的污染物含量是存在关联的, 在很多研究中都发现它们之间的联系存在非常明显的正相关关系, 即环境浓度越高, 动物体内污染物浓度也就越高 (Goulet et al., 2001)。而这一现象在底栖生物中的表现最为明显, 由于污染物的沉淀和沉积物的吸附作用, 大量污染物沉积其中, 因此沉积物对与之接触的水生动物的影响更加显著 (Fan et al., 2020)。一些研究也直接证实了这一点, 如有研究发现, 贻贝中的 MPs 与沉积物中的 MPs 相似度更高, 组成也十分一致, 而与水中的 MPs 组成和含量存在一定差异 (Maria and Rachid, 2020)。

在过往的研究中, 研究者们总是过分强调捕食作用对污染物蓄积的显著影响, 这种规律事实上是针对高营养级的生物更加适用, 而对大多数低营养级生物, 尤其是对水生动物来说, 捕食带来的影响相对于直接的吸附吸收其实是很小的 (Teresa et al., 2016)。鱼类和小龙虾对重金属的吸附规律相似, 而它们常常是处于不同的营养级。因此可以说, 来自环境的直接吸附是湿地水生动物体内污染物的主要来源, 特别是在湿地污染特别严重的情况下 (Roberto et al., 2014)。鱼类的体表面积/体积比越大, 其体内污染物浓度越高, 这一现象直接证明了直接吸附作用的影响之大 (Fernando et al., 2019)。这也可以解释为什么许多动物体内的污染物浓度与环境浓度具有如此高的关联度。

事实上, 湿地里的动物受到数量和个体大小的限制, 对湿地中许多浓度较高的污染物的直接吸附量很小, 很难通过直接的检测, 观察出相关性。微量污染物的吸附和生物富集则表现得更加明显。难降解污染物，诸如重金属、一些内分泌干扰物等的生物富集与食物链传递，由于涉及生态系统整体健康和对人体的危害，一直以来都是湿地水生动物研究的焦点（Long et al.，2018）。很多难降解污染物进入动物体后，仍将在动物体内滞留很长一段时间，从而会导致这些物质在食物链和食物网中流动，甚至是蓄积。例如，甲基汞（MeHg），就可以随食物链、食物网进行放大，食物网结构和甲基汞生物放大作用呈现出相似性，放大系数在 1.84 ~ 2.59（Laurie et al.，2020）。

2）生物扰动作用

生物扰动（bioturbation）是指动物的摄食、繁殖等活动对水体和沉积物物理形态物质分布所产生的影响（Anna and Michael，2020）。生物扰动作用改变了物质在水中和沉积物中的扩散速率，促进了物质在水和沉积物两相之间的物质交换，从而改变了沉积物中的污染物分布，很多情况下促进了沉积物中污染物质的减少，促使它们重新回到水中（Krantzberg，1985；Ito et al.，2016）。底栖动物长期生活在湿地底部，它们生活在沉积物中，其呼吸、行动都会对沉积物产生影响，对湿地沉积物与水体之间物质通量的影响最为显著。底栖无脊椎动物的生物扰动作用增加了沉积物的孔隙度，从而会促进间歇水和上覆水中的各种物质通量，生物扰动能够将物质通量增加数倍甚至数十倍（Gogina et al.，2020）。生物扰动作用不仅促进了沉积物向水体的释放，而且促进了沉积物中物质的迁移，它们能促进沉积物中的物质分布越来越均匀（Palmas et al.，2019）。

生物扰动可以增加沉积物中氮、磷等多种营养元素的释放，增加湿地中可生物降解营养元素的浓度，这对生物地球化学循环非常重要（Anna and Michael，2020），在很多研究中已经发现，生物扰动成为缓流水体中沉积物物质释放的主要动力，极大地促进了湿地中物质循环的速率（Cheng and Hua，2018）。生物扰动促进的物质释放也意味着许多污染物将重新进入水中，即使它们在沉积物中的浓度有所降低，而这将对水质产生负面影响（Coelho et al.，2018），在传统湿地修复的过程中我们应当充分考虑到这一因素，以管理处理好水质改善和生态功能恢复之间的一致性（Shen et al.，2016）。湿地动物生物量成为制约这一因素的关键点，事实上已经有很多研究开始关注生物量密度对水质产生的影响，并且发现这是控制生物改善水质功能的关键因素，较高的生物量不仅会加大治理的成本和难度，还会促使沉积物释放量过高而对水质产生不良的影响，而较低的生物量很可能无法有效地体现治理功能（Annelies et al.，2010）。因此，在湿地建设过程中，生物量应控制在合理范围内，以达到双赢的目的。

3）影响植物的生长

植物是湿地中污染物，尤其是营养盐去除的主力军，湿地动物通过捕食、排泄和生物扰动作用对植物产生不同的影响，从而影响植物对湿地污染物的去除（Prokopkin et al.，2005）。湿地底栖动物能增加沉积物中 NO_3^- 的释放，促进水体中 N 的生物利用率，从而提高植物从水中吸收 N 的速率，促进植物生长（Denise et al.，2008）。目前已有很多的研究报道，蚯蚓、贝类生物能够有效促进水生植物的生长，提高叶绿素含量，从而促进植物在湿地中的光合竞争力，提高湿地的初级生产力，加快湿地生态恢复速率（Kang et al.，2017，2018）。湿地植物的生长也能进一步加快营养盐从湿地中去除。

然而，动物活动也会对植物产生负面影响。一些研究中也发现，湿地动物的排泄物和生物扰动作用促进了湿地水体的养分含量增加，也有可能在水生植物较少的地区促进浮游植物的生长，反而对水体产生了极大的负面影响（Gu et al., 2018）。由于水体浊度和叶绿素 a 含量的增加，抑制了湿地沉水植被系统的建设。鱼类还会降低沉水植物对 N 的耐受性（Gu et al., 2016）。因此，保持动物生物量在合理范围内是很重要的，在进行生物操纵的同时需要构建较好的水生植被系统。

除了这种间接方式以外，湿地中有许多滤食动物，如鱼类和贝类，可以直接帮助控制水体富营养化，藻类的减少也会增加湿地植物的生态位，进一步促进植物生长（Erik et al., 2012）。以藻类为食的鱼类有助于控制水中浮游植物的过度生长，鲢鱼和鳙鱼是中国最常用的抑制藻类生长的鱼类，它们在我国太湖治理过程中已取得了一些效果（Ke et al., 2007）。对于这些捕食性鱼类的放养过程，我们也应当注意控制其生物量在合理范围内，以保证鱼类放养政策的长期有效性（Severiano et al., 2018）。

4）对微生物的影响

多项研究结果表明，湿地动物活动增加了湿地微生物群落的丰度，显著提高了湿地中微生物的功能和污染物去除效率。湿地动物活动时产生的洞穴、空隙都有效地增加了湿地中微生物生存的栖息地，能提高微生物的丰富度，它们的粪便也成为微生物较好的食物来源。在 Papaspyrou 等（2006）的研究中就发现 *Nereis diversicolor* 和 *Nereis virens* 的活动导致了沉积物中洞穴结构的产生，洞穴中的细菌丰度分别是周围区域的 1.8 倍和 2.3 倍。而不仅仅是细菌，真菌等其他微生物数量也同样有明显的增加。Xu 等（2013）的研究中就发现蚯蚓活动提高了沉积物中的真菌丰度，促使湿地的硝化与反硝化效率显著提高。微生物丰度的增加会显著增加湿地中功能微生物的数量，从而提高湿地中依靠微生物去除污染物的效率。很多研究已经表明，蚯蚓还有贝类等底栖生物对提高湿地脱氮效果具有显著的作用，而这很大一部分原因在于这些生物活动提高了微生物脱氮细菌的丰度（Kang et al., 2017, 2018）。湿地中的微生物主要为变形菌门、拟杆菌门和厚壁菌门。底栖动物的活动增加了沉积物中厚壁菌门的比例，其中包含多种湿地反硝化和除磷细菌，如蜡样芽孢杆菌和地衣芽孢杆菌（Chen et al., 2015; Li et al., 2020）。湿地动物影响微生物丰度增加，很多研究将其归功于创造出了很多更有利于微生物栖息的空间环境，但这一过程尚不清楚。

另外，湿地动物为微生物提供了更好的反应场所。很多研究中发现，贝类生物体内就形成了一个较好的缺氧环境，通过对贻贝进行解剖，发现其体内存在许多硝化细菌和反硝化细菌（Kang et al., 2018）。反硝化细菌的浓度明显较高，主要是因为贻贝体内的缺氧条件和充足的碳源为反硝化提供了良好的环境。蚯蚓的肠道环境为微生物脱氮提供了缺氧环境和充足的碳源（Sagar et al., 2017）。微生物不仅分布在这些底栖动物的体内，还会改变沉积物中氧气的含量和分布，创造更有利于湿地微生物活动的环境，并促进湿地中污染物的清除。一方面，底栖生物扰动会改变沉积物相与水相之间的物质交换，从而促使沉积物污染物释放，但另一方面，也有利于水中无机氮盐进入沉积物，同时也由于呼吸作用和活动改变两相之间的氧气通量。在 Kang 等（2017）的研究中，明显检测到水体与沉积物之间的氧通量由于蚯蚓的活动而减少了约 1.25mg/L，从而促进了沉积物中的反硝化速率，使沉积物中的 NO_3^--N 还原效率提高了 28.4%。

湿地中各种动物的排泄物也为沉积物中微生物的反硝化过程提供了优质碳源。湿地中脱氮的一大难点就在于碳源不足，湿地健康水环境中，可生物降解有机物多集中于沉积物中且含量较少，对湿地的反硝化造成了很大困难（Ji et al., 2020）。湿地动物提供了大量的优质碳源，这不仅有利于植物生长，也同样有利于湿地微生物反硝化作用的进行。

5.1.1.3　湿地动物的湿地生物监测

湿地生物监测是利用生物反应对污染进行监测的一种环境监测技术，湿地中的生物由于长期与湿地环境中的污染相接触，它们对于污染物的反应也最为显著（Batzias and Siontorou, 2008; Antonín et al., 2010; Berglund, 2018）。已有研究表明，许多湿地动物可用于湿地生物监测。不同湿地动物对不同污染物的反应不同，如鱼类体内 MPs 的含量与其体型和体重呈正相关，但鱼类体内重金属含量与体型的相关性较弱（表 5-4）。同一动物的不同组织可能有不同的污染物浓度，如小龙虾中 MeHg 的浓度可以按以下顺序排列：肌肉>肝胰腺>外骨骼。相比之下，血液和肝脏中的某些重金属浓度是一致的（Berglund, 2018）。因此，筛选适合湿地水质监测的动物还需要更多的研究来确认不同动物对湿地中污染物质的累积特性及其表现性状。

表 5-4　可用于湿地监测的物种及其特征

物种	监测指标	主要特征或结论	参考文献
水蜻蜓	Cu, Zn, Pb, Mn, Cr, Cd, Al	• 上下游重金属累积差异不大 • 不同种之间的差异比较大，富集部位也有很大差异 • 富集浓度与环境有关，如沉积物中活动越多的物种，富集越多	Fan et al., 2020
水虿；龙蝇幼虫；蚁蛉幼虫；蚂蚁	Al, Cu, Fe, Mn, Zn, Cd, Ni, Pb	• 水虿对 Fe、Mn、Cd 检测效果更好，但对 Ni、Pb 效果较差 • 蚁蛉幼虫比水虿能更好地检测 Fe、Mn 和 Cd • 四种生物都可以用于生物检测，蚂蚁的检测效果相对较差	Nummelin et al., 2007
斑姬鹟	As, Cd, Pb	• 血液、肝脏和粪便中的生物积累与环境浓度相关 • 血液可以更好地评估 As、Cd 和 Pb	Berglund, 2018
食蚊鱼	聚酯、人造丝、聚酰胺、聚丙烯	• 鱼的身体比头部含有更多的 MPs • 雌性个体更容易吸收 MPs，原因是它们主要生活在深水区 • 鱼中 MPs 的含量与它的大小和重量有关	Su et al., 2019

物种	监测指标	主要特征或结论	参考文献
贻贝	碎片和纤维	• 贻贝摄取的 MPs 与沉积物的成分极相似 • 贻贝可用于水体或沉积物中 MPs 的生物监测	Maria and Rachid, 2020
斑马贻贝	敌敌畏、乐果、二嗪等	• 斑马贻贝的农药摄入量可用于监测水体中农药的生物利用度	Tayebeh et al., 2019
水蚯蚓	多环芳烃（PAHs）、多氯联苯（PCBs）	• 水蚯蚓对多氯联苯的生物积累量高于多环芳烃 • 多环芳烃有利于沉积物颗粒结合，生物积累较低	Tuikka et al., 2016
吉鲦	双酚 A、壬基酚、辛基酚等	• 雄鱼对 EDCs 更敏感 • EDCs 会增加雄鱼的雌激素水平	Olivares-Rubio et al., 2015
贻贝	PCBs，二噁英	• 贻贝可以有效预测河流中多氯联苯和二噁英的污染状况 • 贻贝中的污染物浓度与底泥中的污染物浓度相似	Lisa et al., 2011
爪蟾	偶氮染料	• AR-FBL、AB-FGRL、RB-GA 可提高氧化应激水平 • 非洲爪蟾的谷胱甘肽硫转移酶（GST）、羧酸酯酶和乳酸脱氢酶是监测的良好生物标志物	Abbas et al., 2013
鲫鱼；鲤鱼；银白鱼	双酚 A、雌酮、雌三醇等	• 野生鱼肝脏中甾醇和酚含量最高 • EDCs 在鱼组织中的浓度可以用来估计水中的浓度	Liu et al., 2011
大型底栖无脊椎动物	湿地完整性	• 大型无脊椎动物的物种多样性关系到湿地的生态完整性 • 需要进一步排除季节、污染和大面积植被覆盖的影响	Awal and Svozil, 2010
无脊椎动物、鸟类和植物	湿地受破坏程度	• 多种生物组合对湿地扰动有很好的响应 • 许多生物组合的一致性随着干扰的增加而降低	Rebecca and Suzanne, 2012

为确保湿地生物监测的准确性，观测的湿地动物通常要满足三个条件：需要是湿地的常见物种，同时具有较高的丰富度，并且要对环境变化十分敏感。许多昆虫，如水蜻蜓和水龟，可用于各种重金属的生物监测及其他污染物的监测（Dean et al., 2020）。现在有很多的研究利用鱼类监测湿地水环境中 MPs 的含量，也正是利用了这一个特性（Su et al., 2019）。这些物种在湿地中都非常常见，它们的数量保证了结果的准确性。

湿地动物不仅可以用来确定湿地中某种类型污染物的浓度，还可以用来确定其他难以量化的指标的影响。有研究采用植物、无脊椎动物和鸟类的多种组合来分析湿地中人为干扰的强度（Rebecca and Suzanne，2012）。湿地动物在环境中长期活动，其对环境变化所产生的反馈也具有综合性，能够反映整体的环境变化。

在 5.1.1.2 节中也提到了，湿地动物对污染物的富集与环境浓度高度相关，这使湿地动物可以成为生物监测的对象，但同时也提醒我们，在利用湿地动物进行生物监测时需要考虑动物的行为及其栖息环境特征。研究表明，沉积物中动物体内的污染物浓度可能较高，因为沉积物中污染物浓度越高，一种生物暴露在沉积物中越多，它所含的污染物就越多。若不充分考虑这种影响，将不利于我们准确地去评估湿地环境（Teresa et al.，2016）。

5.1.2 生物操纵与生态修复

生物操纵主要是指通过投放动植物等构建健康的水生态系统。在湿地生态系统中，在植物配置和恢复完成后，进行水生动物的引入和恢复（吴翔和吴正杰，2020）。根据能量塔原理和食物链、食物网的物质流动原理，进一步在河道中配置不同品种的野生鱼类（包括腐食性、草食性、植食性、肉食性鱼类）及其他水生动物。在自然情况下，草鱼、团头鲂以水草为食，鲢鱼以浮游植物为食，鳙鱼主要吃浮游动物，黄鳝鲖、黄颡鱼、鲤鱼和鲫鱼的食物则以昆虫幼虫、水生高等植物碎片、杂物碎屑及藻类等杂食性食物为主。通过在水体中配置不同的鱼类、栖息动物等，可逐步修复水生态环境，激活水生生物食物网（链），通过食物链，将水体中营养物质移除。

通常根据生物操纵的实现方式将其分为经典生物操纵和非经典生物操纵两种方式。所谓经典生物操纵实质是通过人为操纵，对生态系统中部分物种的数量进行增加或减少，以增加浮游动物的数量，提高浮游动物对浮游植物和有害藻类的捕食，减少浮游植物的数量。但是这种方法存在局限性，就是当浮游植物的数量暴发，形成水华，很难通过浮游动物进行控制，这种方法将很难奏效，进而就衍生出了非经典生物操纵。非经典生物操纵主要是指通过添加滤食性的水生生物，直接捕食去除浮游植物，控制水华（张哲等，2019）。鱼类和底栖生物是生物操纵最常用的物种。

在生态修复的过程中，随着水质逐渐好转，一定程度的大型水生植物群落能够较为迅速地建立。但从长久看，这种短期的平衡可能难以维持，反而可能会导致藻类数量的增加。在水生植物大量繁殖后，它将会保护浮游动物不被捕食，假如大批量加入以浮游动物为食的凶猛鱼类，那么可能会损害沉水植物从而导致水体恶化。有研究者认为，维持浮游动物和鱼类之间平衡的一个关键点是大型水生植物保护浮游动物使其躲避被食用。

生物操纵的主要意图是为沉水植物创造优良的环境，特别是在春季，因为在生长早期，大型水生植被通常会积累大量的无机营养，这些营养将会用于以后植株的生长。因此，那些植株萌发较早的大型水生植被在生长过程中有很强的竞争力，它们除了可以在营养水平上有竞争，更重要的是他感作用。

在荷兰的河流中进行生物操纵实验得到：①在当地，几乎所有湖泊河流都通过减少鱼类使水体透明度升高，鱼类越少，湖泊恢复的程度越高。②实行生物操纵后，河流的透明度和叶绿素浓度都可以有较大的改善，这个效果好于只减少磷负荷的湖泊。③在春季的湖泊中放溞可以使水质澄清，这是溞在广阔水体的捕食所致，通过捕食减少藻类生物量，大型水生植被的盖度将超过 25%。研究表明，浅水湖泊会展现为两种平衡状态，即草型清水湖泊和藻型浊水湖泊，它们是湖泊演替过程中的两个阶段，二者此消彼长，相互抑制。这两个状态主要是由水生植物以及水的浑浊度之间的相互关系造成的。一方面，水生植被能提高并维持水的清洁程度，另一方面，水质浑浊又可以阻碍沉水植物生长，这两个状态都是在湖泊的逐渐增强中完成的。当营养物浓度升高，系统改变为藻型浑浊状态后，就只能在减少营养负荷后，才能恢复水生植被。当营养负荷处于某个范围时，湖泊既可以处在草型清洁状态，又可以处在藻型浑浊状态，即可以在同样的营养负荷下有两种状态存在。

生物操纵将会协助湿地更好地处于平衡状态。湿地生物操纵除了对物种生态位的缺陷进行直接填补或纠正以外，更重要的是进行湿地物种的栖息地营造，以促进湿地物种的可持续性发展。

5.1.3 近自然湿地与湿地动物保护

湿地物种丰富，是人类宝贵的资源，但目前世界上约有 1/3 的天然湿地已经消失（Rooney et al.，2015；Drayer and Richter，2016）。湿地和湿地动物的保护受到越来越多研究者以及社会人士的关注。人工湿地的主要功能是净化水质，同时我们也需要充分考虑到，人工湿地本身也是一个完整的生态系统，也可以为许多动物提供栖息地。目前，人工湿地面积不断扩大，国家统计局数据显示，我国人工湿地面积在我国湿地总面积中的比例已经由 2003 年的 5% 上升到 2020 年的近 13%，足以见得这些年来人工湿地在我国的受欢迎程度。因此，正确认识人工湿地在湿地生物多样性保护中的作用是很重要的。

虽然有多项研究结果表明，人工湿地与自然湿地的生物多样性差异不显著，甚至人工湿地的生物多样性可能更高，但大多数研究者认为人工湿地不能有效地保护湿地动物（Mulkeen et al.，2017）。自然湿地有维持其主要功能所必需的地理条件和水文特征，而这些特性在人工湿地中是很难甚至可以说是无法复制的，这不利于大多数生物的长期生存，也是导致人工湿地无法替代天然湿地的主要原因。一方面，水文条件的变化对湿地功能有显著影响。事实上，过度稳定的水文条件，对植物生长很不利。自然湿地的地理环境更加多样，地形更加平缓。此外，自然湿地的水位变化有利于植物系统的演替（Michelle and Margaret，2000）。这些特性对湿地动物的生长都是有益的。事实上，水文条件的变化会极大地影响湿地的生态价值。另一方面，人工湿地减少了湿地养分的积累，这对湿地植物生长产生了负面影响，减缓了植物群落的自然演替过程（Mander et al.，2011）。此外，人工湿地还会破坏自然湿地中 C、N 等物质的内在循环，增加温室气体的排放。简单来说，水文变化所导致的湿地生态服务功能下降是人工湿地无法有效保护动物的主要原因。此外，也包含了很多其他的因素：①人工湿地不能为许多地方性物种提供栖息地，无法保护地方性土著生物；②人工湿地的水质和基质不利于湿地动物的活动与生长；③人工湿地需要长期维护，人类活动会干扰湿地植被，直接影响湿地物种的生存（Mulkeen et al.，2017；Alvarez-Manzaneda and de Vicente，2017）。人工湿地不能有效保护湿地动物多样性。保护湿地动物多样性最有效的途径依然还是保护自然湿地。

5.2 藻苲淀湿地动物群落概况

白洋淀在近代遭到了严重的破坏。为发展经济，周边农业及养殖业活动造成了白洋淀整体水质环境的富营养化，围地围埝、过度开发导致白洋淀水资源供给不足，湖泊沼泽化、破碎化严重，导致了较为严重的生态退化。本研究对白洋淀整体的生态环境进行了大量调研，罗列了白洋淀原生的动物群落（表5-5~表5-8）。

表5-5 白洋淀湿地鱼类

目	科	属	种
鲤形目	鲤科	鲤属	鲤鱼 *Cyprinus carpio*
		鲫属	鲫鱼 *Carassius auratus*
		草鱼属	草鱼 *Ctenopharyngodon idellus*
		鲢属	鲢 *Hypophthalmichthys molitrix*
		鳙属	鳙 *Aristichthys nobilis*
		鳌属	鳌鱼 *Hemiculter leucisculus*
		红鲌属	翘嘴红鲌 *Eruythroclter ilishaeformis*
		鲂属	团头鲂 *Megalobrama amblycephala*
		麦穗鱼属	麦穗鱼 *Pseudorasbora parva*
		鳈属	黑鳍鳈 *Sarcocheilichthys nigripinnis*
		棒花鱼属	棒花鱼 *Abbottina rivularis*
		蛇鮈属	蛇鮈 *Saurogobio dabryi*
		鳑鲏属	中华鳑鲏 *Rhodeus sinensis*
	鳅科	鳅属	中华鳅 *Cobitis sinensis*
		副泥鳅属	大鳞副泥鳅 *Paramisgurnus dabryanus*
		泥鳅属	泥鳅 *Misgurnus anguillicaudatus*
合鳃目	合鳃科	黄鳝属	黄鳝 *Monopterus albus*
鲇形目	鲇科	鲇属	鲇鱼 *Parasilurus asotus*
	鮠科	黄颡鱼属	黄颡鱼 *Pelteobagrus fulvidraco*
鳢形目	鳢科	鳢属	乌鳢 *Channa argus*
刺鳅目	刺鳅科	刺鳅属	大刺鳅 *Mastacembelus aculeatus*
鳉形目	青鳉科	青鳉属	青鳉 *Oryzias sinensis*
鲈形目	塘鳢科	黄黝鱼属	黄黝鱼 *Hypseleotris swinhonis*

表5-6　白洋淀湿地蚌类

目	属	种
蚌目	无齿蚌属	背角无齿蚌 Anodonta woodiana
		蚶形无齿蚌 Anodonta arcaeformis
		舟形无齿蚌 Anodonta euscaphys
	帆蚌属	三角帆蚌 Hyriopsis cumingii
	矛蚌属（待定）	剑状矛蚌 Lanceolaria gladiola
		短褶矛蚌 Lanceolaria glayana
	楔蚌属	巨首楔蚌 Cuneopsis capitata
		圆头楔蚌 Cuneopsis heudei
	扭蚌属	扭蚌 Arconaia lanceolata
	丽蚌属	猪耳丽蚌 Lamprotula rochechouarti
		环带丽蚌 Lamprotula zonata
		失衡丽蚌 Lamprotula tortuosa
		背瘤丽蚌 Lamprotula leai

表5-7　白洋淀部分底栖生物

目	科	属	种
单向蚓目	河蚓亚科	尾鳃蚓属	苏氏尾鳃蚓 Branchiura sowerbyi
颤蚓目	颤蚓科	管水蚓属	皮式管水蚓 Aulodrilus pigueti
		颤蚓属	中华拟颤蚓 RhyaCOD$_{Cr}$rilus sinicus
		水丝蚓属	霍甫水丝蚓 Limnodrilus hoffmeisteri
十足目	长臂虾科	沼虾属	青虾 Macrobrachium nipponense
		白虾属	秀丽白虾 Expalaemon modestus
		长臂虾属	中华小长臂虾 Palaemonetes sinensis
	匙指虾科	新米虾属	中华新米虾 Neocaridina denticulata sinensis
	螯虾科	原螯虾属	克氏原螯虾 Procambarus clarkii
	弓蟹科	绒螯蟹属	中华绒螯蟹 Eriocheir sinensis
中腹足目	螺科	豆螺属	赤豆螺 Bithynia fuchsiana
	田螺科	圆田螺属	中华圆田螺 Cipangopaludina chinensis
		环棱螺属	梨形环棱螺 Bellamya purificata
			铜锈环棱螺 Bellamya aeruginosa
			角形环棱螺 Bellamya angularia
基眼目	扁蜷螺科	旋螺属	扁旋螺 Gyraulus compressus
	椎实螺科	萝卜螺属	椭圆萝卜螺 Radix swinhoei

表 5-8　白洋淀湿地部分浮游动物

种类	目	科	属	种
桡足类	剑水蚤目	剑水蚤科	剑水蚤属	近邻剑水蚤 *Cyclops vicinus*
			中剑水蚤属	刘氏中剑水蚤 *Mesocyclops leukarti*
			小剑水蚤属	长尾小剑水蚤 *Microcyclops longiramus*
			真剑水蚤属	锯齿真剑水蚤 *Eucylopsserrulatus*
	哲水蚤目	镖水蚤科	蒙镖水蚤属	锥肢蒙镖水蚤 *Mongolodiaptomus birulai*
枝角类	枝角目	溞科	溞属	蚤状溞 *Daphnia pulex*
			低额溞属	拟老年低额溞 *Simocephalus vetuloides*
		象鼻溞科	裸腹溞属	微型裸腹溞 *Moina micrura*
			象鼻溞属	简弧象鼻溞 *Bosmina coregoni*
		盘肠溞科	尖额溞属	矩形尖额溞 *Alona rectanggula*
			盘肠溞属	卵形盘肠溞 *Chydoruso valis*
				圆形盘肠溞 *Chydorus sphaericus*
			平肠溞属	短腹平直溞 *Pleuroxus aduncus*

5.3　藻苲淀生物操纵对水质影响探究

对富营养化湖泊进行生物操纵是一种有效的修复手段，可以控制藻类的过度繁殖、填补湿地生态链以及促进湿地物能流动。但是前述中也提到，湿地水生生物活动在一定程度上会加剧湿地内源污染，降低湿地水生植物对污染的耐受性，因此在对湿地进行生物操纵时需要对其进行深入探究，了解生物活动对湿地环境的实际影响。本研究在藻苲淀进行调查后，选取了淀内土著种且已被证实是良好生物操纵物种的鱼类鲫鱼和大型底栖生物三角帆蚌作为主要实验对象，探究了各种条件下这两类水生生物对水质的影响。

5.3.1　不同鲫鱼密度对水环境的影响

鲫鱼属鲤科，鲫属，是我国常见的淡水鱼，水中的浮游植物是其主要的食物，其本身还具有一定的经济价值，是控制水体富营养化的主要鱼类之一。但是鲫鱼本身是底栖鱼类，不合理的数量会增加水体的浑浊度，抑制沉水植物的生长。目前藻苲淀内鲫鱼数量增加明显，已成为显著的优势种，故本研究讨论了鲫鱼对水质及水生植物的影响。

研究过程采用藻苲淀淀区泥水，构建模拟湿地体系，观察了在高[(0.6 ± 0.01)g/L]、低[(0.2 ± 0.01)g/L]生物量密度条件下，鲫鱼对水环境及植物生长的影响。研究考虑到冷暖季条件，采用金鱼藻（夏季优势种）和菹草（冬季优势种）作为主要的沉水植物，并考虑到淀区水质情况，采用高负荷氮（TN：4.5mg/L）和低负荷氮（TN：1.25mg/L）两种水质条件进行探究。

5.3.1.1 不同氮负荷及鲫鱼密度下水体营养盐变化

对于金鱼藻组（图5-4）而言，氮负荷及鲫鱼的密度对水体 COD_{Cr} 的影响并不明显。在低氮负荷条件时，低生物量密度处理组 TP 的去除率为43%，而高生物量密度处理组的 TP 反而增加了100.65%；对 TN 而言，鲫鱼活动增加了水中的 TN 浓度，低、高生物量密度处理组的 TN 分别增加了7.09%、55.91%；对氨氮而言，实验前后低、高生物量密度处理组的 $NH_3\text{-}N$ 浓度分别增加了43.47%、92.41%。在高氮负荷条件时，两组 TN 都呈下降趋势，分别减少了43.7%、12.47%，但对 TP 没有显著影响，对 $NH_3\text{-}N$ 而言，两组的 $NH_3\text{-}N$ 分别减少了62.46%、51.08%。

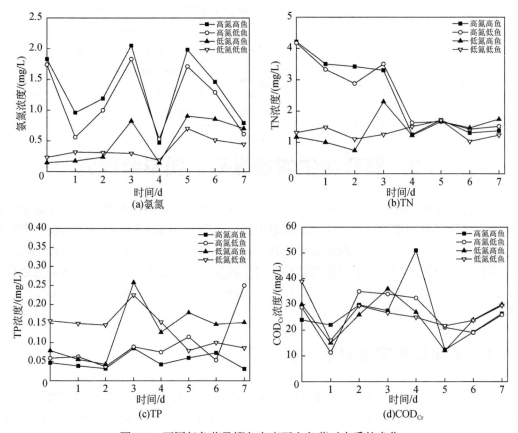

图5-4　不同氮负荷及鲫鱼密度下金鱼藻对水质的净化

对于菹草组（图5-5）而言，在低氮负荷下，放鱼后两处理组 COD_{Cr} 含量先下降后上升，并且在实验期结束时，低、高生物量密度处理组的 COD_{Cr} 比实验初期增加了90.48%、169.49%。TP 先减少后增加，并且在实验期结束时，低、高生物量密度处理组的 TP 比实验初期增加了29.16%、36.48%。TN 实验期结束时，低、高生物量密度的 TN 比实验初期减少了15.40%、12.42%。对 $NH_3\text{-}N$ 而言，高生物量密度组 $NH_3\text{-}N$ 比实验初期增加了13.59%，而低生物量密度组减少了16.57%。

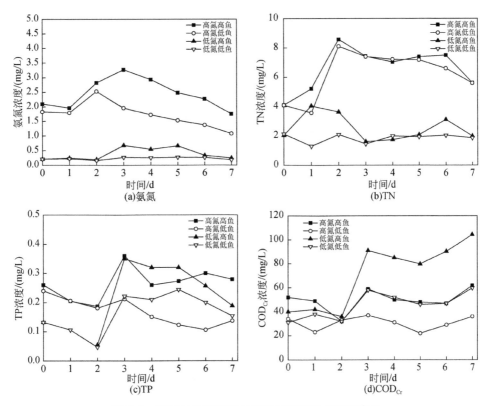

图 5-5　不同氮负荷及鲫鱼密度下菹草对水质的净化

在低氮负荷下，鲫鱼使金鱼藻和菹草对污染物的去除率均降低，且大部分处理组均出现负增长现象，这可能是在低氮负荷下，鲫鱼的觅食活动更为剧烈，扰动作用会使沉积物中的污染物更容易通过波浪和水流运动进入水体。在高氮负荷下，投加鲫鱼会使金鱼藻和菹草对污染物的去除率降低，这一点与低氮负荷具有相似性。金鱼藻仅在高生物量密度处理组的 COD_{Cr} 去除率出现负增长现象（-17.14%），其余处理组虽然去除率与无鱼组相比有所降低，但均有一定去除效果，这说明在高氮负荷下，金鱼藻对水质的净化效果要优于菹草。

5.3.1.2　对沉水植物生长指标影响

同一氮负荷条件下，鱼的生物量与沉水植物的相对增长率成反比（图 5-6）。金鱼藻处理组中，高氮负荷组的相对增长率均比低氮负荷组的高，而在菹草处理组则完全相反，低氮负荷组的相对增长率均比高氮负荷组的高。

菹草处理组：低氮低鱼组的鲜重高于其他处理组，为 1349.77g，其余处理组之间没有差异，叶长在四个处理组中呈上升趋势，在低氮低鱼组达到最大值 100.88cm（图 5-7）。

金鱼藻处理组：低氮高鱼组的鲜重低于其他处理组，在实验结束时为 876.5g，高氮低鱼组取得最大值，为 1254.7g，四个处理组的叶长范围是 75.2～98.7cm。

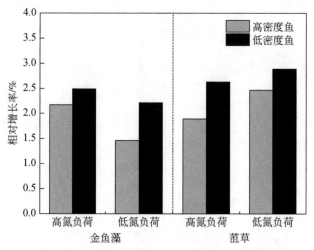

图 5-6　氮负荷及鲫鱼密度对沉水植物相对增长率影响

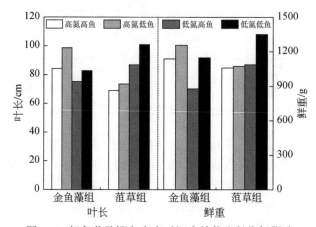

图 5-7　氮负荷及鲫鱼密度对沉水植物生长指标影响

5.3.1.3　对沉水植物叶绿素影响

叶绿素含量可以反映植物光合作用的能力。不同氮负荷及鲫鱼密度对沉水植物叶绿素影响如图 5-8 所示，金鱼藻处理组的叶绿素 a、叶绿素 b 以及类胡萝卜素的含量在实验结束时均比菹草处理组的值高，同时低生物量密度处理组的各指标含量基本比高生物量密度处理组高，但是各处理组间的叶绿素 a、叶绿素 b 以及类胡萝卜素含量相差并不大，这可能是因为本次实验设置的水深并不深，在这一水深范围内，氮浓度以及鲫鱼的密度对沉水植物的光合作用产生的影响不大。

本次实验中，各实验组的叶绿素 a、叶绿素 b 和类胡萝卜素的含量相差不大，但是也可以看到鱼的生物量密度越高，叶绿素的含量就越小，这可能是由于鱼类扰动使水体浑浊度增加，无机悬浮固体（inorganic suspended solids，ISS）以及总悬浮固体（total suspended solids，TSS）含量升高，导致高生物量密度处理组的沉水植物叶片叶绿素含量较低。这与

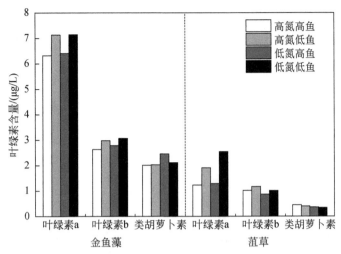

图 5-8　不同氮负荷及鲫鱼密度对沉水植物叶绿素影响

曹加杰等（2014）的实验结论相同。同时，鱼类扰动带来的悬浮物沉积在植物叶片，使沉水植物进行光合作用时的有效光强进一步减少，对沉水植物的生长有负面影响。

5.3.1.4　对浮游植物叶绿素影响

浮游植物的叶绿素 a 含量可以代表浮游植物的生物量，研究发现无论是金鱼藻组还是菹草组，浮游植物生物量均在放鱼后呈现先增加后减少的趋势，并且在实验结束时浮游植物的生物量明显高于放鱼前。

金鱼藻的四个处理组中浮游植物叶绿素 a 初始值浓度几乎一致。在实验中期（8 月 13 日）各组叶绿素 a 含量均达到最大值，且在中期时两组高生物量密度处理组叶绿素 a 的含量几乎相同，且都比低生物量密度处理组的含量高。在整个过程中，低氮高鱼组叶绿素 a 的波动范围最大。菹草组的整体变化趋势与金鱼藻相同，也是在实验中期达到各组的最大值，有区别的是，实验中期及后期菹草组的叶绿素 a 的含量明显高于金鱼藻处理组，这可能是由于实验过程中菹草组的总氮、总磷、氨氮等值都高于金鱼藻处理组，而水环境中的 N、P 物质有利于浮游植物的生长。

无论是菹草组还是金鱼藻组，在实验结束后浮游植物的生物量都明显增加，这可能与实验期间浮游动物密度的降低以及 TSS 和 ISS 的浓度增加导致浑浊度上升从而影响沉水植物的生长有关（图 5-9）。实验用鱼为鲫鱼幼鱼，并且在实验中都没有喂养，所以鲫鱼的所有食物都来源于装置内的浮游动物，浮游动物的减少使浮游植物有了更好的生活环境，这在一定程度上也促进了浮游植物的快速增长繁殖，从而在实验结束后各组的浮游植物生物量都得以增加。

5.3.1.5　对悬浮物质浓度影响

两实验组的总悬浮固体及无机悬浮固体浓度在放鱼后都明显增加，且在实验结束时达到最大值（图 5-10、图 5-11）。对于金鱼藻处理组，实验结束时低氮高鱼组 TSS 及 ISS 浓

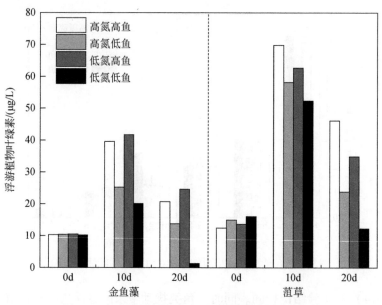

图 5-9　氮负荷及鲫鱼密度对浮游植物叶绿素影响

度均大于其他组，总悬浮固体浓度由放鱼前的 11.02mg/L 显著增加至 80.30mg/L（$P<$ 0.05），无机悬浮固体浓度由放鱼前的 1.02mg/L 显著增加至 43.2mg/L（$P<0.05$）。高氮高鱼组与高氮低鱼组差异不显著，低氮低鱼组两种悬浮物浓度最低。

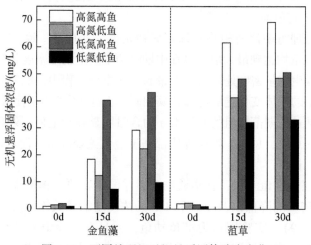

图 5-10　不同处理组无机悬浮固体浓度变化

　　对于菹草处理组，实验结束时，高氮高鱼组 ISS 及 TSS 浓度均大于其他组。ISS 浓度由放鱼前的 0.99mg/L 显著增加至 69.33mg/L（$P<0.05$）。TSS 浓度由放鱼前的 12.35mg/L 显著增加至 98.53mg/L（$P<0.05$）。值得注意的是，菹草组的 ISS 及 TSS 浓度在实验的中期及后期基本大于金鱼藻组，并且在菹草组中，高氮高鱼处理组的数值最大，而在金鱼藻组，低氮高鱼处理组为最大值。

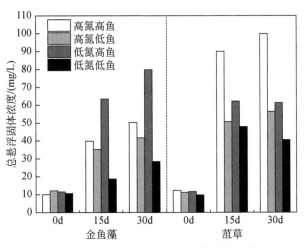

图 5-11　不同处理组总悬浮固体浓度变化

5.3.1.6　鲫鱼生物操纵评估

鲫鱼在藻苲淀的立地条件下，对于水生态环境修复表现并不友好，一方面鲫鱼活动会增加水体浑浊度，增加浮游植物叶绿素 a 含量，对沉水植物生长产生胁迫；另一方面鲫鱼活动显著抑制了湿地的水质净化能力，多数水质指标与对照相比没有改善，甚至导致部分指标恶化。因此在湿地生物操纵过程中，有必要控制鲫鱼的种群扩张，将鲫鱼种群控制在相对较低的生物量水平。

5.3.2　三角帆蚌生物扰动对水环境的影响

三角帆蚌属蚌目、蚌科、帆蚌属，广泛分布于我国各部分地区，河北是其首要分布地区。三角帆蚌在白洋淀地区主要分布于府河流域，府河作为藻苲淀最主要的入淀河流，也分布有一定数量的三角帆蚌。三角帆蚌生活水深在 1m 左右，是一种滤食性的双壳底栖生物，由于其具有优异的控藻效果、能够极大地降低富营养化地区的环境风险而被广泛地运用于湿地修复当中。对于三角帆蚌的研究数量很多，主要包含三角帆蚌的控藻研究、毒理性研究以及养殖技术研究，这些研究都采用无沉积物的实验体系，忽视掉了三角帆蚌作为底栖生物的扰动特性，很难真正意义上评估对湿地水质和水生态的影响。本研究根据生物操纵的需要，对三角帆蚌活动对水质的影响进行了深入探究。

本研究通过构建连续流装置，搭建模拟湿地，探究了低（4g/L）、中（12g/L）、高（20g/L）密度三角帆蚌对水中 COD_{Cr}、N、P、植物色素积累以及水体中微生物群落的影响，考虑到淀区水质变化，设置高低污染进水条件（表 5-9），以评估对三角帆蚌的生物操纵方式。

表5-9　研究进水设置

实验阶段	运行时间/d	COD_{Cr}/（mg/L）	NH_3-N/（mg/L）	TN/（mg/L）	TP/（mg/L）
启动期	0～10	30～40	3～4	4.5～5.5	0.3～0.5
高污染进水	10～20	30～50	3～4	14.5～15.5	0.3～0.5
低污染进水	20～42	20～40	1～2	2～5	0.1～0.3

5.3.2.1　水体 COD_{Cr} 浓度的变化

图5-12为实验期间水体 COD_{Cr} 浓度变化情况。白洋淀整体 COD_{Cr} 浓度偏低，各处理组平均削减率在40%～50%。出水 COD_{Cr} 为3.54～36.12mg/L。由于三角帆蚌生物扰动，中、高密度组 COD_{Cr} 均值比对照组有一定的提升（<4.5mg/L），但是各组别间没有显著差异（$P>0.05$）。模拟湿地对水体 COD_{Cr} 削减效果较好，且研究中发现三角帆蚌对水体的 COD_{Cr} 削减并无显著影响。

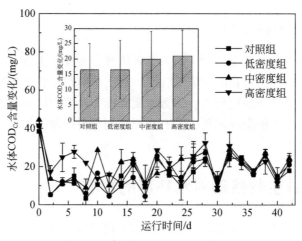

图5-12　各处理组 COD_{Cr} 浓度变化

5.3.2.2　水体不同形态 N 浓度的变化

图5-13为实验期间水体 TN、NH_3-N、NO_3^--N 以及 NO_2^--N 浓度变化情况。图5-13（a）中，实验阶段各处理组 TN 平均浓度分别为5.60mg/L、5.52mg/L、5.88mg/L 和6.02mg/L。可见中、高密度三角帆蚌的生物扰动将水体 TN 浓度提高了5%～7.5%。对照组与低密度组变化没有差异（$P>0.05$）。白洋淀水体长期的富营养化问题导致湿地沉积物中蕴含了大量的 N、P 污染物，造成了较大的内源污染风险。上覆水理化性质、沉积物性质以及扰动强度和时间是影响沉积物内源释放的主要因素。在白洋淀等缓流水体中，生物扰动作用成为促进沉积物内源释放的主要动力。三角帆蚌的生物扰动可促进沉积物 N 释放，是水体 TN 升高的主要原因，并且本研究发现三角帆蚌的生物量密度是影响沉积物 N 释放速率的重要因素。

图5-13（b）中，实验阶段各处理组出水 NH_3-N 平均浓度分别为0.25mg/L、0.33mg/L、

0.43mg/L 和 0.45mg/L，可见三角帆蚌提高了水体中的 NH_3-N 浓度，但各组别之间差异不大（$P>0.05$）。随时间延长，贝类扰动产生的 NH_3-N 释放量会逐渐降低为零，这是组间差异较小的原因之一。在本研究中，水体处于富氧状态，促进水体氨氧化过程，抑制反硝化过程，使 NH_3-N 浓度下降，TN 浓度上升。实验装置运行全阶段，NH_3-N 出水浓度稳定达到地表Ⅳ类水标准，表明模拟湿地对 NH_3-N 具有较好的处理效果。

图 5-13（c）中，实验期间 NO_3^--N 浓度与 TN 变化具有一致性，表明水体 NO_3^--N 浓度变化是 TN 浓度变化的主要原因。图 5-13（d）中，可见三角帆蚌密度越高，NO_2^--N 浓度越高（$P<0.05$），实验期内低、中、高密度组的 NO_2^--N 平均浓度分别提高了 0.09mg/L、0.25mg/L 和 0.34mg/L。说明三角帆蚌会为反硝化微生物活动提供更多空间。底栖生物通过自身呼吸耗氧创造出更多缺氧环境，很多动物体内的肠道等环境也能成为缺氧微生物的反应场所，从而提高湿地中反硝化细菌的活性和数量，并提高湿地的脱氮效率。Kang 等（2017）发现，蚯蚓活动将沉积物与水体之间的氧通量降低了约 1.25mg/L，促使沉积物中 NO_3^--N 还原率提高了 28.4%，因此，三角帆蚌有助于 NO_2^--N 积累。但在本研究中，三角帆蚌造成的沉积物 N 释放作用更加明显，为避免生物扰动造成的水质恶化，低密度的三角帆蚌可能更适合白洋淀底栖修复。

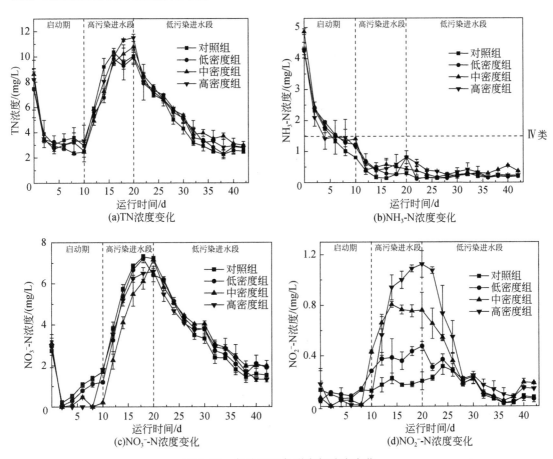

图 5-13　各处理组各形态氮浓度变化

5.3.2.3 水体 TP 浓度的变化

如图 5-14 所示，实验期对照组 TP 浓度变化与低密度组基本一致（$P>0.05$），中、高密度组 TP 显著高于这两组（$P<0.05$）。中、高密度组 TP 平均浓度分别为 0.337mg/L 和 0.349mg/L，高出对照组 120.8% 和 127.8%，显然三角帆蚌对 TP 浓度影响更明显。研究发现，湿地水体中的 P 有 36.2%~49.7% 依靠沉积物的吸附作用得以去除，远大于植物和微生物的磷去除作用。因此生物扰动作用对 P 释放效果影响更为显著。Nizzoli 等（2011）的研究发现生物扰动促进 P 的释放通量约为 N 的 3 倍，与本研究结果类似。三角帆蚌的扰动降低了沉积物的稳定性，抑制了沉积物对 P 的吸附过程，同时极大地促进了沉积物中 P 的释放，因此三角帆蚌对水体 P 浓度影响更大。高污染进水段能促使三角帆蚌代谢增强，导致生物扰动增强，提高了中、高密度组上覆水中的 TP 浓度，而低密度对水质变化并不敏感，更有利于维护水质。

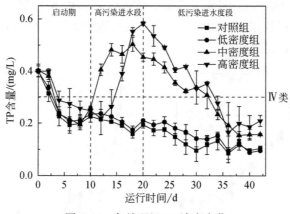

图 5-14 各处理组 TP 浓度变化

5.3.2.4 水体微生物类群分析

各处理组水体中微生物群落丰度在门水平上的占比（比例≥1%）如图 5-15 所示，本研究共检测出 7 个微生物类群，分别为变形菌门（Proteobacteria）、拟杆菌门（Bacteroidetes）、放线菌门（Actinobacteria）、疣微菌门（Verrucomicrobia）、蓝细菌（Cyanobacteria）、髌骨细菌（Patescibacteria）、螺旋体门（Spirochaetes）。各处理组中的优势菌种均为变形菌门、拟杆菌门和放线菌门微生物。中密度组中变形菌门相对丰度最高（74.01%），较对照增加了 33.89%，拟杆菌门和放线菌门较对照组分别下降了 15.46% 和 13.27%。表明一定密度范围，三角帆蚌生物会增加水体中变形菌门丰度。

变形菌门是自然水体中最常见的微生物类群，分布十分广泛，是大部分湿地中的优势菌门（冯国禄等，2020）。变形菌门包含了湿地中绝大多数的脱氮、除磷及有机物降解微生物，如亚硝化球菌属（*Nitrosococcus*）、硝化螺菌属（*Nitrospira*）等微生物是重要的硝化细菌，假单胞菌属微生物又是一类溶磷能力较强的细菌，能促进湿地中的有机 P 向可溶性 P 转化（Lu et al., 2020）。拟杆菌门是湿地中一类重要的有机物降解微生物，对水体中的

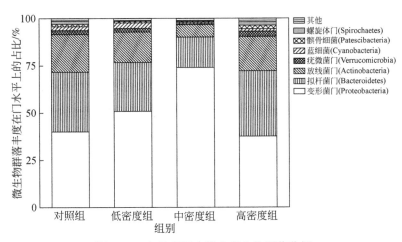

图 5-15 各处理组水体中微生物群落分析

氨化合物及蛋白质的降解效果更好（姜磊等，2020）。放线菌多为好氧细菌，能促进沉积物中的有机物分解（习慧君等，2019）。在本研究中，三角帆蚌活动提高了湿地中变形菌门的丰度，增加了湿地硝化细菌和磷细菌的数量。加之水体始终处于富氧状态，三角帆蚌又促使水体中 N、P 浓度升高，有助于植物对 P 的吸收和利用，促进植物生长。三角帆蚌增加了功能微生物丰度，并为微生物反应提供了更优环境，有助于强化湿地微生物的作用。

5.3.2.5 沉水植物色素含量变化

绿色植物的植物色素是其有机物生产能力的代表，其色素浓度的高低直接代表了植物生长水平的高低，色素含量越高，其生产能力越强（Rai，2016）。本研究探究了金鱼藻、穗状狐尾藻以及黑藻在三角帆蚌影响下植物色素含量的变化。其中，金鱼藻无根，穗状狐尾藻有茎状根，黑藻具有完整的根部结构，它们对水体中 N、P 的吸收能力依次增强，因此可以依据色素积累判断出水体 N、P 含量变化与植物生长之间的相关性。

图 5-16 表明三角帆蚌极大地促进了黑藻各类色素的积累，各实验组数据之间差异显著（$P<0.05$），表明中密度组的促进作用更加明显，42d 时，其叶绿素 a、叶绿素 b 和类胡萝卜素含量分别高出对照组 176.1%、190.9% 和 190.8%（$P<0.05$）。Xu 等（2013）发现，赤子爱蚯蚓（Eisenia fetida）的扰动作用促使三种沉水植物的高度和叶宽分别增加 23%~61% 和 15%~72%。结合图 5-15 可知，各处理组黑藻色素含量与变形菌门丰度变化具有一致性，中密度组变形菌门丰度最高，其各种植物色素含量也最高，可见三角帆蚌引起的微生物与植物变化之间密切相关。湿地功能微生物和营养元素含量增加，是有根植物色素积累的主要原因。同时本研究发现，三角帆蚌抑制了穗状狐尾藻与金鱼藻的生长，可见低密度的三角帆蚌更有利于湿地植被系统的构建。

5.3.2.6 三角帆蚌的生物操纵评估

三角帆蚌表现出对湿地水质的明显影响，这种影响机制包含两个方面，一方面三角帆蚌的自身扰动增加了沉积物–水界面物质传递，增加了沉积物的污染释放；另一方面三角

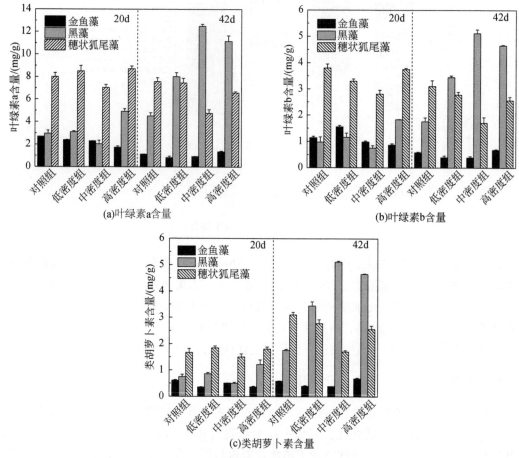

图 5-16　三种沉水植物色素含量变化

帆蚌的活动会降低沉积物–水界面氧含量，促进了水体 $NO_2^- $-N 的积累。同时研究中也发现，三角帆蚌的活动会促进根系水生植物的生长，改变微生物群落结构，对于湿地整体的氮去除有一定的效果。显然，三角帆蚌对水质的影响可能相对较差，但是能够改变淀区植物的生长状况，面对现阶段藻苲淀金鱼藻泛滥的情况，将三角帆蚌控制在一定生物量水平，将能够在有效避免对水质产生影响的基础上，改善淀区生态结构。

5.4　藻苲淀生态修复及栖息地营造

5.4.1　鱼类栖息地营造

5.4.1.1　鱼类栖息地保护与构建

鱼类会通过摄食和破坏水生植物对水体的营养盐产生影响。在寻食过程中会增加对水的扰动，使沉积物再悬浮速度增加，底泥中的物质排放到水体中，加速湖泊富营养化的进程，同时，鱼类的粪便也会加大水体污染物浓度，影响浮游植物生长，有利于浮游藻类的暴发。研究发现，在有鱼的围隔内，底质中的磷会释放，使水环境中的磷含量上升。鱼类的密度增加会带来总磷含量的升高。研究发现鱼类对沉水植物的影响不仅仅是通过直接觅食，它们还会通过增加水体浑浊度来影响光照进入水体的强度，从而间接影响沉水植物的生长。同时，由于鱼类的扰动，水生植物的固着生根也受到一定的影响。

鱼类栖息地是指鱼类能够正常生活、生长、觅食、繁殖以及实现生命循环周期中其他重要组成部分的环境总和，包括产卵场、索饵场、越冬场以及连接不同生活阶段水域的洄游通道等。影响鱼类生存的因素包括非生物因素和生物因素。非生物因素主要包括水深、流速、基质、覆盖物，中生境因素主要包括河道形态（深潭、浅滩、急流等），大生境因素主要包括水质、水温、浊度和透光度等。生物因素主要包括食物链的组成和食料种类丰富度等。

1）白洋淀鱼类组成现状

截至 2018 年，白洋淀现有鱼类共计 33 种，隶属 7 目 12 科 30 属。主要的经济鱼类中，有 10 种目前已成为人工养殖的种类。在自然组分中，鲤科种类占 51.5%；渔获物中鲤鱼、鲫鱼、白鲦、麦穗鱼居多，表现了江河平原动物区系、河海亚区鱼类组成的特点。

2）鱼类栖息地保护与构建思路

利用生物净化技术，修复和保护河口湿地生态。在淀内开展水生生物生境修复，通过人工鱼巢、增殖放流、洄游通道建设等措施，促进鲫鱼、鲤鱼、黄颡鱼、乌鳢等大型鱼类和中华鳑鲏、虾虎鱼等小型鱼类及青虾等渔业资源的自然繁殖，提高鳜鱼、青鱼等鱼类的成活率，恢复水生生物生态系统，严防外来物种入侵，为远景重建入淀河流—淀泊—出淀河流—河口—海洋生态系统的连续性奠定基础。

3）鱼类栖息地保护与构建技术

主要包括：①岸边植被带构建；②抛石；③浅水砂质滩地构建；④浅水砾石滩地构建；⑤水下鱼礁；⑥食源投放。

5.4.1.2 鱼类多样性构建

根据相关资料，白洋淀内鱼类共计 33 种，常见的包括鲢鱼、鳙鱼、鲫鱼、鲤鱼、黄颡鱼、青鱼、草鱼、乌鳢等大型鱼类，还有中华鳑鲏、餐条、麦穗鱼、泥鳅等小型鱼类。各种鱼类习性详见表 5-10。

表 5-10 鱼类习性汇总表

种类	栖息习性	食性	种类	栖息习性	食性
鲢鱼	上层	浮游植物等	草鱼	中下层	水草等
鳙鱼	上层	浮游植物等	青鱼	下层	肉食
餐条	中上层	杂食	鲫鱼	下层	杂食
中华鳑鲏	中上层	水草等	泥鳅	底层	杂食
麦穗鱼	中上层	浮游动物	乌鳢	底层	肉食
鲤鱼	中下层、下层	杂食	黄颡鱼	底层	肉食

根据湿地水质净化的需求，同时根据鱼类水生动物的栖息要求，设计在湿地内部系统投入部分鱼类，在提升湿地水质的同时，构建鱼类栖息地，提高湿地内部鱼类生物多样性。在水体水质较差区域，考虑夏季时容易出现藻类暴发的情况，设计投放鲢鱼、鳙鱼等，滤食水体中的藻类等。在植物较密区域，大型鱼类无法生存，主要在其中投放中华鳑鲏、餐条、泥鳅及麦穗鱼等小型鱼类。在水深相对较深且水质较好区域，可恢复的鱼类种类较多，区域鸟类较多。因此，在该区域内投放鲢鱼、鳙鱼、黄颡鱼等相对较大的鱼类，同时投放中华鳑鲏、餐条、泥鳅及麦穗鱼等小型鱼类，以满足珍稀鸟类觅食要求。考虑生物链关系，草鱼会觅食湿地内的沉水植物，宜少量投放；鲤鱼等对水体底部进行扰动，会创造浑水环境，不利于沉水植物的生长，因此不宜投放；乌鳢觅食湿地内的小型鱼类，不宜投放。

5.4.1.3　鱼类生物投放时序

鱼类生物投放要考虑避免对水生植物造成危害，防止出现灾变时刻。部分水生动物对水生植物有较强的觅食能力，如草鱼、中国圆田螺等，这些水生动物的投放应该在水生植物复壮4个月之后。鲢鱼、鳙鱼及沼虾主要觅食藻类及小型浮游动物，对水生植物没有太大的危害，可在植物复壮后1个月投放。麦穗鱼、中华鳑鲏、餐条等小型鱼类，对水温较敏感，湿地水深较浅，植物生长不茂盛时，水温变化较剧烈，其存活率较低，可在植物复壮后2个月投放。泥鳅、黄颡鱼、环棱螺等为底栖生物，水体中淤泥过少时，存活率也不高，可在植物复壮后3个月投放。投放时间注意避开11月到次年2月，如水面冰封，则投放时间需要顺延。拟建河口湿地投放水生动物均为白洋淀常见水生动物，不会对白洋淀现有生态系统造成冲击（表5-11）。

表5-11　水生动物投放时序

序号	种类	投放时间：植物复壮后投放			
1	鳙鱼	1个月			
2	白鲢	1个月			
3	麦穗鱼		2个月		
4	中华鳑鲏		2个月		
5	餐条		2个月		
6	泥鳅			3个月	
7	黄颡鱼			3个月	
8	环棱螺			3个月	
9	中国圆田螺				4个月
10	背角无齿蚌				4个月
11	日本沼虾	1个月			
12	草鱼				4个月

5.4.2 底栖动物栖息地营造

5.4.2.1 底栖动物栖息地保护

根据白洋淀底栖动物种类、分布及栖息地的历史资料和现状，通过恢复自繁、重新引入、增殖放流等措施，增加底栖生物多样性，恢复生态系统食物网的完整性，提高生态系统服务功能，实现底栖生物生物多样性组成与数量的增长及底栖生物生态系统的生产力和自我维持能力的提高。通过有针对性地适当增殖来恢复个别种类特别是软体动物中对生态系统净化较强的土著物种，如中国圆田螺、背角无齿蚌。针对日本沼虾能够自然繁殖但种群数量较低的问题，采取繁殖期休渔、人工育苗、增殖放流和孵育场建设来增加其种群数量。

5.4.2.2 底栖动物生物多样性构建

底栖动物是水生态系统中重要的组成部分，部分底栖动物是腐食食物链的重要组成部分，且部分底栖动物能够有效滤食水体中的藻类等。河口湿地内好氧塘与挺水植物塘内水生植物数量较多，设计投放部分环棱螺、中国圆田螺、日本沼虾及背角无齿蚌等，以有效净化水中的藻类。针对沉水植物塘，由于塘体中植物多样性较高，可大量投放环棱螺、中国圆田螺、日本沼虾及背角无齿蚌等。

5.4.2.3 水生动物监测及数量控制

水生动物投放后，每年应进行水生动物数量调查，分析其生物量及多样性，水生动物生物量过高，威胁生态系统安全时，应有针对性地进行捕捞。其中，鲢、鳙及草鱼等可通过撒网捕捞的方式，降低其密度。草鱼控制数量以水体中水生植物能够大规模自我繁殖为标准。黄颡鱼等可通过投放地笼的方式，控制其数量。待其密度达到预期数量时，则不再投放地笼。

5.4.3 鸟类栖息地营造

5.4.3.1 白洋淀鸟类现状

白洋淀是候鸟迁徙内陆通道途中的重要食物与能量补充栖息地。区内有鸟类192种，其中有国家一级保护鸟类大鸨、白鹤、丹顶鹤、东方白鹳，国家二级保护鸟类灰鹤、大天鹅、鹰科、隼科等二十余种。相关规划将白洋淀鸟类生境划分为天鹅类、雁类、鹭类、鹤类、鹳类五大生境区。以白鹤、青头潜鸭、丹顶鹤、大鸨、小天鹅等旗舰物种恢复和保护为主要目标，营造适宜鸟类栖息的生态环境。府河河口湿地区域在鸟类栖息地保护与构建中可通过游禽栖息地保护与构建为天鹅类、雁类提供觅食和繁殖空间，通过涉禽栖息地保护与构建为鹭类、鹤类、鹳类提供栖息空间。

5.4.3.2 不同鸟类栖息需求

1）鸥科

鸥科鸟类主要以小鱼及水生动物、水生昆虫为食物，猎取从水面下几分米到10m范围内悬停或潜水的小鱼，以及在水面搜索从巢穴中浮出水面的食物，甚至包括陆地上的昆虫。但在陆地上取食的行为较少见。大部分鸥科鸟类对取食的鱼没有种类的倾向性，不同的鸥科对尺寸有一定的倾向性。2.5～7.5cm长的鱼是成鸟取食并投喂给幼鸟的尺寸范围。成年鸟类取食4～9cm长的鱼。因此，为较好地满足鸥科鸟类栖息，主要目标应为恢复淀区的鱼类资源。淀区为鸥科鸟类的繁殖地，可适当设置沙洲，在净化水质的同时，供鸟类繁殖用。

2）雁鸭类

不同雁鸭类需要不同的水深。其中浮水鸭类一般觅食于水深0～40cm的区域。潜水鸭一般觅食于水深1～3m的区域。不同的雁鸭类有不同的食物需求，但大部分雁鸭类是杂食性动物，它们通常能够吃植物性食物，也能吃动物性食物。在繁殖期，雁鸭类通常需要更多动物性蛋白，但在秋冬季节，植物的种子及块茎较丰富时，雁鸭类也会取食大量植物的种子及块茎。雁鸭类的植物性食物来源为禾本科的种子及莎草、灯心草、稗草、藨草等的块茎。同时，沉水植物中的眼子菜、黑藻等也是它们喜爱的食物。雁鸭类在越冬地中，部分食物来自动物性蛋白（螺类、蚌、小鱼小虾、水生昆虫等）。水深为1.6m左右的浅水池塘能够为其较好地提供食物来源。雁鸭类单独越冬地一般需要较大的区域，大部分都在4hm²以上。但是在一块较大栖息地中，雁鸭类动物倾向于在较小池塘中栖息。雁鸭类在越冬地也需要一定的休憩地及避险地，一般在高地后面的滩地的静水区，适合雁鸭类躲避风浪。挺水植物区、腐烂的木材有利于雁鸭类构建高质量的冬季栖息地。少部分雁鸭类在越冬时不需要高地区，可以在水中直接过夜。

3）鹭类

鹭类主要觅食于浅水区域，一般水深不超过20cm，夜间栖息于乔木或灌木林中。鹭类觅食滩涂湿地中的各种细小生物，主要以虾、蟹、水生昆虫、昆虫幼虫、蠕虫、甲壳类、软体动物、蛙、蝌蚪、蜥蜴、小鱼等小型脊椎动物和无脊椎动物为食，偶尔也吃少量植物性食物。

觅食主要在早晨和黄昏，也常在晚上觅食。会结成小群，偶尔也见有单独觅食。多在不深于30cm的水边浅水处觅食。繁殖季节有时飞到离营巢地10～20km的地方觅食，甚至有的到离营巢地35～40km的地方去觅食。

4）鹤类

鹤类在湿地中主要栖息于水深10～20cm左右的浅滩湿地中，觅食其中鱼类及底栖生物，夜间在芦苇湿地中过夜。鹤类常由数个或数十个家族群结成较大的群体。夜间多栖息于四周环水的浅滩上或苇塘边，主要以鱼、虾、水生昆虫、软体动物、蝌蚪、沙蚕、蛤蜊、钉螺以及水生植物的茎、叶、块根、球茎和果实为食。鹤类对人类活动较敏感，与人类安全距离大于100m。

5）鹳类

淀区主要出现的鹳类为东方白鹳，东方白鹳在树上、柱子上及烟囱顶营巢。冬季结群活动。取食于湿地。飞行时常随热气流盘旋上升。东方白鹳为食肉动物，其食性广，包括昆虫、鱼类、两栖类、爬行类、小型哺乳动物和小鸟。觅食地大部分为具有低矮植被的浅水区。东方白鹳觅食活动主要在白天。通常在巢附近 500m 范围内觅食，在食物缺乏时也常飞到离巢 1~2km，甚至 5~6km 以外的地方觅食。夏季多单独或成对觅食，秋冬季则多呈小群觅食。在陆地觅食主要通过视觉，常伸长脖子，低垂着头，大步而缓慢地在地上行走，觅找和探测捕获物的距离，发现后急速向前，迅猛地啄食。在水中觅食时则主要通过触觉。通常单独漫步在水边浅水处，有时也进到齐腹深的水中，一边缓慢地向前行走，一边不时地将半张着的嘴插入水中。除吃动物性食物外，偶尔也吃少量植物叶、苔藓和种子等植物性食物，以及沙粒和小石子。

5.4.3.3 鸟类栖息地保护与构建

鸟类栖息空间需求分为四类，分别为摄食空间、繁殖空间、隐蔽空间和迁移空间。依据游禽、涉禽喜欢在滨水草丛栖息、在水中觅食的生活习性，考虑充分利用河口湿地的小岛和生态塘的浅滩作为其活动场所，并在小岛和浅滩上配置多样性沼生草本植物（如芦苇、灯心草、菖蒲、芦竹、慈姑等），作为水禽的筑巢区，洲滩边缘地带应大量投入螺类等软体动物和甲壳类动物等，结合水草，吸引鸟类前来觅食。营造小岛筑巢、水中觅食、卵石浅滩休憩的水禽鸟类栖息地。河道两岸的林地，在管理上减少人为因素干扰，选择种植高大乔木作为营巢地鸟类的筑巢区，构建适宜鸟类栖息繁衍的沼泽区；种植多样的草本植物（如繁缕、狗牙根、千金子、毛茛、酸模叶蓼、荠菜、蛇莓、蒲公英等），维护河道两岸沼泽结构的完整性。

参 考 文 献

曹加杰 . 2014. 环境因子调控对沉水植物生态恢复的影响研究 . 南京：南京林业大学 .

冯国禄，罗金飞，廖永岩，等 . 2020. 不同盐度循环养殖水体微生物群落特征 . 环境科学研究，33（8）：1838-1847.

姜磊，涂月，侯英卓，等 . 2020. 植被恢复的岩溶湿地沉积物细菌群落结构和多样性分析 . 环境科学研究，33（1）：200-209.

刘存歧，袁雅心，王孟颖，等 . 2018. 城市污水处理厂尾水生物毒性研究 . 安全与环境学报，18（6）：2383-2389.

刘世好，易巾豪，李有志，等 . 2020. 31 省（直辖市或自治区）湿地中的国家重点保护野生动物资源特点 . 湿地科学，18（4）：381-386.

王顺天，雷俊山，贾海燕，等 . 2020. 三峡水库 2003~2017 年水质变化特征及成因分析 . 人民长江，51（10）：47-53，127.

吴翔，吴正杰 . 2020. 利用生物操纵技术控制藻类研究进展 . 山东化工，49：255-256.

习慧君，臧睿，刘闯，等 . 2019. 河南黄河湿地放线菌多样性及植物病害生防放线菌的筛选 . 微生物学报，59（4）：642-656.

张哲，高月香，张毅敏，等 . 2019. 生物操纵理论在富营养化湖泊治理中的应用研究进展 . 西安：2019 中国环境科学学会科学技术年会 .

Abbas G R, Ayse B, Murat O. 2013. Biochemical response to exposure to six textile dyes in early developmental stages of *Xenopus laevis*. Environmental Science and Pollution Research，20：452-460.

Agus P, Pramesti P, Angge D W, et al. 2020. Characteristic of Hg removal using zeolite adsorption and *Echinodorus palaefolius* phytoremediation in subsurface flow constructed wetland (SSF-CW) model. Journal of Environmental Chemical Engineering, 8 (3): 103781.

Álvarez-Manzaneda I, de Vicente I. 2017. Assessment of toxic effects of magnetic particles used for lake restoration on *Chlorella* sp. and on *Brachionus calyciflorus*. Chemosphere, 187: 347-356.

Amy J S, Shane C L. 2019. Invasive cattail reduces fish diversity and abundance in the emergent marsh of a Great Lakes coastal wetland. Journal of Great Lakes Research, 45 (6): 1251-1259.

Angelika T, Kamila M, Andrzej P. 2020. Synthetic organic dyes as contaminants of the aquatic environment and their implications for ecosystems: A review. Science of the Total Environment, 717: 137222.

Anna S K, Michael H P. 2020. Effect of bioturbation on contaminated sediment deposited over remediated sediment. Science of the Total Environment, 713: 136537.

Annelies D B, Van C F, Pieter P, et al. 2010. Bioturbation effects of *Corophium volutator*: Importance of density and behavioural activity. Estuarine, Coastal and Shelf Science, 91: 306-313.

Antonín K, Milo B I, Pavel K. 2010. Bioaccumulation and effects of heavy metals in crayfish: A review. Water, Air, & Soil Pollution, 211: 5-16.

Awal S, Svozil D. 2010. Macro-invertebrate species diversity as a potential universal measure of wetland ecosystem integrity in constructed wetlands in South East Melbourne. Aquatic Ecosystem Health & Management, 13 (4): 472-479.

Batizas A F, Siontorou C G. 2008. A new scheme for biomonitoring heavy metal concentrations in semi-natural wetlands. Journal of Hazardous Materials, 158 (2-3): 340-358.

Bavandpour F, Zou Y C, He Y H, et al. 2018. Removal of dissolved metals in wetland columns filled with shell grits and plant biomass. Chemical Engineering Journal, 331: 234-241.

Berglund S M M. 2018. Evaluating blood and excrement as bioindicators for metal accumulation in birds. Environmental Pollution, 233: 1198-1206.

Chen C Y, Hathaway K M, Thompson D G, et al. 2008. Multiple stressor effects of herbicide, pH, and food on wetland zooplankton and a larval amphibian. Ecotoxicology and Environmental Safety, 71: 209-218.

Chen Y, Wen Y, Tang Z R, et al. 2015. Effects of plant biomass on bacterial community structure in constructed wetlands used for tertiary wastewater treatment. Ecological Engineering, 84: 38-45.

Cheng H, Hua Z. 2018. Distribution, release and removal behaviors of tetrabromobisphenol A in water-sediment systems under prolonged hydrodynamic disturbances. Science of the Total Environment, 636: 402-410.

Chevonne R, Peter G R. 2018. Micro-plastic ingestion by waterbirds from contaminated wetlands in South Africa. Marine Pollution Bulletin, 126: 330-333.

Coelho J P, Lilleb A I, Crespo D, et al. 2018. Effect of the alien invasive bivalve *Corbicula fluminea* on the nutrient dynamics under climate change scenarios. Estuarine, Coastal and Shelf Science, 204: 273-282.

Dean E F, Angela H L, Paul T S, et al. 2020. Metal accumulation in dragonfly nymphs and crayfish as indicators of constructed wetland effectiveness. Environmental Pollution, 256: 113387.

Denise A B, Jennifer L T, Melody J B. 2008. Delineating the effects of zebra mussels (*Dreissena polymorpha*) on N transformation rates using laboratory mesocosms. Journal of the North American Benthological Society, 27: 236-251.

Drayer A N, Richter S C. 2016. Physical wetland characteristics influence amphibian community composition differently in constructed wetlands and natural wetlands. Ecological Engineering, 93: 166-174.

Elliott P, Aldridge D C, Moggridge G D. 2008. Zebra mussel filtration and its potential uses in industrial water treatment. Water Research, 42 (6-7): 1664-1674.

Erik J, Martin S N, Torben L L, et al. 2012. Biomanipulation as a restoration tool to combat eutrophication. Advances in Ecological Research, 47: 411-488.

Fan H M, Chen S S, Li Z E, et al. 2020. Assessment of heavy metals in water, sediment and shellfish organisms in typical areas of the Yangtze River Estuary, China. Marine Pollution Bulletin, 151: 110864.

Feng L K, Liu Y, Zhang J Y, et al. 2020. Dynamic variation in nitrogen removal of constructed wetlands modified by biochar for treating secondary livestock effluent under varying oxygen supplying conditions. Journal of Environmental Management, 260: 110152.

Fernando M Q, Gilmar P L, Melise L S, et al. 2019. High arsenic and low lead concentrations in fish and reptiles from Taim wetlands, a Ramsar site in southern Brazil. Science of the Total Environment, 660: 1004-1014.

Frauke E, Jonathan P B, Sa M M B, et al. 2020. Spatio-temporal variation of metals and organic contaminants in bank voles (*Myodes glareolus*). Science of the Total Environment, 713: 136353.

Gifford S, Dunstan R H, O'Connor W, et al. 2007. Aquatic zooremediation: Deploying animals to remediate contaminated aquatic environments. Trends in Biotechnology, 25 (2): 60-65.

Gogina M, Zettler M L, Vanaverbeke J, et al. 2020. Interregional comparison of benthic ecosystem functioning: Community bioturbation potential in four regions along the NE Atlantic shelf. Ecological Indicators, 110: 105945.

Goulet R R, Leclair E N, Pick F R. 2001. The evaluation of metal retention by a constructed wetland using the pulmonate gastropod *Helisoma trivolvis* (Say). Archives of Environmental Contamination and Toxicology, 40: 303-310.

Graham A J, Margaret G, Carolyn P. 2012. The impact of water reuse on the hydrology and ecology of a constructed stormwater wetland and its catchment. Ecological Engineering, 47: 308-315.

Gu J, Jin H, He H, et al. 2016. Effects of small-sized crucian carp (*Carassius carassius*) on the growth of submerged macrophytes: Implications for shallow lake restoration. Ecological Engineering, 95: 567-573.

Gu J, He H, Jin H, et al. 2018. Synergistic negative effects of small-sized benthivorous fish and nitrogen loading on the growth of submerged macrophytes- Relevance for shallow lake restoration. Science of the Total Environment, 610-611: 1572-1580.

Ito M, Ito K, Ohta K, et al. 2016. Evaluation of bioremediation potential of three benthic annelids in organically polluted marine sediment. Chemosphere, 163: 392-399.

Ji M D, Hu Z, Hou C L, et al. 2020. New insights for enhancing the performance of constructed wetlands at low temperatures. Bioresource Technology, 301: 122722.

Kang Y, Zhang J, Xie H J, et al. 2017. Enhanced nutrient removal and mechanisms study in benthic fauna added surface-flow constructed wetlands: The role of *Tubifex tubifex*. Bioresource Technology, 224: 157-165.

Kang Y, Xie H J, Zhang J, et al. 2018. Intensified nutrients removal in constructed wetlands by integrated *Tubifex tubifex* and mussels: Performance and mechanisms. Ecotoxicology and Environmental Safety, 162: 446-453.

Ke Z X, Xie P, Guo L G, et al. 2007. In situ study on the control of toxic *Microcystis* blooms using phytoplanktivorous fish in the subtropical Lake Taihu of China: A large fish pen experiment. Aquaculture, 265 (1-4): 127-138.

Krantzberg G. 1985. The influence of bioturbation on physical, chemical and biological parameters in aquatic environments: A review. Environmental Pollution Series A, Ecological and Biological, 39 (2): 99-122.

Laurie A H, Isa W, Mark M, et al. 2020. Disentangling the effects of habitat biogeochemistry, food web structure, and diet composition on mercury bioaccumulation in a wetland bird. Environmental Pollution, 256: 113280.

Li X, Li Y Y, Lv D Q, et al. 2020. Nitrogen and phosphorus removal performance and bacterial communities in a multi-stage surface flow constructed wetland treating rural domestic sewage. Science of the Total Environment, 709: 136235.

Lisa A R, Greg H, Donald J W, et al. 2011. The Niagara River mussel biomonitoring program (*Elliptio complanata*): 1983-2009. Journal of Great Lakes Research, 37: 213-225.

Liu J L, Wang R M, Huang B, et al. 2011. Distribution and bioaccumulation of steroidal and phenolic endocrine disrupting chemicals in wild fish species from Dianchi Lake, China. Environmental Pollution, 159: 2815-2822.

Liu S S, Tadiyose-Girma B, Zhao H X, et al. 2018. Bioaccumulation and tissue distribution of antibiotics in wild marine fish from Laizhou Bay, North China. Science of the Total Environment, 631-632: 1398-1405.

Long S X, Hamilton P B, Yang Y, et al. 2018. Differential bioaccumulation of mercury by zooplankton taxa in a mercury-contaminated reservoir Guizhou, China. Environmental Pollution, 239: 147-160.

Long S X, Paul B H, Henri J D, et al. 2019. Effect of algal and bacterial diet on metal bioaccumulation in zooplankton from the Pearl River, South China. Science of the Total Environment, 675: 151-164.

Lu S D, Sun Y J, Lu B Y, et al. 2020. Change of abundance and correlation of *Nitrospira inopinata*–Like comammox and populations in nitrogen cycle during different seasons. Chemosphere, 241 (C): 125098.

Luo H B, Huang G, Fu X Y, et al. 2013. Waste oyster shell as a kind of active filler to treat the combined wastewater at an estuary. Journal of Environmental Sciences, 25 (10): 2047-2055.

Lv Y Z, Yao L, Wang L, et al. 2019. Bioaccumulation, metabolism, and risk assessment of phenolic endocrine disrupting chemicals in specific tissues of wild fish. Chemosphere, 226: 607-615.

Mander Ü, Maddison M, Soosaar K, et al. 2011. The impact of pulsing hydrology and fluctuating water table on greenhouse gas emissions from constructed wetlands. Wetlands, 31: 1023-1032.

Maria K, Rachid A. 2020. Is blue mussel caging an efficient method for monitoring environmental microplastics pollution? Science of the Total Environment, 710: 135649.

McLaughlan C, Aldridge D C. 2013. Cultivation of zebra mussels (*Dreissena polymorpha*) within their invaded range to improve water quality in reservoirs. Water Research, 47: 4357-4369.

Michelle T C, Margaret A B. 2000. How do depth, duration and frequency of flooding influence the establishment of wetland plant communities? Plant Ecology, 147: 237-250.

Mulkeen C J, Gibson-Brabazon S G, Carlin C, et al. 2017. Habitat suitability assessment of constructed wetlands for the smooth newt [*Lissotriton vulgaris* (Linnaeus, 1758)]: A comparison with natural wetlands. Ecological Engineering, 106: 532-540.

Nizzoli D, Welsh D T, Viaroli P. 2011. Seasonal nitrogen and phosphorus dynamics during benthic clam and suspended mussel cultivation. Marine Pollution Bulletin, 62 (6): 1276-1287.

Nummelin M, Lodenius M, Tulisalo E, et al. 2007. Predatory insects as bioindicators of heavy metal pollution. Environmental Pollution, 145 (1): 339-347.

Olivares-Rubio H F, Dzul-Caamal R, Gallegos-Rangel M E, et al. 2015. Relationship between biomarkers and endocrine-disrupting compounds in wild *Girardnichthys viviparus* from two lakes with different degrees of pollution. Ecotoxicology, 24 (3): 664-685.

Palmas F, Podda C, Frau G, et al. 2019. Invasive crayfish (*Procambarus clarkii*, Girard, 1852) in a managed brackish wetland (Sardinia, Italy): Controlling factors and effects on sedimentary organic matter. Estuarine, Coastal and Shelf Science, 231: 106459.

Papaspyrou S, Gregersen T, Kristensen E, et al. 2006. Microbial reaction rates and bacterial communities in sediment surrounding burrows of two nereidid polychaetes (*Nereis diversicolor* and *N. virens*). Marine Biology, 148: 541-550.

Park W H, Polprasert C. 2008. Roles of oyster shells in an integrated constructed wetland system designed for P removal. Ecological Engineering, 34 (1): 50-56.

Prokopkin I G, Gubanov V G, Gladyshev M I. 2005. Modelling the effect of planktivorous fish removal in a reservoir on the biomass of cyanobacteria. Ecological Modelling, 190 (3-4): 419-431.

Rai R K. 2016. Impacts of particulate matter pollution on plants: Implications for environmental biomonitoring. Ecotoxicology and Environmental Safety, 129: 120-136.

Rebecca C R, Suzanne E B. 2012. Community congruence of plants, invertebrates and birds in natural and constructed shallow open-water wetlands: Do we need to monitor multiple assemblages? Ecological Indicators, 20: 42-50.

Roberto M, Helena G, Awadhesh K, et al. 2014. Trace metal concentration and fish size: Variation among fish species in a Mediterranean river. Ecotoxicology and Environmental Safety, 107: 154-161.

Rooney R C, Foote L, Krogman N, et al. 2015. Replacing natural wetlands with stormwater management facilities: Biophysical and perceived social values. Water Research, 73: 17-28.

Sagar S, John F, Michael E, et al. 2017. Effects of conservation wetlands on stream habitat, water quality and fish communities in agricultural watersheds of the lower Mississippi River Basin. Ecological Engineering, 107: 99-109.

Scott M W, Larry G T, Todd A A, et al. 2016. Insights into reptile dermal contaminant exposure: Reptile skin permeability to pesticides. Chemosphere, 154: 17-22.

Selamawit N C, Pieter B, Peter L M G, et al. 2018. Does the protection status of wetlands safeguard diversity of macroinvertebrates and birds in southwestern Ethiopia? Biological Conservation, 226: 63-71.

Severiano J D S, Almeida-Melo V L D S, Bittencourt-Oliveira M D C, et al. 2018. Effects of increased zooplankton biomass on phytoplankton and cyanotoxins: A tropical mesocosm study. Harmful Algae, 71: 10-18.

Shen H, Simon F T, Wan X H, et al. 2016. Optimization of hard clams, polychaetes, physical disturbance and denitrifying bacteria of removing nutrients in marine sediment. Marine Pollution Bulletin, 110: 86-92.

Soheila R, Sari A E, Bahramifar N, et al. 2017. Transfer, tissue distribution and bioaccumulation of microcystin LR in the phytoplanktivorous and carnivorous fish in Anzali wetland, with potential health risks to humans. Science of the Total Environment, 575: 1130-1138.

Su L, Nan B X, Kathryn L H, et al. 2019. Microplastics biomonitoring in Australian urban wetlands using a common noxious fish (*Gambusia holbrooki*). Chemosphere, 228: 65-74.

Sun Y, Torgersen T. 2001. Adsorption-desorption reactions and bioturbation transport of 224Ra in marine sediments: A one-dimensional model with applications. Marine Chemistry, 74 (4): 227-243.

Tayebeh B, Vera V, Maarten D J, et al. 2019. Relationship between pesticide accumulation in transplanted zebra mussel (*Dreissena polymorpha*) and community structure of aquatic macroinvertebrates. Environmental Pollution, 252: 591-598.

Teresa J M, Jenny A D, Ross M T. 2016. Tracing metals through urban wetland food webs. Ecological Engineering, 94: 200-213.

Tuikka A I, Lepp N M T, Akkanen J, et al. 2016. Predicting the bioaccumulation of polyaromatic hydrocarbons and polychlorinated biphenyls in benthic animals in sediments. Science of the Total Environment, 563-564: 396-404.

Verma Y. 2008. Acute toxicity assessment of textile dyes and textile and dye industrial effluents using *Daphnia magna* bioassay. Toxicology and Industrial Health, 24 (7): 491-500.

Wu Y H, Kerr P G, Hu Z Y, et al. 2010. Removal of cyanobacterial bloom from a biopond-wetland system and the associated response of zoobenthic diversity. Bioresource Technology, 101 (11): 3903-3908.

Xu D F, Li Y X, Howard A, et al. 2013. Effect of earthworm *Eisenia fetida* and wetland plants on nitrification and denitrification potentials in vertical flow constructed wetland. Chemosphere, 92: 201-206.

Xu S H, Zhou S C, Xu L Q, et al. 2019. Fate of organic micropollutants and their biological effects in a drinking water source treated by a field-scale constructed wetland. Science of the Total Environment, 682: 756-764.

Yang M Y, Xia S X, Liu G H, et al. 2020. Effect of hydrological variation on vegetation dynamics for wintering waterfowl in China's Poyang Lake Wetland. Global Ecology and Conservation, 22: e01020.

Yi X M, Huang Y Y, Ma M H, et al. 2020. Plant trait-based analysis reveals greater focus needed for mid-channel bar downstream from the Three Gorges Dam of the Yangtze River. Ecological Indicators, 111: 105950.

Yntze V D H, Deogratias T, Winnie E, et al. 2019. Spatial variation in anuran richness, diversity, and abundance across montane wetland habitat in Volcanoes National Park, Rwanda. Ecology and Evolution, 9 (7): 4220-4230.

Zhang H J, Lu X B, Zhang Y C, et al. 2016. Bioaccumulation of organochlorine pesticides and polychlorinated biphenyls by loaches living in rice paddy fields of Northeast China. Environmental Pollution, 216: 893-901.

Zheng S, Zhao Y F, Liang W H, et al. 2020. Characteristics of microplastics ingested by zooplankton from the Bohai Sea, China. Science of the Total Environment, 713: 136357.

Zhuang L L, Yang T, Zhang J, et al. 2019. The configuration, purification effect and mechanism of intensified constructed wetland for wastewater treatment from the aspect of nitrogen removal: A review. Bioresource Technology, 293: 122086.

第6章 | 藻苲淀近自然湿地构建与工艺优选

6.1 工程必要性与可行性

6.1.1 工程建设背景

2017年4月1日，中共中央、国务院印发通知，决定设立河北雄安新区。雄安新区规划范围涉及河北省雄县、容城、安新3县及周边部分区域，地处北京、天津、保定腹地，区位优势明显、交通便捷通畅、生态环境优良、资源环境承载能力较强，现有开发程度较低，发展空间充裕，具备高起点高标准开发建设的基本条件。设立河北雄安新区，是以习近平同志为核心的党中央作出的一项重大历史性战略选择，是千年大计、国家大事。雄安新区坚持把绿色作为高质量发展的普遍形态，充分体现生态文明建设要求，坚持生态优先、绿色发展，构建蓝绿交织、清新明亮、水城共融的生态城市布局，实现人与自然和谐共生，建设天蓝、地绿、水秀美丽家园。白洋淀地处雄安新区核心位置，素有"华北明珠"之称，在维护华北地区生态系统平衡、调节河北平原乃至京津地区气候、补充地下水源、调蓄洪水以及保护生物多样性和珍稀物种资源等方面发挥着重要作用，在区域生态安全体系中拥有极高的战略位置。白洋淀生态环境保护和修复关系到白洋淀流域生态安全，关系到雄安新区的生态文明建设和"创新、协调、绿色、开放、共享"的新发展理念的实践，直接影响着京津冀生态安全和可持续发展过程，决定着京津冀协同发展战略的实施进程。

白洋淀生态空间总体布局从构建"一淀、三带、九片、多廊"的生态格局出发，打造蓝绿交织、清新明亮的新区生态空间。其中"一淀"为开展白洋淀环境治理和生态修复，"三带"包括环淀绿化带、环起步区绿化带、环新区绿化带，"九片"包括老河头、刘李庄、赵北口、大清河、晾马台、南拒马、昝岗、安新和马家寨九片大型森林斑块，"多廊"即沿雄安新区主要河流和交通干线两侧建设多条绿色生态廊道。作为主要入淀河流之一的府河是大清河流域生态主廊道，具有衔接和保障大清河流域生态格局的重要作用。

流入白洋淀的大清河水系按河系入淀位置，可划分为清南、清北两支。流域水系呈扇形分布，其中南支诸河直接汇入白洋淀，主要河流有潴龙河、孝义河、唐河、府河、漕河、瀑河、萍河；北支为南拒马河与白沟河汇流经白沟引河入淀。几条入淀河流中，仅孝义河、府河、白沟引河常年有水，但孝义河、府河水质污染严重，水质常年处于劣V类水平，主要超标水质指标为COD_{CrCr}、COD_{CrMn}、$NH_3\text{-}N$、TN、TP等。现状白洋淀水体污染较重，淀区多数区域水质长期未达到地表IV类湖、库标准，主要超标指标为COD_{CrCr}、TP、$NH_3\text{-}N$等。

府河入淀水主要是保定市污水处理厂尾水、部分直排废水、农田退水以及上游水库补水等，在不考虑上游水库补水的情况下，入淀水质为劣V类，这是白洋淀尤其是西部淀区的主要污染来源之一，水质状况直接关系到白洋淀的水质安全。根据河北省委、河北省政府印发的《白洋淀生态环境治理和保护规划（2018—2035年）》，要在重点排水口下游、河流入淀口等区域，因地制宜建设人工湿地，形成白洋淀生态缓冲区域，提高流域水生态环境承载能力。鉴于入淀水主要是上游污水处理厂尾水和农田退水，水质状况相对温和，同时要实现对白洋淀景观的恢复，故本工程计划采用近自然的方法进行湿地建设。

藻苲淀近自然湿地水质净化工程作为府河入淀的最后一道屏障，对于白洋淀水体水质达标、生态系统恢复、构建绿色生态空间、重现白洋淀"苇海荷塘"的壮阔胜景、保障雄安新区的生态文明建设有着重要的现实意义和长远意义。同时，工程紧靠雄安新区规划的安新和寨里两个组团，工程建设能够为绿色生态宜居城的建设提供良好的环境基础，实现环境整治促进区域经济发展，落实构建蓝绿交织、清新明亮、水城共融、多组团集约紧凑发展的生态城市布局，创造优良人居环境，实现人与自然和谐共生的要求。

6.1.2 工程建设依据

6.1.2.1 《河北雄安新区规划纲要》

根据《河北雄安新区规划纲要》，白洋淀主要定位如下。改善水环境质量：围绕雄安新区及周边地区、白洋淀及其外延连通水系等重点区域，加大对入淀河流、黑臭水体、纳污坑塘等的整治力度，推进雄安新区及白洋淀流域水环境质量改善。推进城镇排水系统雨污分流建设，新建城区、扩建新区、新开发区建设排水管网一律实行雨污分流；加快旧城区雨污分流改造。生态文明建设：以加快生态文明体制改革、打造绿色生态宜居新城区为出发点和落脚点，坚持高起点规划、高标准建设，坚持生态优先、绿色发展，与雄安新区总体规划及白洋淀生态环境治理和保护规划等上位规划相衔接，以白洋淀水生态系统修复为核心，分流域、分区域、分阶段科学系统治理。京津冀协同发展：在白洋淀及其上游流域尺度上开展山地、河流、森林、田地和淀泊生态系统保护修复工程等一系列生态环境保护专项行动，为雄安新区生态文明建设提供科学合理的支撑，为促进京津冀协同发展发挥重要作用。

6.1.2.2 《白洋淀生态环境治理和保护规划（2018—2035年)》

《白洋淀生态环境治理和保护规划（2018—2035年)》规划在重点排水口下游、河流入淀口等区域，因地制宜建设人工湿地，形成白洋淀生态缓冲区域，提高流域水生态环境承载能力。《白洋淀生态环境治理和保护规划（2018—2035年)》规划目标为：到2020年，淀区正常水位达到6.5m左右，淀区面积逐步恢复，府河等8条河流水质考核断面达到考核要求，淀区现有考核断面水质基本达到国家地表水环境质量Ⅲ～Ⅳ类标准；到2022年，淀区正常水位达到6.5～7.0m，淀区考核断面水质达到国家地表水环境质量Ⅲ～Ⅳ类标准，打通河流—淀泊生态廊道；到2035年，淀区水位保持在6.5～7.0m，府河等8条河流水质稳定在国家地表水环境质量Ⅳ类标准，淀区水质达到国家地表水环境质量Ⅲ~Ⅳ类标准；到 21 世纪中叶，淀区水质功能稳定达标，淀区生态系统结构完整、功能健全，白洋淀生态修复全面完成，展现白洋淀独特的"荷塘苇海、鸟类天堂"胜景和"华北明珠"风采。

6.1.2.3　《白洋淀流域治理实施方案（2018—2020 年）》

《白洋淀流域治理实施方案（2018—2020 年）》提出，开展入淀河流湿地生态修复，构建生态功能完善的入淀河流湿地生态系统，发挥生态调节功效，在府河、孝义河等分别建设芦苇湿地前置库缓冲净化系统，确保淀区断面水质稳定达到地表水环境质量Ⅲ~Ⅳ类标准。

6.1.2.4　《河北省碧水保卫战三年行动计划（2018—2020 年）》

《河北省碧水保卫战三年行动计划（2018—2020 年）》提出，到 2020 年，府河安州断面达到地表水环境质量 V 类标准（NH_3-$N \leqslant 3mg/L$），孝义河蒲口断面达到地表水环境质量 V 类标准（NH_3-$N \leqslant 6.5mg/L$）；白洋淀湖心区水质达到地表水环境质量Ⅲ~Ⅳ类标准，南刘庄断面稳定达到或优于地表水环境质量 V 类标准。

6.1.2.5　《关于全面加强生态环境保护坚决打好污染防治攻坚战的实施意见》

2018 年河北省委、省政府公布的《关于全面加强生态环境保护坚决打好污染防治攻坚战的实施意见》（冀发〔2018〕38 号），明确提出优先在白洋淀、衡水湖等重要湖库及其主要入湖（库）河流推进生态缓冲带保护修复工程、人工湿地工程和初期雨水收集处理工程建设，进一步削减入湖（库）污染负荷；修复淀区湿地生态，开展清淤试点；实施水生植物平衡收割，清除各类非法围堤围埝，促进水体自然流动，减轻内源性营养物负荷的积累。

6.1.3　工程建设必要性

6.1.3.1　净化入淀河流，保障白洋淀水体水质的迫切需求

近年来白洋淀多数断面水质维持在Ⅳ类、Ⅴ类及劣Ⅴ类状态，距离《白洋淀生态环境治理和保护规划（2018—2035 年）》、《白洋淀流域治理实施方案（2018—2020 年）》和《河北省碧水保卫战三年行动计划（2018—2020 年）》确定的目标水质要求还存在一定差距。入淀河流输入和淀区内源污染严重是主要原因。白洋淀入淀河流中，仅孝义河、府河、白沟引河常年有水，府河作为入藻苲淀的主要水源，现状水质虽逐渐好转，但是仍然处于劣Ⅴ类，成为白洋淀重要污染源之一。

《白洋淀生态环境治理和保护规划（2018—2035 年）》提出开展入淀河流流域综合治理，远景实现城镇污水全收集、全处理，达到雄安新区相关标准要求。《白洋淀流域治理实施方案（2018—2020 年）》中明确，大力削减入河入淀污染负荷，不断推进雄安新区及

白洋淀流域水环境质量改善，重点实施工业污染防控和治理、城镇污水和垃圾治理、农村污染治理等工程。

上述规划提出的水质目标和污染治理措施总体布局，需要经过一定时间才能达到水质净化目标。针对现状府河和白洋淀水质净化需求，河北省委、省政府提出拟在藻苲淀统筹实施府河入淀口湿地水质净化工程、藻苲淀退耕还淀生态湿地恢复工程和府河新区段河道综合治理工程 3 个重点项目。其中，府河入淀口湿地水质净化工程的主要功能是净化入淀水质；藻苲淀退耕还淀生态湿地恢复工程主要是通过退耕还淀还湿，恢复淀区水动力条件和湿地生态系统，兼顾淀区自净和水质提升功能；府河新区段河道综合治理工程主要是恢复河道生态和自净功能，保障河床行洪能力，并为湿地工程提供调控配水。三者有机衔接，共同保障淀区生态恢复和淀区国控断面水质达标。

6.1.3.2 恢复白洋淀湿地生态系统的需要

白洋淀是我国北方最典型与最具有代表性的湖泊和浅水草型湿地，作为北温带动植物聚集地和数百万计的候鸟南北迁徙的密集交会区，其对维护区域生态系统平衡、调节河北平原及京津冀地区气候、改善温湿状况、补充地下水及保护生物多样性和珍稀物种资源发挥着重要作用。《白洋淀生态环境治理和保护规划（2018—2035 年)》提出，在重点排水口下游、河流入淀口等区域，因地制宜建设人工湿地，形成白洋淀生态缓冲区域，提高流域水生态环境承载能力。府河入淀口湿地水质净化工程的实施，将为白洋淀生态环境保护提供有力支撑。

6.1.3.3 建设绿色生态宜居城的需要

设立河北雄安新区是以习近平同志为核心的党中央深入推进京津冀协同发展作出的一项重大决策部署。根据《河北雄安新区规划纲要》，要采用现代信息、环保技术，将雄安新区建成绿色低碳、智能高效、环保宜居且具备优质公共服务的新型城市。为了实现雄安新区的发展目标，就要做好白洋淀生态环境保护，恢复"华北之肾"功能。要实施白洋淀生态修复，恢复淀泊水面。实施退耕还淀，淀区逐步恢复至 360km² 左右；实现水质达标，优化流域产业结构，加强水环境治理，坚持流域"控源–截污–治河"系统治理，确保入淀河流水质达标，将白洋淀水质逐步恢复到Ⅲ～Ⅳ类水平；开展生态修复，利用自然本底优势，结合生态清淤，优化淀区生态格局，对现有苇田荷塘进行微地貌改造和调控，修复多元生境，展现白洋淀荷塘苇海自然景观。根据《河北雄安新区规划纲要》，雄安新区是北京非首都功能疏解的承载地，要建设成为高水平社会主义现代化城市、京津冀世界级城市群的重要一级、现代化经济体系的新引擎、推动高质量发展的全国样板。雄安新区第一个发展定位就是绿色生态宜居新城区，藻苲淀作为白洋淀的重要组成部分，紧靠安新和寨里两个组团，区位优势明显。因此，应按照高点定位的基本原则，全面实施府河入淀口湿地水质净化工程，支撑雄安新区建成绿色生态宜居城。

6.1.3.4 高度融合示范区绿色发展理念的迫切需求

《国务院关于河北雄安新区总体规划（2018—2035 年）的批复》中明确提出：建设成

为绿色生态宜居新城区、创新驱动发展引领区、协调发展示范区、开放发展先行区,努力打造贯彻落实新发展理念的创新发展示范区。《河北雄安新区规划纲要》提出"实施白洋淀生态修复",即对现有苇田荷塘进行微地貌改造和调控,修复多元生境,展现白洋淀荷塘苇海自然景观。实施生态过程调控,恢复退化区域的原生水生植被,促进水生动物土著种增殖和种类增加,恢复和保护鸟类栖息地,提高生物多样性,优化生态系统结构,增强白洋淀生态自我修复能力。因此,在湿地水质净化过程中,迫切需要落实生态优先、恢复湿地生态和改善入淀河流水质等目标要求,全面落实绿色发展理念。实施过程中,应坚持尊重自然、顺应自然、保护自然的生态文明理念,突出水资源、水环境、水生态三位一体推进,狠抓生态保护与修复,建设和谐白洋淀、健康白洋淀、清洁白洋淀、优美白洋淀和安全白洋淀。

6.1.3.5 为白洋淀建设河口净化湿地提供技术支撑

白洋淀入淀河流众多,多数河流水质不满足功能区划目标,主要超标指标为 TN、TP、NH_3-N 等,需要采取污染源控制、生态修复等措施。其中建设河口湿地是水质净化和水质提升的主要组成部分。为保障拟建大规模湿地水质净化效果,应通过典型湿地工程积累运营经验,厘清水质净化单元参数和水质净化效果,优化湿地工程设计参数和运行模式,完善河口湿地方案设计,提高湿地水质净化效果,为大规模开展湿地水质净化提供依据。

6.2 湿地净水工艺优选

府河是藻苲淀区主要来水河流,河流主要污染来自流域上游城镇污水处理厂。研究表明流域范围内有 4 家污水处理厂尾水排入府河,根据 2017 年企业事业单位环境信息公开表中的信息核实,4 家污水处理厂中除保定市排水总公司鲁岗污水处理厂实际出水执行《城镇污水处理厂污染物排放标准》(GB 18918—2002)一级 B 标准,其余 3 家均执行一级 A 标准。近年来,湿地水质提升工艺发展迅速,主要有生态湿地、深度处理厂、原位水处理技术等。根据府河入淀水质现状,为达到水质目标,可采取三种解决方案:生态湿地、深度处理厂和原位水处理技术。其工艺优缺点比较详见表6-1。

表 6-1 三种水质提升处理工艺优缺点对比

名称	生态湿地	深度处理厂	原位水处理技术
污染物削减能力	好	好	一般
运行费用	一般	高	一般
运行难度	低	高	高
占地面积	较大	中等	河道基本无占地
防洪影响	低	低	中等
抗冲击负荷	好	中等	一般
出水稳定性	好	好	一般
TN 去除率	好	好	差

名称	生态湿地	深度处理厂	原位水处理技术
TP 去除率	好	好	一般
冬季处理效果	一般	低	高
设备占比	低	低	高

上述工艺均有其优缺点，考虑到生态湿地属于生态治理手段，基于自然净化机理，通过模拟自然污水净化过程，综合物化、生化等污染物去除能力，在低污染水体的深度处理方面，有较大优势。生态湿地作为水质提升工艺应用较成熟，国内已经有不少成功案例。为实现工程湿地对上游水质的有效净化，需要采用适当的湿地建设方式。目前根据水流经湿地的方式将湿地分为表流湿地和潜流湿地两大类。

6.2.1　表流湿地

表流湿地是指水流从湿地表面流过，被湿地中植物、微生物及基质净化的一种净水湿地。其优势在于构建简单，抗水力冲击负荷性能较好，但相较于其他构造的湿地，其水质净化能力相对较弱。表流湿地在构造上与纯天然湿地十分相近，其强化净水效果的方式主要是通过强化湿地基质，提高湿地中微生物的附着能力和污染物去除功能。表流湿地又可以分为传统表流湿地和稳定塘两种。

6.2.1.1　传统表流湿地

为保证湿地的复氧效率，传统表流湿地的水深一般较浅，仅有 0.3～0.5m，水体进入湿地后以一定深度缓慢流过湿地表面，在微生物、植物及基质的共同作用下净化水质。长期的水体淹没，使得下层供氧主要通过水面复氧及湿地植物通气组织供氧提供。表流湿地中接近水面部分为好氧区，较深部分及远离植物根区的底部通常为缺氧区，是表流湿地中厌氧反应的主要区域。因此，此类湿地中同时存在好氧及缺氧微生物群落。该类型湿地具有较好的 TN 去除能力，但只适用于处理低污染水体。

6.2.1.2　稳定塘

稳定塘是一类利用水体的自净能力，对蓄积在塘内的水体进行处理的池塘湿地。稳定塘是利用水体中的菌藻协同作用对水中污染物进行处理的一类表流湿地。稳定塘污水处理系统具有基建投资和运转费用低、操作维护简单、能有效去除污水中的有机物和病原体、无须污泥处理等优点，但是其处理效率较低，易造成恶臭等其他环境问题。稳定塘是根据传统表流人工湿地衍生设计而来，稳定塘内具备完整的湿地食物链，具备较好的稳定性，适用于经济欠发达地区的污水处理和低污染水体的水质净化。

稳定塘又可以根据含氧状态和构成特点分为好氧塘、兼性塘、厌氧塘、曝气塘、水生植物塘和组合型稳定塘。好氧塘为保证复氧，通常水位相对较浅，对水中有机污染物降解较好。兼性塘则需要较深的深度，通常在 1.0m 以上，使得上层为好氧区，中层为兼氧区，下层为厌氧区，以更好地脱除湿地中的氮元素。厌氧塘通常在 2.5m 以上，最深为 4~5m，适用于高有机负荷的水体。曝气塘与活性污泥法类似，通过曝气使水体充氧，处理效率高但是运行成本也高，曝气的富氧环境有助于抑制藻类的生长、促进微生物活动，因为添加了曝气，曝气塘通常的深度也较深，在 2m 左右。水生植物塘通过增养水生植物和水生动物，构建完整生态体系和生物链，强化了水生态自净能力。组合型稳定塘则是不同的稳定塘组合以实现污水处理效果。

6.2.2 潜流湿地

潜流湿地是指水流主要通过填料进出的湿地类型，这种湿地填料通常以大颗粒的砂石为主，表面无水或少水，主要依靠基质生物膜和挺水植物吸收作用进行水质净化。潜流湿地根据污水流出湿地的水流方向又可分为水平潜流湿地和垂直潜流湿地。水平潜流湿地通常指水流通过填料基质，上层进水上层出水的湿地类型。垂直潜流湿地则是指水流上层进入下层流出的湿地类型。潜流湿地去除污染物主要依靠三个途径：接触沉淀、生物膜降解、吸附和吸收。

填料基质之间空隙通常较小，能有效减缓流速，促进水中的小颗粒物质沉淀下来。同时填料基质上易附着生物膜，生物反应也能有效降解水中的污染物。植物和多孔基质本身也对污染物有较好的吸附和吸收作用。

6.2.3 工艺比选

藻苲淀主要承接府河流域来水，白洋淀区富营养化污染程度较高，为实现对白洋淀淀区的水质保护，水体主要削减污染物应为 TN 和 TP。为实现这一目标，应当结合多种湿地特点对工艺进行优选。表 6-2 中为各类湿地的工艺比较。

6-2 四种湿地工艺比较

湿地类型	传统表流湿地	稳定塘	水平潜流湿地	垂直潜流湿地
硝化能力	+	+	-	+
反硝化能力	+	+	+	-
除磷能力	+	+	+++	+++
除藻能力	+++	+	+	+
景观效应	+++		+	+
受纳水质	低污染	中高污染	低污染	中高污染
建筑面积	+++	+++	+	-
运行管理	简单	简单	复杂	复杂
冬季效能	-	+	+++	+++

湿地类型	传统表流湿地	稳定塘	水平潜流湿地	垂直潜流湿地
建设费用	低	低	高	高
运行成本	低	低	中等	高
地形适应	低	低	高	高

注：+++，较好；+，一般；-，较差。

水质监测数据显示，上游来水水质在逐步改善，属于低污染水体，且以氮、磷污染为主。目前考虑建设湿地所在区域为入淀河口，其生态性较为脆弱，敏感性较高，随着藻苲淀入淀口上游综合治理，入淀水质会逐步改善，湿地进水水质将优于目前水质状况，因此湿地的主要功能为稳定入淀水质和水资源应急管理。综合节约湿地建设工程投资成本等其他因素，藻苲淀近自然湿地考虑采用多塘系统和潜流湿地的组合工艺为主。

组合工艺与单一工艺相比，可发挥不同工艺的优势，更好地削减超标污染物。目前运用较多的塘+潜流湿地系统组合工艺主要有三种形式：组合一，前置沉淀生态塘+潜流湿地；组合二，前置沉淀生态塘+表流湿地；组合三，前置沉淀生态塘+潜流湿地+塘，其中前置沉淀生态塘主要承担预处理的功能。针对以上三种工艺组合从污染负荷削减、场地条件、投资成本等方面进行比选（表6-3）。

表6-3　三种组合湿地处理工艺比较

组合编号	组合一	组合二	组合三
工艺类型	前置沉淀生态塘+潜流湿地	前置沉淀生态塘+表流湿地	前置沉淀生态塘+潜流湿地+塘
温度影响	-	+++	+
硝化效果	+	-	+++
反硝化效果	+	-	+++
总磷去除	-	+	+++
景观效果	-	+	+++
占地面积	-	+++	+
堵塞风险	+++	+	+
运维管理	+++	+	+
工程投资	+++	-	+
运行成本	+++	-	+
适用范围	中低浓度废水	中低浓度废水	中低浓度废水

注：+++，较好/较高；+，一般；-，较差/较低。

本工程既需要保证近自然湿地入淀水质的 TN 和 TP，还需要考虑我国北方地区冬季低温天气对湿地处理效能的影响，同时还要兼顾湿地生态景观价值和工程的经济性。考虑到以上各项需求，结合上述工艺的特点及适用范围，近自然湿地工程计划采用"前置沉淀生态塘+潜流湿地+水生植物塘"组合工艺。前置沉淀生态塘为工艺主要的预处理段，以实现对泥沙的有效阻截，防止后段潜流湿地的堵塞；水生植物塘则主要为了兼顾入淀湿地的生态性，也是入淀湿地三个分段中占地面积最大的部分，同时对潜流湿地出水进行进一步提升，确保出水水质达标；潜流湿地是核心处理单元，通过基质–微生物–植物的共同作用，对来水污染物进行净化，更好地去除 TN 和 TP。

6.3 比选工艺验证

通过一系列的前期比选工作，本研究提出未验证的"生态塘+潜流湿地+生态稳定塘"工艺，采用淀区水和泥原料，在白洋淀立地条件下，通过小试装置对该工艺进行了可行性的验证试验。

6.3.1 小试装置

研究采用的模拟组合工艺流程如图 6-1 所示，微污染河水依次流经前置沉淀生态塘、潜流湿地和生态稳定塘。装置主要包括储水桶、前置沉淀生态塘、潜流湿地和生态稳定塘。

图 6-1 模拟组合工艺系统流程图

前置沉淀生态塘底层铺 0.1m 基质，最底层为陶粒，上层为砂土，超高取值 0.05m。沉水植物种植金鱼藻和菹草。前后分别设置进水槽和出水孔，进水槽长 0.03m、宽 0.45m，高度与池体高度一致，出水孔位于基质上方 0.17m 处，出水孔出水，沉淀塘的出水孔和潜流湿地的进水孔中间通过三通阀连接。

潜流湿地水深取值 0.30m，填料高取 0.40m，超高 0.05m，潜流湿地底部进水区铺设 10cm 的卵石，粒径为 30~50mm。床体部分填充沸石、陶瓷环和火山岩，其中，火山岩和沸石的粒径为 3~6mm，填料体积比为 1:1:1，床体填料表层覆盖粒径为 5mm 左右的小砾石，覆盖层高 50mm。潜流湿地植物种植美人蕉。在前后分别设置进水孔、进水槽和出水孔，进水槽长 0.03m、宽 0.45m，高度与池体高度一致，进水孔和出水孔位于基质上方 0.17m，潜流湿地出水孔和稳定塘进水孔中间通过三通阀进行连接。

生态稳定塘内部分为浅水区和深水区，浅水区基质材料为陶粒和砂土，底部铺设 10cm 陶粒，上面覆盖 20cm 的砂土，砂土上面种植根系发达的水葱，深水区基质材料为砂土，高度 10cm，植物种植金鱼藻、狐尾藻和菹草。在前后分别设置进水孔、进水槽和出水孔，进水槽长 0.03m、宽 0.45m，高度与池体高度一致，进水孔和出水孔位于基质上方 0.17m。

6.3.2 试验方法

试验用水取自府河河水，水质如表 6-4 所示，底泥采集于藻苲淀区域，其中前置沉淀生态塘接种 0.03m³、潜流湿地接种 0.07m³、生态稳定塘接种 0.035m³。每个条件进行为期 11d 的运行。分别测试进水、前置沉淀生态塘出水、潜流湿地出水和生态稳定塘出水中的 COD_{Cr}、TN、TP、NH_3-N、NO_3^--N、ORP（氧化还原电位）、DO 和温度。

表6-4　试验用水水质　　　　　　　　　（单位：mg/L）

水质指标	COD_{Cr}	TN	TP	NH_3-N
浓度	21.09 ~ 58.76	1.45 ~ 4.46	0.017 ~ 0.227	0.10 ~ 0.78

6.3.2.1　装置启动

按表 6-5 的进水流量和水力负荷，将模拟污水泵入组合系统中，每 5d 调一次流量。模拟污水每次以 100L 水配制。在启动过程中，随着反应器的不断运行，当出水 COD_{Cr}、TN、TP 以及 NH_3-N 的去除率趋于稳定，同时水中出现大量的微生物时，认为反应器启动成功。

表6-5　启动时期进水流量和水力负荷

进水流量 /(mL/min)	水力负荷/[m³/(m²·d)]		
	前置沉淀生态塘	潜流湿地	生态稳定塘
15	0.05	0.08	0.05
20	0.07	0.12	0.07
25	0.08	0.14	0.08
30	0.10	0.16	0.10
35	0.12	0.20	0.12
40	0.14	0.24	0.14
45	0.15	0.25	0.15

6.3.2.2　水力负荷影响

分别设置高、低两种不同的水力负荷，低水力负荷前置沉淀生态塘（后称"沉淀塘"）、潜流湿地和生态稳定塘（后称"稳定塘"）的水力负荷分别为 0.17m³/(m²·d)、0.17m³/(m²·d) 和 0.1m³/(m²·d)；另一组水力负荷下沉淀塘、潜流湿地和稳定塘的水力负荷分别为 0.25m³/(m²·d)、0.25m³/(m²·d) 和 0.17m³/(m²·d)。两组水力负荷运行时的室温为 20 ~ 30℃。

6.3.2.3　污染负荷影响

分别设置两组不同的污染负荷，污染负荷设置如表 6-6 所示。低负荷仅增加 TN 含量，其他污染物浓度不做调整，模拟淀区来水特征，沉淀塘、潜流湿地和稳定塘水力负荷分别为 0.17m³/(m²·d)、0.17m³/(m²·d) 和 0.1m³/(m²·d)。高污染负荷是模拟废水进水，模拟应急污染状况，并检测组合工艺的抗污染负荷能力，沉淀塘、潜流湿地和稳定塘水力负荷分别为 0.17m³/(m²·d)、0.17m³/(m²·d) 和 0.1m³/(m²·d)。所有条件均在室温

10~20℃下运行。

表6-6 进水条件 （单位：mg/L）

水质指标	COD$_{Cr}$	TN	TP	NH$_3$-N
低污染负荷	20~40	10~12	0.05~0.12	2.0~3.0
高污染负荷	80~100	15~20	1.2~1.6	3.0~4.0

6.3.3 组合工艺处理效率

6.3.3.1 水力负荷影响

水力负荷直接影响湿地系统对污染物的净化效果。通常湿地负荷越低、污染物净化效率越高（万博阳，2016）。但在实际运行过程中，满足低水力负荷的工程条件是湿地需要较大的面积。在有限的空间范围内，为了避免不必要的资源浪费，需要筛选出合适的水力条件范围。

1）COD$_{Cr}$浓度的变化

整体而言（图6-2），低水力负荷时，进水COD$_{Cr}$浓度为21.09~58.76mg/L，出水COD$_{Cr}$浓度为16.57~38.06mg/L，去除率为7.69%~35.23%，平均去除率达到24.48%，达地表Ⅳ类水标准。高水力负荷时，进水COD$_{Cr}$浓度为24.10~30.38mg/L，出水COD$_{Cr}$浓度为18.67~25.48mg/L，COD$_{Cr}$的去除率为14.84%~28.19%，平均去除率为19.97%，达地表Ⅳ类水标准。可以发现两组水力负荷条件下组合系统对COD$_{Cr}$的去除率均达到约20%，出水COD$_{Cr}$浓度均满足地表Ⅳ类水标准，相比之下，高水力负荷COD$_{Cr}$的去除率有所下降，但下降幅度较小，说明该组合系统抗冲击负荷能力强。各级处理效能如表6-7所示。

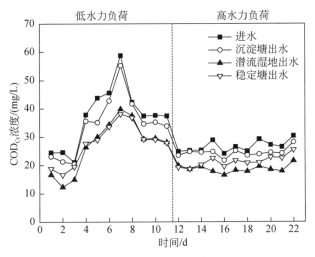

图6-2 组合工艺COD$_{Cr}$处理效果

沉淀塘、潜流湿地和稳定塘低水力负荷分别为0.17m³/(m²·d)、0.17m³/(m²·d)和

0.10m³/(m²·d)；高水力负荷分别为0.25m³/(m²·d)、0.25m³/(m²·d)和0.17m³/(m²·d)

表6-7 组合工艺各级 COD_Cr 出水

类别		出水浓度/(mg/L)	平均出水浓度/(mg/L)	累计平均去除率/%
低水力负荷	沉淀塘	20.50～55.20	34.45	7.70
	潜流湿地	12.30～39.80	27.15	28.18
	稳定塘	16.57～38.06	27.81	24.48
高水力负荷	沉淀塘	21.70～28.20	24.44	8.12
	潜流湿地	16.50～21.60	18.72	29.59
	稳定塘	18.67～25.48	21.32	19.97

综合分析来看，潜流湿地是净化 COD_{Cr} 的主要单元。而塘系统对 COD_{Cr} 的净化作用较小，其中，稳定塘与沉淀塘相比，稳定塘反而促进了 COD_{Cr} 的增长，但出水浓度均低于30mg/L，达到地表IV类水标准。

2）TP 浓度变化

整体而言（图6-3），低水力负荷时，进水 TP 浓度在 0.073～0.197mg/L，出水为 0.014～0.054mg/L，组合系统去除效率为 64.38%～89.23%，平均去除率为 76.09%，出水浓度满足地表III类水标准。高水力负荷下，进水 TP 浓度为 0.109～0.204mg/L，出水为 0.029～0.055mg/L，去除效率为 58.65%～76.84%，平均去除率为 69.34%，同样满足地表III类水标准。

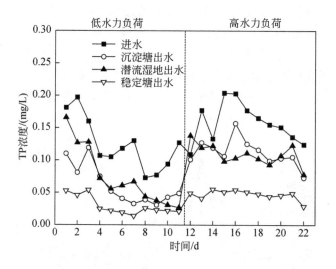

图 6-3 组合工艺 TP 处理效果

沉淀塘、潜流湿地和稳定塘低水力负荷分别为 $0.17m^3/(m^2 \cdot d)$、$0.17m^3/(m^2 \cdot d)$ 和 $0.10m^3/(m^2 \cdot d)$；高水力负荷分别为 $0.25m^3/(m^2 \cdot d)$、$0.25m^3/(m^2 \cdot d)$ 和 $0.17m^3/(m^2 \cdot d)$

两组水力负荷条件下，塘系统（沉淀塘+稳定塘）的净化效果更好（表6-8）。

表 6-8 组合工艺各级 TP 出水

类别		出水浓度/(mg/L)	平均出水浓度/(mg/L)	累计平均去除率/%
低水力负荷	沉淀塘	0.031 ~ 0.119	0.061	51.45
	潜流湿地	0.027 ~ 0.166	0.074	43.28
	稳定塘	0.014 ~ 0.054	0.030	76.09
高水力负荷	沉淀塘	0.073 ~ 0.157	0.112	29.98
	潜流湿地	0.078 ~ 0.138	0.109	27.9
	稳定塘	0.029 ~ 0.055	0.047	69.34

3) TN 浓度变化

综合来看，整体系统低水力负荷下进水 TN 浓度为 2.03 ~ 4.46mg/L，出水总浓度为 0.38 ~ 0.95mg/L，平均浓度为 0.73mg/L，TN 的去除率为 61.58% ~ 90.75%，平均去除率为 77.02%。高水力负荷下进水 TN 浓度为 1.45 ~ 3.03mg/L，出水 TN 浓度为 0.62 ~ 1.02mg/L，平均浓度为 0.73mg/L，TN 的去除率为 37.42% ~ 79.21%，平均去除率为 65.00%（图 6-4）。

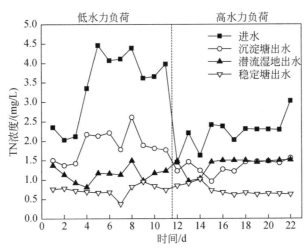

图 6-4 组合工艺 TN 处理效果

沉淀塘、潜流湿地和稳定塘低水力负荷分别为 0.17m³/(m²·d)、0.17m³/(m²·d) 和

0.10m³/(m²·d)；高水力负荷分别为 0.25m³/(m²·d)、0.25m³/(m²·d) 和 0.17m³/(m²·d)

在两组水力负荷下，组合系统出水 TN 浓度均达到地表Ⅲ类水标准以下，且出水浓度较稳定，从去除来看，TN 在组合系统中的去除受水力负荷影响较大，低水力负荷条件下 TN 的去除率更高（表 6-9）。

表 6-9 组合工艺各级 TN 出水

类别		出水浓度/(mg/L)	平均出水浓度/(mg/L)	累计平均去除率/%
低水力负荷	沉淀塘	1.37 ~ 2.61	1.88	44.18
	潜流湿地	0.81 ~ 1.49	1.14	64.76
	稳定塘	0.38 ~ 0.95	0.73	77.02

续表

类别		出水浓度/（mg/L）	平均出水浓度/（mg/L）	累计平均去除率/%
高水力负荷	沉淀塘	0.96～1.56	1.34	37.68
	潜流湿地	0.97～1.51	1.40	35.09
	稳定塘	0.62～1.02	0.73	65.00

在两组水力负荷条件下，对 TN 起主要净化作用的单元是沉淀塘，去除率占组合系统去除率的50%以上，沉淀塘作为组合系统中的第一个单元，主要通过植物的吸收作用来去除 TN，可以发现，在一定的水力负荷范围内，以植物吸收为主的净化作用受水力负荷影响较小。稳定塘去除率无明显的差异同样可以说明植物净化 TN 的稳定性。

4）处理过程中 NH$_3$-N 浓度的变化

总体而言（图6-5），低水力负荷下，进水 NH$_3$-N 浓度为 0.10～0.58mg/L，NH$_3$-N 出水浓度为 0.03～0.23mg/L，平均去除率为 54.11%。高水力负荷下，进水 NH$_3$-N 浓度为 0.21～0.51mg/L，出水 NH$_3$-N 浓度为 0.13～0.30mg/L，NH$_3$-N 平均去除率为 37.78%。两组水力条件下 NH$_3$-N 出水浓度均满足地表Ⅲ类水标准，组合系统中水力负荷对 NH$_3$-N 的去除影响较小（表6-10）。

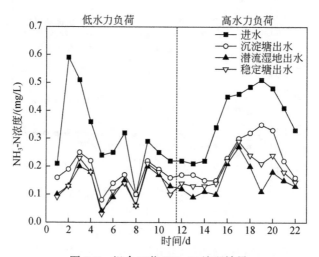

图 6-5　组合工艺 NH$_3$-N 处理效果

沉淀塘、潜流湿地和稳定塘低水力负荷分别为 0.17m^3/（m^2·d）、0.17m^3/（m^2·d）和
0.10m^3/（m^2·d）；高水力负荷分别为 0.25m^3/（m^2·d）、0.25m^3/（m^2·d）和 0.17m^3/（m^2·d）

表 6-10　组合工艺各级 NH$_3$-N 出水

类别		出水浓度/（mg/L）	平均出水浓度/（mg/L）	累计平均去除率/%
低水力负荷	沉淀塘	0.08～0.25	0.17	38.39
	潜流湿地	0.04～0.20	0.13	53.72
	稳定塘	0.03～0.23	0.13	54.11

续表

类别		出水浓度/(mg/L)	平均出水浓度/(mg/L)	累计平均去除率/%
高水力负荷	沉淀塘	0.15 ~ 0.35	0.23	37.06
	潜流湿地	0.09 ~ 0.27	0.15	58.32
	稳定塘	0.13 ~ 0.40	0.21	37.78

以上数据可以发现，潜流湿地对 $NH_3\text{-}N$ 的净化作用在高负荷下较大，分析其物理指标 DO 浓度为 2~3mg/L，ORP 值正负交替变化中，可知潜流湿地内部主要发生硝化作用和厌氧氨氧化作用（Dalsgaard et al., 2003）。综合各个单元对 $NH_3\text{-}N$ 的去除作用，沉淀塘在两组水力负荷条件下均是组合系统中净化 $NH_3\text{-}N$ 的主要单元，沉淀塘的去除率占整体组合系统去除率的 60% 左右。

6.3.3.2 污染负荷影响

入淀湿地主要承接上游府河来水，河流来水与降水、污染源等多种环境因素相关，故而存在极大的不确定性，因此湿地需要具备一定的抗污染负荷的能力。对于未验证工艺的抗负荷能力，本研究小试采用高低污染负荷进行了探究。

1）COD_{Cr} 浓度的变化

高污染负荷时，COD_{Cr} 进水浓度设置为 80~100mg/L，低污染负荷时，COD_{Cr} 进水浓度设置为 20~40mg/L。低污染负荷下，进水 COD_{Cr} 浓度为 10.54~37.66mg/L，出水 COD_{Cr} 浓度为 6.03~33.14mg/L，平均浓度为 21.11mg/L，去除率为 5.26%~42.79%，平均去除率为 22.30%，达地表Ⅳ类水标准。高污染负荷下，组合系统进水 COD_{Cr} 浓度为 57.25~100.60mg/L，出水 COD_{Cr} 浓度为 1.03~33.14mg/L，平均浓度为 17.92mg/L，去除率为 56.96%~98.25%，平均去除率为 78.27%，达地表Ⅲ类水标准（图6-6、表6-11）。

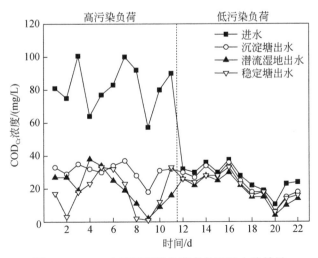

图6-6 COD_{Cr} 在不同污染负荷条件下的去除效果

表 6-11　组合工艺各级 COD$_{Cr}$ 出水累计平均去除率　　　（单位：%）

污染负荷	工艺各级	累计平均去除率
低负荷	沉淀塘	15.45
	潜流湿地	30.83
	稳定塘	22.30
高负荷	沉淀塘	62.06
	潜流湿地	74.06
	稳定塘	78.27

2）TP 浓度的变化

高污染负荷时，TP 进水浓度设置为 1.200 ~ 1.600mg/L，低污染负荷时，TP 进水浓度设置为 0.050 ~ 0.120mg/L。从图 6-7 可以看出，在低污染负荷时，组合系统进水 TP 浓度为 0.048 ~ 0.120mg/L，出水 TP 浓度为 0.016 ~ 0.054mg/L，平均浓度为 0.032mg/L，TP 去除率为 37.14% ~ 68.00%，平均去除率为 54.89%，达到地表Ⅲ类水标准。而高污染负荷下，组合系统进水 TP 浓度为 1.202 ~ 1.736mg/L，出水 TP 浓度为 0.023 ~ 0.130mg/L，平均浓度为 0.073mg/L，TP 去除率为 90.65% ~ 98.41%，平均去除率为 94.85%，达到地表Ⅳ类水标准（表 6-12）。

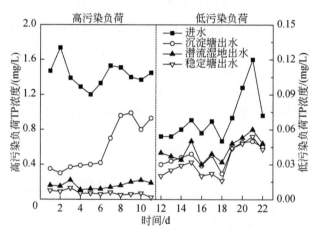

图 6-7　TP 在不同污染负荷条件下的去除效果

表 6-12　组合工艺各级 TP 出水累计平均去除率　　　（单位：%）

污染负荷	工艺各级	累计平均去除率
低负荷	沉淀塘	45.12
	潜流湿地	37.45
	稳定塘	54.89
高负荷	沉淀塘	57.69
	潜流湿地	88.54
	稳定塘	94.85

组合系统对 TP 的去除受污染负荷的影响较大，高污染负荷下的 TP 去除率约是低污染负荷下的 2 倍。

3）TN 浓度的变化

高污染负荷时，TN 进水浓度设置为 15.00~20.00mg/L，低污染负荷时，TN 进水浓度设置为 10.00~12.00mg/L。低污染负荷条件下，组合系统进水 TN 浓度为 10.62~12.23mg/L，出水 TN 浓度为 0.59~4.55mg/L，平均浓度为 1.83mg/L，TN 出水浓度达地表Ⅴ类水标准。高污染负荷时，组合系统进水 TN 浓度为 15.00~22.00mg/L，出水 TN 浓度为 0.02~1.40mg/L，平均浓度为 0.40mg/L，TN 出水浓度基本达地表Ⅲ类水标准。高负荷和低负荷下的去除率分别为 92.00%~99.78% 和 61.44%~94.64%，平均去除率为 97.81% 和 84.22%（图 6-8）。

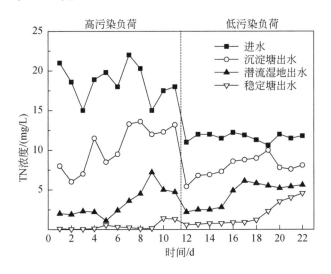

图 6-8　TN 在不同污染负荷条件下的去除效果

从去除率分析来看，组合系统在高污染负荷下去除率高于低污染负荷下 TN 的去除率（表 6-13），可能是运行过程中温度变化对其造成的影响，低污染负荷运行期间，室外温度很低，尤其在运行后 4d 阶段。从图 6-8 中随时间的走势来看，在前 7d 时间内，组合系统对 TN 保持较高的去除效率，平均去除效率可达 90% 以上，TN 最终的出水满足地表Ⅳ类水标准，但在运行阶段的后 4d，组合工艺系统对 TN 的平均去除率稳定在 50% 左右，去除效果明显减弱。

同水力负荷运行下相比，两组污染负荷下 TN 浓度都较高。在 TN 浓度较高的情况下，沉淀塘、潜流湿地和稳定塘对 TN 的净化能力都很高。沉淀塘中主要通过植物和微生物的吸收作用。潜流湿地对 TN 的去除主要是因为潜流湿地基质上覆盖着大量的生物膜，大量的微生物通过硝化、反硝化、厌氧氨氧化等作用净化水中的 TN。稳定塘表现出更高的去除效果源于稳定塘中氮的浓度满足植物对氮的需求条件，与之前相比，表明水生植物不适合在水质状况较好的环境中长期稳定生长。

表6-13 组合工艺各级 TN 出水累计平均去除率　　　　（单位:%）

污染负荷	工艺各级	累计平均去除率
低负荷	沉淀塘	32.31
	潜流湿地	61.98
	稳定塘	84.22
高负荷	沉淀塘	43.21
	潜流湿地	81.20
	稳定塘	97.81

4）处理过程中 NH_3-N 浓度的变化

高污染负荷时，NH_3-N 进水浓度设置为 3.0~4.0mg/L，低污染负荷时，NH_3-N 进水浓度设置为 2.0~3.0mg/L。低污染负荷下系统 NH_3-N 进水浓度为 2.20~2.97mg/L，出水 NH_3-N 浓度为 0.05~2.36mg/L，平均浓度为 0.23mg/L，NH_3-N 去除率为 88.64%~93.45%，平均去除率为 91.04%。高污染负荷下系统 NH_3-N 进水浓度为 2.24~5.37mg/L，平均浓度为 3.37mg/L，出水 NH_3-N 浓度为 0.16~0.605mg/L，平均浓度为 0.23mg/L，NH_3-N 去除率为 89.80%~95.90%，平均去除率为 92.42%（图6-9）。

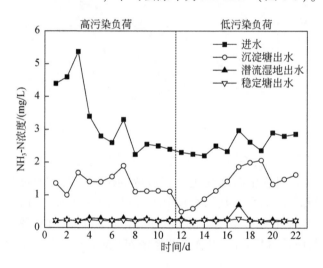

图 6-9　NH_3-N 在不同污染负荷条件下的去除效果

从上述分析来看，两组污染负荷下组合系统出水 NH_3-N 浓度均满足地表Ⅲ类水标准，且出水水质稳定。NH_3-N 的平均去除率达 90% 以上，但两组负荷比较而言，高负荷下 NH_3-N 的去除效果更好（表6-14）。

表 6-14　组合工艺各级 NH_3-N 出水累计平均去除率　　　（单位:%）

污染负荷	工艺各级	累计平均去除率
低负荷	沉淀塘	47.70
	潜流湿地	89.11
	稳定塘	91.04
高负荷	沉淀塘	56.62
	潜流湿地	91.58
	稳定塘	92.42

6.3.3.3　温度影响

高温时外界环境温度为 13~17℃，低温时外界环境温度为 4~7℃。表 6-15 中为工艺各级对不同污染物的去除效果。低温下总氮处理效能显著下降，主要原因在于微生物活性降低。

表 6-15　低高温条件工艺各级出水效果　　　（单位：mg/L）

温度	工艺各级	浓度			
		COD_{Cr}	TN	TP	NH_3-N
高温 (13~17℃)	进水均值	26.36	11.59	0.071	2.63
	沉淀塘	23.37	—	0.037	1.41
	潜流湿地	19.17	5.10	0.043	0.28
	稳定塘	21.41	1.92	0.032	0.12
低温 (4~7℃)	进水均值	25.46	12.93	0.102	2.73
	沉淀塘	21.36	—	0.034	1.87
	潜流湿地	14.38	8.60	0.025	0.20
	稳定塘	16.31	6.47	0.016	0.12

6.3.4　小结

本节中针对在实际应用中较为关注的水力负荷、污染负荷和运行温度进行了探讨，以验证沉淀塘+潜流湿地+稳定塘的工艺可行性。研究结果显示，针对不同的条件，工艺各级表现的差异并不一致。水力负荷和温度对潜流湿地的影响更大，而对塘的影响较小。就研究整体而言，沉淀塘+潜流湿地+稳定塘可以有效净化来自府河的微污染水质，满足地表Ⅳ类水标准。

对水力负荷的探究发现，低水力负荷时，沉淀塘、潜流湿地和稳定塘水力负荷分别为 0.17m³/（m²·d）、0.17m³/（m²·d）和 0.1m³/（m²·d），高水力负荷时为 0.25m³/（m²·d）、0.25m³/（m²·d）和 0.17m³/（m²·d）。两组水力负荷下，组合系统对 COD_{Cr}、TP、TN 和 NH_3-N 的平均去除率分别可达 20%、70%、65% 和 35% 以上，出水整体满足地表Ⅳ类水标准，且除 COD_{Cr} 以外各项指标均达到了地表Ⅲ类水标准。TP 的去除主要依靠塘系统，两塘对整体 TP 去除率的贡献超过 90%。TN 和 NH_3-N 的去除主要通过沉淀塘的净化作用，沉淀塘对 TN 和 NH_3-N 的去除率占整个组合系统的 50% 和 60% 以上。COD_{Cr} 的去除以潜流湿地为主要的净化单元。

对污染负荷而言，组合系统在高低负荷下 COD_{Cr}、NH_3-N 和 TP 的出水均满足地表Ⅳ类水标准。COD_{Cr} 在高低负荷条件下存在较大差异，高污染负荷 COD_{Cr} 去除率为 78.27%，而低污染负荷 COD_{Cr} 去除率仅为 22.30%；TP 的去除率在高污染负荷下为 94.85%，约是低污染负荷下的 2 倍；TN 和 NH_3-N 受污染负荷影响较小。沉淀塘对 COD_{Cr}、TP、TN 和 NH_3-N 去除率随着污染负荷的增大而增大。潜流湿地则对 COD_{Cr} 和 NH_3-N 的去除率随污染负荷的增加而降低。稳定塘在低污染负荷下对 TN 和 TP 表现出较高的去除效果，而 COD_{Cr} 却在高污染负荷下去除率较高，低污染负荷下去除率为负。组合系统对 COD_{Cr} 的去除在高污染负荷条件下主要通过沉淀塘，而低污染负荷下主要的净化单元为潜流湿地。TP 的去除高污染负荷下以沉淀塘+潜流湿地单元为主，低污染负荷下塘系统则表现出更好的去除效果。NH_3-N 主要依靠沉淀塘+潜流湿地单元净化，而 TN 则需要系统整体的净化。

组合系统在温度为 13~17℃ 和 4~7℃ 下，COD_{Cr} 出水浓度满足地表Ⅳ类水标准，但低温下 COD_{Cr} 的去除率较高，去除率可达 35.4%。TP 出水满足地表Ⅲ类水标准，同样在低温环境下去除率较高，高达 81.8%。NH_3-N 出水满足地表Ⅱ类水标准，平均去除率可达 93% 以上，组合系统对 NH_3-N 的去除受环境温度影响较小。TN 在温度为 13~17℃ 下出水水质达地表Ⅴ类水标准，而在 4~7℃ 下出水无法满足地表Ⅴ类水标准。相较而言组合系统各级对温度的反应相对一致，高温条件下更有利于系统对 TN 的削减，不利于对 TP 的削减，但 TP 出水也达到了地表Ⅲ类（湖、库）水标准，而在低温条件下则更不利于 TN 削减，TN 出水浓度高于 6mg/L，TP 出水则更好。

6.4 工程应用

本研究通过大量的调研工作，比选采用了"前置沉淀生态塘+潜流湿地+生态稳定塘"的理论最优工艺，并通过实验室小试对该组合工艺在不同工况条件下的出水效果进行了验证，结果表明该工艺完全达到了预期效果，适用于藻苲淀近自然湿地工程。研究试验结果被采纳并运用于示范工程当中。

藻苲淀近自然湿地示范工程全工程占地面积 4.0km²，工程结合水质净化工程和湿地恢复工程，其中有效净化面积 2.31km²，工艺采用"前置沉淀生态塘+潜流湿地+生态稳定塘"，三个区域工程面积占比分别为 25.2%、35.9% 和 38.9%，生态稳定塘占地面积最大，工程地区均能实现有效生态恢复。

参 考 文 献

万博阳. 2016. 多级人工湿地—塘组合系统去除农业径流中氮的试验. 上海：华东交通大学.

Dalsgaard T, Canfield D E, Petersen J, et al. 2003. N₂ production by the anammox reaction in the anoxic water column of Golfo Dulce, Costa Rica. Nature, 422：608.